崔世友　孙明法　编著

分子标记辅助选择导论

中国农业科学技术出版社

图书在版编目（CIP）数据

分子标记辅助选择导论／崔世友，孙明法编著．—北京：中国农业科学技术出版社，2014. 7 (2023.12 重印)
ISBN 978－7－5116－1732－3

Ⅰ. ①分…　Ⅱ. ①崔…②孙…　Ⅲ. ①分子标记－应用－作物育种　Ⅳ. ①Q－33 ②S33

中国版本图书馆 CIP 数据核字（2014）第 138173 号

责任编辑　贺可香
责任校对　贾晓红

出 版 者　中国农业科学技术出版社
北京市中关村南大街 12 号　邮编：100081
电　　话　(010) 82109704（发行部）　(010) 82106638（编辑室）
(010) 82109709（读者服务部）
传　　真　(010) 82106650
网　　址　http://www. castp. cn
经 销 者　各地新华书店
印 刷 者　北京建宏印刷有限公司
开　　本　787 mm×1 092 mm　1/16
印　　张　11
字　　数　280 千字
版　　次　2014 年 7 月第 1 版　2023 年 12 月第 5 次印刷
定　　价　39. 00 元

前　言

一般认为作物育种工作主要还是基于田间观察，以经验为主。不断提高作物产量、改善品质、增强品种的抗病虫性和适应性（耐逆性）、提高水肥利用效率是现代作物育种的主要目标。品种的改良有赖于所掌握种质资源的数量和对其农艺性状遗传基础的了解与掌握的程度。

“标记辅助选择”（Marker Assisted Selection，MAS）一词在20多年前首次在文献中出现（Beckmann & Soller，1986），当时仅涉及分子标记的利用潜力。而第一次真正利用DNA标记在植物育种中进行MAS则是10年后，即Concobido等（1996）所进行的大豆胞囊线虫抗性的选择。

DNA标记技术、QTL分析的原理及统计方法在过去的20年中得到了快速的发展，分子生物学家所用的这些概念和术语可能不为植物育种家以及其他植物科学家理解（Collard等，2005）。除此之外，许多专业化的设备是基于分子基因分型所用的尖端技术。同样，分子生物学家也不能很好地理解植物育种中的基本概念。这限制了常规育种与分子育种整合的水平，并最终影响新的育种材料的培育。

大多数从事作物品种改良的科研人员对标记辅助选择（MAS）表现出漠不关心，作者认为其一可能由于他们认为作物育种主要是经验，无需MAS；而更多的则是由于文献中的一些术语对于他们就像是“天书”，晦涩难懂。作者从事作物育种工作二十余年，在南京农业大学攻读博士学位期间（2003.9～2006.6）从育种者的角度对MAS作了较多的思考，试图撰写一本让普通育种家看得懂的书介绍MAS方面的知识。经过近两年的努力于2009年底完成初稿，但总感觉不满意，又经过3年多的不断修改、润色，仍旧怀着忐忑不安的心情奉献给各位读者，希望能给育种家的工作带来新的思路。

本书的撰写在很大程度上得益于一些期刊，特别是外文期刊所发表的综述性论文，由于每篇论文均有数十篇甚至百余篇参考文献，在大多数情况下仅列出综述论文的出处，在此谨对有关工作做出贡献的作者表示衷心的感谢。

尽管标记的开发需要大量的时间、资金和资源，MAS比常规育种有潜在优势。然而，标记并非对每个性状的选择总是有用的或有效的。对于许多性状而言，已经有了高效的表型筛选方法，在大群体中通过表型选择这些性状的花费常常较少。

正如Young在1999所认为的那样，“尽管对不同的作物种的众多性状进行了大量的QTL定位研究，在植物育种程序中实际上仅利用了相对较少的标记”。目前这种状况仍未得到太多的改变。尽管如此，MAS 在作物育种中仍有广阔的应用前景，理解 DNA 标记研制和 MAS 的基本概念和技术，包括分子生物学家使用的一些术语，植物育种家和研究者就能围绕一个共同目标——提高全球食物生产效率而协同工作。

作者于南通家中

2013 年 10 月 5 日

目　　录

第一章　遗传标记

第一节　遗传标记的概念

遗传标记（genetic marker）描述单个生物或物种间的遗传差异，一般而言它们不是目标基因本身，而仅起一种“标记”的作用。位于基因附近的遗传标记（即紧密连锁）可称为基因的标签，这样的标记自身并不影响所研究性状的表型，因为它们仅位于控制性状的基因附近或与该基因连锁，所有的遗传标记均占据染色体内特定的基因组位置（就像基因一样），称为位点（locus，loci）。

遗传标记主要有 3 类：①形态标记（morphological marker），也称为经典的或可见的标记，自身就是表型性状或特征；②生化标记（biochemical marker），包括同工酶的等位变异；③DNA 标记（DNA marker），有时也称为分子标记，揭示了 DNA 中的变异位点（Jones *et al*，1997；Winter & Kahl，1995）。

形态标记常常是可见的表型性状，如花色、粒形、生长习性或色素。水稻中已有多达 300 多个形态标记，在番茄中已发现的形态标记也有 300 多种。

同工酶标记是酶中存在的差异，可通过电泳以及特殊的染色而检测。形态标记和生化标记主要的不足是数量上的限制，受环境因素或植物发育阶段的影响（Winter & Kahl，1995）。尽管如此，形态和生化标记对植物育种家还是非常有用（Eagles *et al*，2001；Weeden *et al*，1994）。

DNA 标记由于其丰富性而得到广泛的使用，它们来自不同类型的 DNA 突变，如置换突变（点突变）、重排（插入或缺失）或串联重复 DNA 在复制中的错误所引起（Paterson，1996）。这些标记是中性的，因为它们常常位于 DNA 的非编码区内。与形态和生化标记不同的是 DNA 标记在数量上是无限的，不受环境因素以及植物发育阶段的影响（Winter & Kahl，1995）。除了利用 DNA 标记构建遗传图谱外，这类标记在植物育种中还有许多应用，如检测种质或品种内的遗传多样性水平（Baird *et al*，1997；Henry，1997；Jahufer *et al*，2003；Weising *et al*，1995；Winter & Kahl，1995）。

DNA 标记根据其检测方法不同可大致分为 3 类：①基于杂交的标记；②基于聚合酶链式反应（即 PCR）的标记；③基于 DNA 序列的标记（Gupta *et al*，1999；Jones *et al*，1997；Joshi *et al*，1999；Winter & Kahl，1995）。本质上讲 DNA 标记可以通过电泳以及化学试剂（溴乙非啶或银染）染色，或利用放射线或比色探针的检测揭示遗传差异。DNA 标记如能揭示相同或不同物种个体间的差异则更为有用，这些标记称为多态性标记（polymorphic marker），而不能区别基因型间差异的称为单型标记（monomorphic marker）（图 1－1）。多态性标记又可根据其能否区别纯合和杂合而分为共显性或显性标记（图 1－2），共显性标记显示其片段大小的差异，而显性标记则为是否存在。严格地讲一个 DNA 标记的不同形式（如胶上不同大小的带）称为标记等位基因。共显性标记可有许多不同的等位基因，而显性标记仅有 2 个等位基因。常用标记的优、缺点见表 1－1。

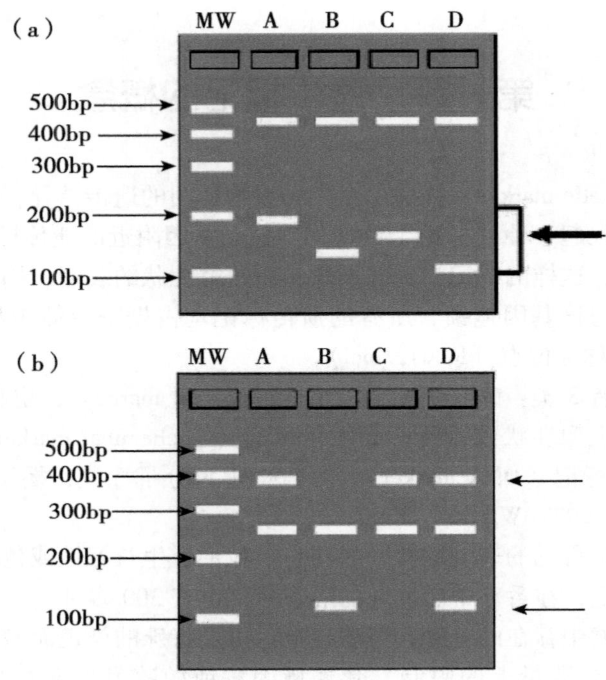

图 1－1　基因型 A、B、C 和 D 间假想的 DNA 标记图示（Collard *et al*，2005）

箭头所指为多态性标记，不能区别基因型的称为单型标记。（a）SSR 标记示例，多态性标记揭示了 4 个基因型标记等位基因的大小差异，代表一个单一的遗传位点；（b）RAPD 技术所产生标记示例，注意这些标记或者出现或者不出现，这些标记的大小常常也按核苷碱基对表示，其大小根据一种分子量 DNA 梯度估计，对其中两种多态性标记而言，仅有 2 种不同的等位基因

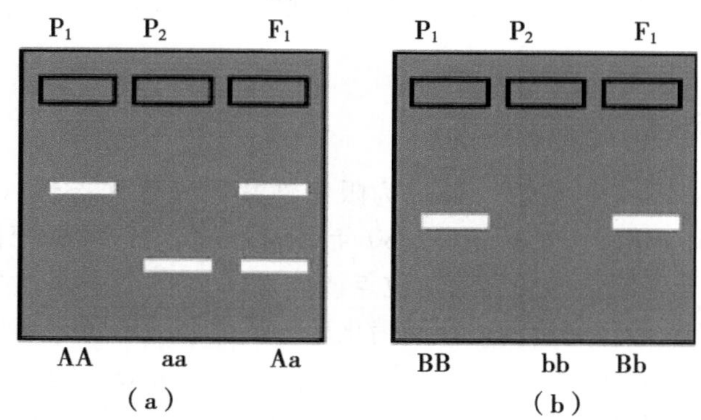

图 1－2 共显性标记（a）和显性标记（b）的比较（Collard *et al*，2005）

共显性标记可明确地区别纯合体和杂合体，而显性标记则不能

表 1－1 QTL 分析中常用 DNA 标记的优、缺点

分子标记	共显性或显性	优点	缺点	参考文献
限制性片段长度多态性（RFLP）	共显性	稳健而可靠，可在群体间转换	耗时、费力、昂贵，需大量 DNA，多态性有限（尤其在亲缘近的家系中）	Beckmann & Soller，1986 Kochert，1994 Tanksley *et al*，1989
随机扩增多态性 DNA（RAPD）	显性	快而简单，不贵，单个引物可能产生多个位点，只需少量 DNA	可重复问题，一般不可转换	Penner，1996 Welsh & McClelland，1990 Williams 等，1990
简单序列重复（SSR）或微卫星	共显性	技术简单，稳健而可靠，群体间可转换	研制引物需要大量的时间和人力，常需聚丙烯酰胺电泳	McCouch *et al*，1997 Powell *et al*，1996 Taramino & Tingey，1996
扩增片段长度多态性（AFLP）	显性	多位点，产生高水平多态性	需要大量 DNA，技术复杂	Vos *et al*，1995

第二节 基于 DNA 杂交的 DNA 标记

基于 DNA 杂交的 DNA 标记主要包括 RFLP 标记和 VNTR 标记。这类标记是利用限制性内切酶酶解不同生物体的 DNA 分子后，用同位素或非同位素标记的随机基因组克隆、cDNA 克隆、微卫星或小卫星序列等作为探针进行 DNA 间杂交，通过放射自显影或非同位素显色技术来揭示 DNA 的多态性。VNTR 多态性是由重复序列数目的差异性产生的，而 RFLP 多态性主要是由于 DNA 序列中单碱基的替换、DNA 片段的插入、缺

失、易位和倒位等引起的。RFLP 标记是发现最早、应用广泛、具有代表性的 DNA 标记技术。

一、RFLP 标记

Grozdicker 等人 1974 年首创一种称为限制性片段长度多态性（restriction fragment length polymorphism，RFLP）的标记，1980 年 Botstein 利用这种标记构建遗传图谱。该标记的多态性是由于限制性内切酶酶切位点或位点间 DNA 区段发生突变引起的。其基本原理是基因组 DNA 经过特定的内切酶消化后，产生大小不同的 DNA 片段，通过凝胶电泳的方法将大小不同的 DNA 片段分开，然后进行 Southern 印迹和同位素标记的特定序列的探针杂交后，借助放射自显影技术显示出 DNA 分子水平上的差异。

图 1-3 为形成 RFLP 的原理示意图。如果某一个限制性位点发生了突变，这个限

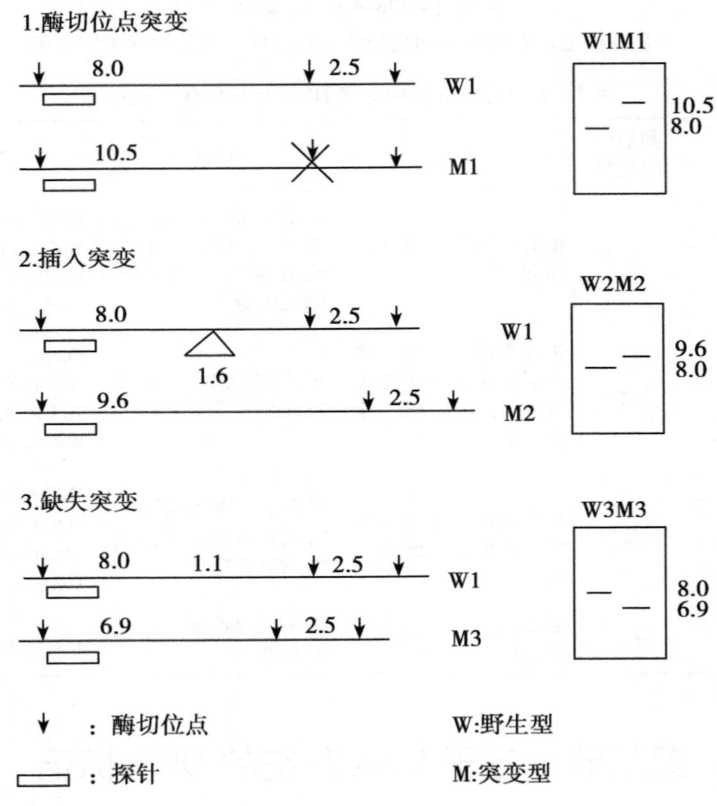

图 1-3　RFLP 标记多态性的分子基础（依方宣钧等，2001）

制性内切酶将不能识别这个位点，不再进行酶切反应，产生片段的大小将由其邻近的限制性酶切位点决定。由于植物基因组很大，某种限制性内切酶的酶切位点很多，经酶解后会产生大量长度不一的限制性片段，这些片段经电泳分离形成的电泳谱带是连续分布的，很难辨别出某一限制性片段大小的变化，利用单拷贝的基因组 DNA 克隆或 cDNA

克隆作为探针，通过 Southern 杂交技术才能检测到。一些作物如玉米、水稻、番茄等已有覆盖整个基因组的克隆，很容易从有关单位、商家索取或购买到。但大多数作物还没有覆盖整个基因组的克隆，仍需要研制特异探针。由于具有大量的酶和探针组合可供选配，因此，任何一种作物都具有大量的 RFLP 标记数量。RFLP 标记具有共显性、信息完整、重复性和稳定性好等优点。不过 RFLP 技术的实验过程较为复杂，需要对探针进行同位素标记，即使应用非放射性的 Southern 杂交技术，也是个耗时费力的过程。

二、VNTR 标记技术

1987 年，Nakamura 发现生物基因组内有一种短的重复次数不同的核心序列。许多生物体的 DNA 存在包含大量的串联重复序列的高变异区。通常将以 15 ~75 个核苷酸为基本单元的串联重复序列称为小卫星（minisatellites），以 2 ~6 个核苷酸为基本单元的简单串联重复序列称为微卫星（microsatellites）或简单序列重复（simple sequence repeat，SSR）。小卫星和微卫星也常常称作重复数可变串联重复（variable number of tandem repeats，VNTR）标记。VNTR 标记产生的多态性是由同一座位上的串联单元数量的不同而产生的。图 1 –4 为 VNTR 变异的原理示意图。利用 VNTR 标记可进行分子定位和作图的研究工作。

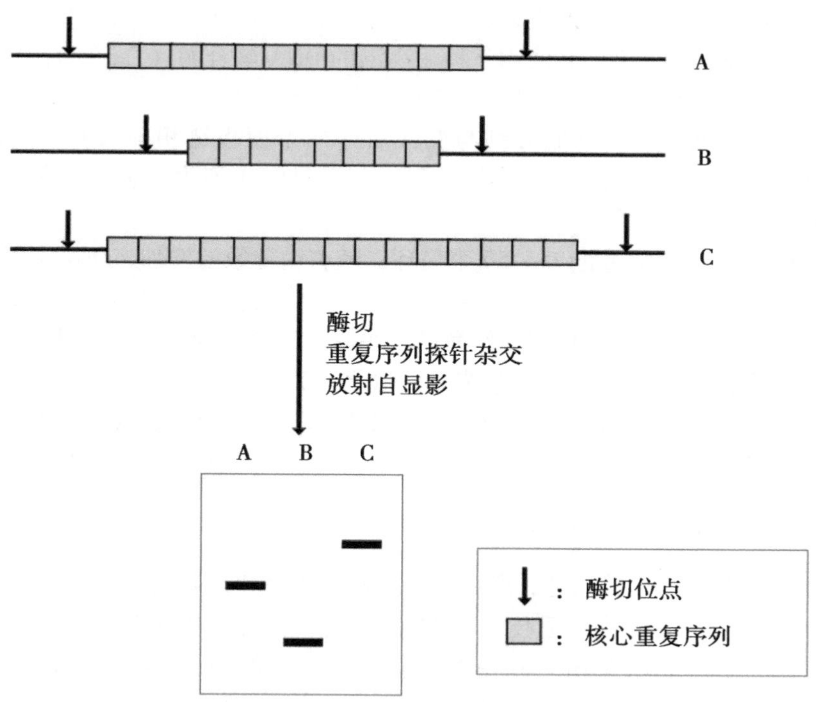

图 1 –4　VNTR 变异的原理示意图（方宣钧等，2001）
A、B、C 分别表示不同基因型

为了使 VNTR 成为有用的 DNA 标记，需发展一种能够快速鉴定 VNTR 座位的技术。

理想的途径之一是 PCR 扩增，所得 PCR 产物通过电泳即可比较其长度变异。但是，小卫星序列往往太长，PCR 扩增无法获得满意的结果，仍需利用 DNA Southern 杂交和标记探针来检测。微卫星序列常常较短，PCR 扩增即可获得满意的检测效果。由此有时将微卫星标记归类于基于 PCR 技术的 DNA 标记，而 VNTR 标记则主要是指小卫星标记。利用小卫星中的重复单元作为杂交探针是获得 VNTR 信息最快捷的途径，目前，人类小卫星序列和噬菌体 M13 蛋白Ⅲ基因序列已成为研究小卫星的常用探针。这些探针与植物基因组有较高的同源性，因此，可以用于植物基因组的小卫星研究。利用 DNA Southern 杂交技术可以产生许多多态性条带。这些丰富的 DNA 带谱用于 DNA 指纹研究是非常有用的，但由于带谱复杂，现有技术分析起来比较困难，不太适合作图研究。

第三节　基于 PCR 的 DNA 标记

PCR（polymerase chain reaction）技术是由美国 Cetus 公司的 Mullis 等人在 1985 年建立的一种利用酶促反应对特定 DNA 片段进行体外扩增的技术，该技术只需非常少量（通常在纳克级范围内）的 DNA 样品，在短时间内以样品 DNA 为模板合成上亿个拷贝。经过电泳分离、染色或放射自显影，即可显示出所扩增的特定 DNA 区段。PCR 技术以短核苷酸序列作为引物，并使用一种耐高温的 DNA 聚合酶（Taq 酶）。PCR 过程由高温“变性”（温度升至 94℃，使模板 DNA 变成单链）、低温“复性”（反应体系的温度降至 55℃左右，使一对引物能分别与变性后的两条模板链相配对）、适温“延伸”（温度升高到 Taq DNA 聚合酶的最适温度 72℃，以目的序列为模板合成新的 DNA 链）这样的 3 个步骤完成一个循环。

典型的 PCR 技术通常进行 25～50 个循环，随着循环数的增加，DNA 扩增产物呈指数增加：$Y = (1 + X)^n$（X 为平均每次的扩增速率，n 代表循环次数，Y 为 DNA 片段扩增后的拷贝数），由于 PCR 技术具有操作简易、快捷、自动化的特点，该技术给生物学和医学带来了一场革命，并于 1993 年荣获诺贝尔化学奖。

根据所用引物的类型不同，基于 PCR 的 DNA 标记可分为随机引物 PCR 标记和特异引物 PCR 标记两大类。

一、随机引物的 PCR 标记

随机引物 PCR 标记的特点是，所用引物的核苷酸序列是随机的，扩增的 DNA 区段也是事先未知的。应用这种标记技术可在基因组中寻找未知的多态性座位作为新的 DNA 标记。随机引物 PCR 扩增的 DNA 区段产生多态性的分子基础是模板 DNA 扩增区段上引物结合位点的碱基序列发生了突变。因此，不同来源的基因组在该区段（座位）上将表现为扩增产物有无的差异或扩增片段大小的差异（图 1－5）。前者较为常见，因此随机引物 PCR 标记通常是显性的，但有时也会表现为共显性，即扩增片段大小的差异。

目前，常用的随机引物 PCR 标记主要有 RAPD、AP-PCR、DAF、ISSR 等。

（一）RAPD 标记

随机扩增多态性 DNA 即 RAPD 标记是由 Williams（1990）和 Welsh（1990）各自独立提出的一种以 PCR 为基础的 DNA 多态性检测技术。所用的引物长度通常为 9～10 个碱基，大约只有常规的 PCR 引物长度的一半。使用这么短的 PCR 引物是为了提高揭示 DNA 多态性的能力。由于引物较短，所以在 PCR 中必须使用较低的退火（DNA 复性）温度，以保证引物能与模板 DNA 结合。RAPD 引物已经商品化，可以向有关供应商直接购买，无需自己合成。商品化的 RAPD 引物基本能覆盖整个基因组，检测的多态性远远高于 RFLP。

RAPD 标记的优点是，对 DNA 需要量极少，对 DNA 质量要求不高，操作简单易行，不需要接触放射性物质，一套引物可用于不同生物的基因组分析，可检测整个基因组。在 RAPD 标记分析中，通常每次 PCR 反应只使用一种引物。在这种情况下，只有两端同时具有某种 PCR 引物结合位点的 DNA 区段才能被扩增出来。如果将 2 种引物组合使用，则还可扩增出两端分别具有其中一种引物的结合位点的 DNA 区段，产生新的带型，找到更多的 DNA 分子标记。在实验材料多态性程度较低时，可考虑不同引物组合使用的方法。RAPD 标记的不足之处主要是该标记一般表现为显性遗传，不能区分纯合显性和杂合基因型，因而提供的信息量不完整。另外，由于使用了较短的引物，RAPD 标记的 PCR 易受实验条件的影响，重复性较差。不过，只要扩增到的 RAPD 片段不是重复序列，则可将其从凝胶上回收并克隆，转化为 RFLP 和 SCAR 标记，以进一步验证 RAPD 分析的结果。

（二）DAF 标记

DNA 扩增指纹印迹（DNA amplification fingerprinting，DAF）标记与 RAPD 相似，但它所使用的引物比 RAPD 标记的更短，一般为 7～8bp，甚至可以短到 5bp。因而与模板 DNA 随机结合的位点更多，扩增得到的 DNA 条带也更多，检测多态性的能力更强。在多态性程度比较低的作物如小麦上，DAF 技术是一种很有用的寻找 DNA 分子标记的手段。但由于 DAF 使用了更短的引物，因而其 PCR 稳定性比 RAPD 更低。

（三）AP-PCR 标记

随机引物 PCR（arbitrarily primed PCR，AP－PCR）标记 1990 年由 Welsh & McClelland 提出，原理上也与 RAPD 相似，但所使用的引物较长，通常为 18～24 个碱基。因此，其 PCR 反应条件与常规一样，稳定性要比 RAPD 好，但揭示多态性的能力要比 RAPD 低。

（四）ISSR 标记

简单序列重复区间（ISSR）DNA 标记技术由 Zietkiewicz *et al*（1994）提出，该技术检测的是两个 SSR 之间的一段短 DNA 序列上的多态性。利用真核生物基因组中广泛存在的 SSR 序列，设计出各种能与 SSR 序列结合的 PCR 引物，对两个相距较近、方向相反的 SSR 序列之间的 DNA 区段进行扩增。一般在引物的 5′或 3′端接上 2～4 个嘌呤或嘧啶碱基，以对具有相同重复形式的许多 SSR 座位进行筛选，使得最终扩增出的 ISSR 片段不致太多。ISSR 技术所用的 PCR 引物长度在 20 个核苷酸左右，因此，可以采用与常规 PCR 相同的反应条件，稳定性比 RAPD 好。ISSR 标记呈孟德尔式遗传，具显性或共显性特点。

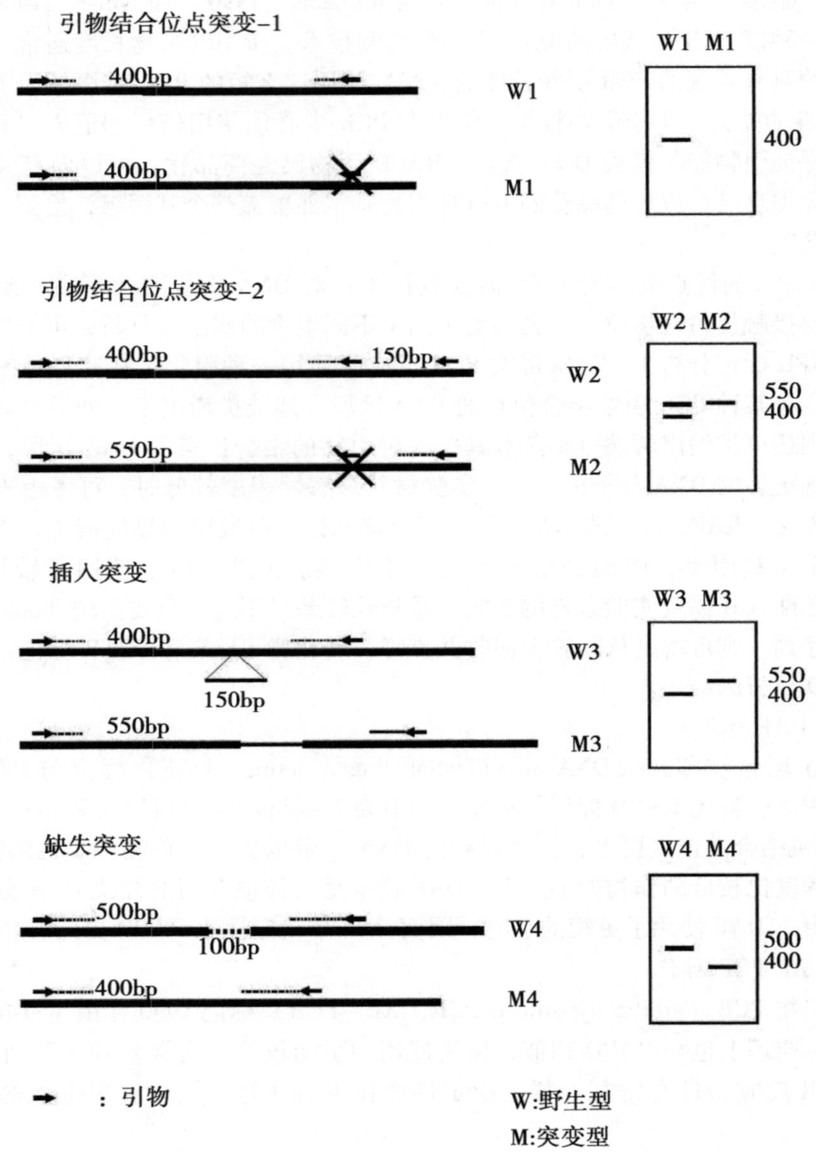

图 1-5 随机引物 PCR 产物多态性的分子基础（方宣钧等，2001）

类型 1 为显性标记，是最常见的多态性，类型 2、3、4 为共显性标记，但较少见

在动植物基因组中存在大量的双核苷酸重复序列，因此，大多数 ISSR 标记所用 PCR 引物是基于双核苷酸重复序列的。近年来，ISSR 标记技术已应用于植物遗传分析的各个方面，如品种鉴定、遗传关系及遗传多样性分析、基因定位、植物基因组作图研究等。Kojima *et al*（1998）的研究表明，（AC）$_n$ 双核苷酸重复序列非常适合小麦的染色体作图，并成功地定位了一系列 *ISSR* 标记。*Tsumura et al*（1996）研究发现，基于 $(AG)_n$ 和 $(CT)_n$ 序列的 ISSR 标记在柏树和松树中是最有用的。

二、特异引物的 PCR 标记

特异引物 PCR 标记所用的引物是针对已知序列的 DNA 区段而设计的，具有特定核苷酸序列，引物长度通常为 18～24 核苷酸，故可在常规 PCR 的复性温度下进行扩增，对基因组 DNA 的特定序列区域进行多态性分析。根据引物序列的来源，主要可分为 SSR 标记、SCAR 标记、STS 标记及 RGA 标记等。

（一）SSR 标记

简单序列重复（SSR）或微卫星标记的基本重复单元是由几个核苷酸组成的，重复次数一般为 10～50。同一类微卫星 DNA 可分布在基因组的不同位置上。由于基本单元重复次数的不同，而形成 SSR 座位的多态性（图 1－6）。每个 SSR 座位两侧一般是相对保守的单拷贝序列，因此，可根据两侧序列设计一对特异引物来扩增 SSR 序列。经聚丙烯酰胺凝胶电泳，比较扩增带的迁移距离，就可知不同个体在某个 SSR 座位上的多态性。

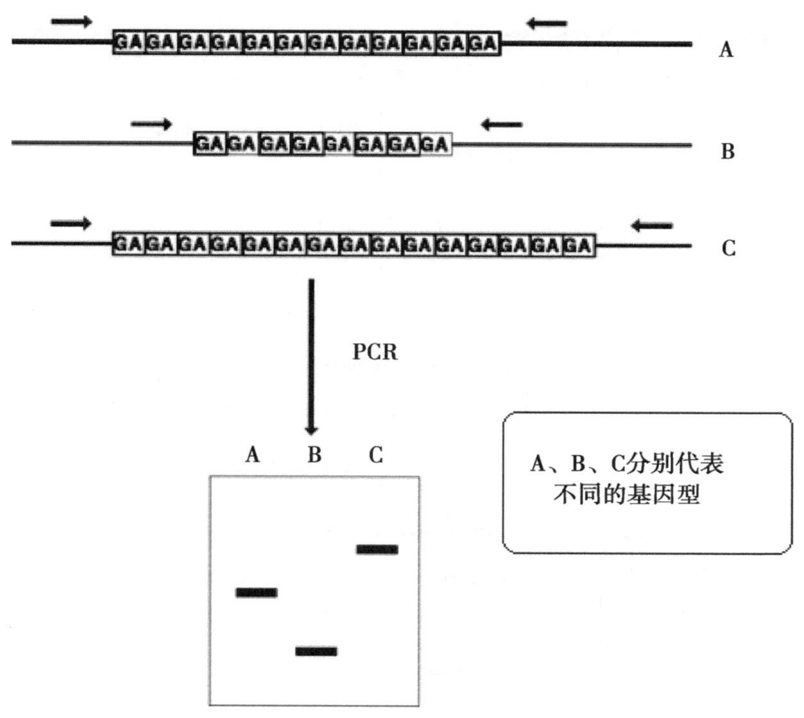

图 1－6　SSR 多态性分析示意图（方宣钧等，2001）

SSR 标记因其重现性好、操作简便、可检测位点多、共显性且均匀覆盖整个基因组等优点而成为育种家和遗传学家研究的有效工具，并已逐渐取代 RFLP 标记。由序列信息开发 SSR 主要从 BAC 末端、基因间序列等非编码序列及从 EST 等编码序列中开发，前者称为基因组 SSR，具有更高的多态性而在区分关系相近的基因型时更加有效；后者称为 EST-SSRs，来自转录本的特性赋予其更高的价值：通过同源性检索可以推断其功能；可用于对自然群体和种质收集品的功能多样性分析；高水平的可转移性使之在比较定位和进化研究中可作为锚定标记。

1. SSR 标记的开发策略

检测 SSR 标记的关键在于一对特异 PCR 引物的设计，为此，必须事先了解 SSR 座位两侧的核苷酸序列，寻找其中的特异保守区。图 1－7 是开发 SSR 引物序列的示意图。其过程是，首先建立 DNA 文库，筛选鉴定微卫星 DNA 克隆，然后测定这些克隆的侧翼序列。也可通过 Genbank、EMBL 和 DDBJ 等 DNA 序列数据库搜索 SSR 序列，由此省去了构建基因文库、杂交、测序等繁琐的工作。但后者获得的 SSR 信息量往往不如基因组文库的多。最后，根据 SSR 两侧序列在同一物种内高度保守的特性设计引物。可见，开发新的 SSR 引物是一项费时耗财的工作。近年来有些学者相继提出一系列高效的 SSR 标记开发策略。

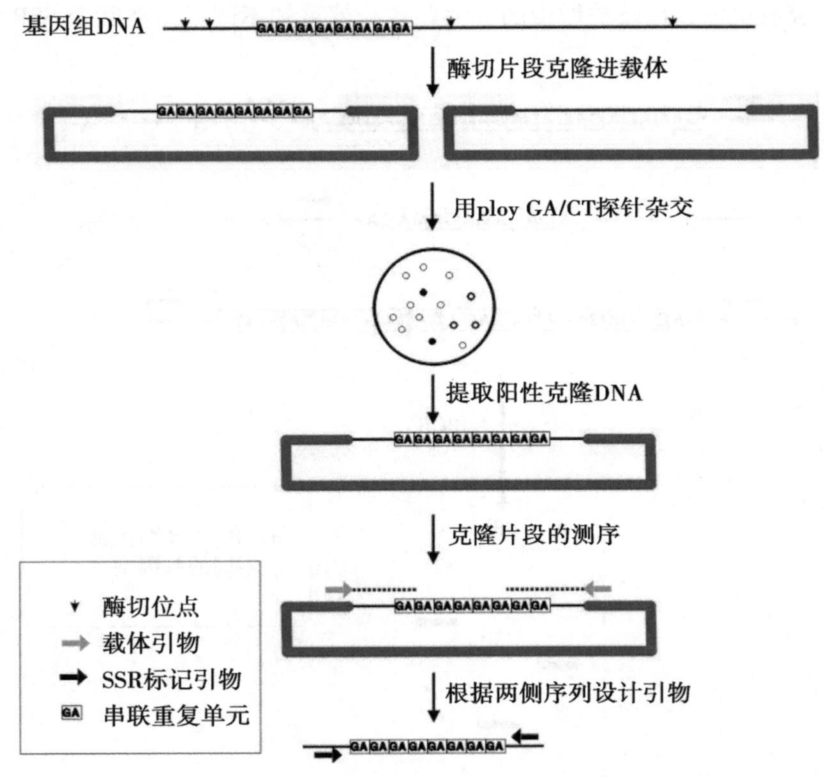

图 1－7　SSR 座位及引物序列开发示意图（方宣钧等，2001）

2. 基于 RAPD 富集 SSR

为避免基因组文库构建和筛选阳性克隆，Cifarelli *et al*（1995）提出利用 SSR 与随机扩增产物杂交的开发策略，并在糖用甜菜、橄榄、向日葵上成功分离出 SSR。其主要程序是：先进行 RAPD 扩增，琼脂糖凝胶电泳分离扩增条带。再将 RAPD 扩增产物转到硝酸纤维膜上，并用地高辛标记的特异 SSR 探针与扩增产物进行杂交。对阳性条带进行回收、克隆、测序。序列分析表明，两端为 RAPD 引物，内部包含 SSR 序列。

3. 基于 ISSR－PCR 的 SSR 分离

ISSR—PCR 基础上的分离方法同样避免了文库的构建与筛选，而且避免了 SSR 富集的随机性，从而大大缩短了时间，降低了研究费用。Fisher *et al*（1996）设计简并引物 5′－KKVRVRV（～T）$_6$－3′对基因组 DNA 进行 PCR 扩增。对简并引物多基因座 PCR 产物克隆，随机选取 8 个克隆测序，结果表明，各 SSR 相异，且序列两侧均有 SSR 存在，重复数 6～12 不等。该方法的优点在于不仅可方便快捷建立 SSR 富集文库，而且只需设计合成 SSR 一侧引物序列，就可与原简并引物配合使用，省去了设计合成 SSR 另一侧引物的费用。

4. 建立序列标签文库获得 SSR 引物序列

Hayden & Sharp（2001）通过建立序列标签文库富集 SSR。该方法结合 ISSR—PCR 扩增、选择性杂交、酶切、连接等技术，将从基因组中筛选捕获的多个含 SSR 一侧保守序列的片段连接后克隆到质粒载体中，建成序列标签库。该序列标签库中每个克隆都含有多个 SSR 一侧保守序列，可用于设计 SSR 引物，大大提高了工作效率。

另外，还有基于引物延伸（Ostrander *et al*，1992）、基于选择杂交（Karagyozov *et al*，1993）等方法，这些方法各有优缺点，其相应技术原理可参考有关文献，这里不再一一赘述。相比之下，基于 ISSR-PCR 扩增的富集方法所需设备简单，技术成熟，适合于多数实验室开展工作。

5. EST-SSRs

EST（expression sequence tag）计划实施所产生的大量序列推动了基因内 SSRs 的识别。Varshney *et al*（2005）估计了大麦 75.2Mb、玉米 54.7Mb、水稻 43.9Mb、黑麦 3.7Mb、高粱 41.6Mb 和小麦 37.5Mb 的表达区域 SSR 密度，平均覆盖率为 6.0kb 一个 SSR。然而，Morgante *et al*（2002）在水稻、玉米和小麦中报道了分别为 2.1kb、1.1kb、1.3kb 的更高的 SSRs 频率。值得注意的是由于在识别 SSRs 的标准上的差异导致 SSRs 的频率及不同长度、不同重复单位的出现频率在不同研究中差异较大。

最常见的为 3 个核苷形成的重复（trinucleotide repeats，TNRs），其次是 2 个核苷（dinucleotide repeats，DNRs）或 4 个核苷形成的重复（tetranucleotide repeats，TTNRs）。Varshney *et al*（2005）研究发现在禾本科作物 EST 数据库中 TNR 出现频率最高，为 54%～78%；DNR 和 TTNR 则分别为 17.1%～40.4% 和 3%～6%。

由于转录区的 DNA 序列保守性较强，EST-SSRs 的多态性一般低于基因组 SSR。然而最近在对猕猴桃 EST-SSRs 进行发掘并定位时发现，其中 93.5% 具有多态性而且在种内杂交产生的群体中有分离。另外，3′非翻译区 EST-SSRs 的多态性检测率高于 5′非翻译区。Scott *et al*（2000）发现来自不同区域的 EST-SSRs 多态性有所差异，3′UTR 的 EST-SSRs 在栽培种间具有最高的多态性；5′UTR 的 EST-SSRs 在不同的种间具有最高的多态性；而编码区的 EST-SSRs 在不同的属间具有最高的多态性。一个可以在不同的物种中扩增出同源位点的 EST-SSRs 引物数据库对育种家和遗传学家来讲非常有用，尤其是对小而资金不足的作物更是如此，因为它们位于基因编码区，具有很强的保守性。

（二）SCAR 标记

特异序列扩增区域（sequence characterized amplified regions，SCAR）标记通常是由RAPD 标记转化而来的，1993 年由 Paran 等提出。基于 PCR 技术的 RAPD 分子标记多态性检出率高，操作简便、快速，但对反应条件极为敏感，重演性相对较差（Welsh & McClelland，1991）。为了提高所找到的某一 RAPD 标记在应用上的稳定性，可将该RAPD 标记片段从凝胶上回收并进行克隆和测序，根据其碱基序列设计一对特异引物（18～24 碱基左右）。也可只对该 RAPD 标记片段的末端进行测序，根据其末端序列，在原来 RAPD 所用的 10 碱基引物上增加相邻的 14 个左右碱基，成为与原 RAPD 片段末端互补的特异引物。以此特异引物对基因组 DNA 再进行 PCR 扩增，便可扩增出与克隆片段同样大小的特异带。这种经过转化的特异 DNA 分子标记称为 SCAR 标记。SCAR 标记一般表现为扩增片段的有无，为一种显性标记；但有时也表现为长度的多态性，为共显性的标记。若待检 DNA 间的差异表现为扩增片段的有无，可直接在 PCR 反应管中加入溴化乙锭，通过在紫外灯下观察有无荧光来判断有无扩增产物，从而检测 DNA 间的差异，这样可省去电泳的步骤，使检测变得方便、快捷、可靠，快速检测大量个体。相对于 RAPD 标记，SCAR 标记由于所用引物较长及引物序列与模板 DNA 完全互补，因此，可在严谨条件下进行扩增，结果稳定性好、可重复性强。Paran & Michelmore（1993）及 Nair *et al*（1995，1996）通过将与抗虫基因连锁的 RAPD 标记转化为 SCAR标记，提高了标记的可靠性及特异性。随着研究工作的发展，会有越来越多重要作物农艺性状的 SCAR 标记被开发出来，它们将在分子标记辅助育种方面发挥作用。

（三）STS 标记

序列标签位点（sequence tagged sites，STS）是根据单拷贝的 DNA 片段两端的序列，设计一对特异引物，扩增基因组 DNA 而产生的一段长度为几百 bp 的特异序列。STS 标记采用常规 PCR 所用的引物长度，因此，PCR 分析结果稳定可靠。RFLP 标记经两端测序，可转化为 STS 标记。1989 年华盛顿大学的 Olson 等人利用 STS 单拷贝序列作为染色体特异的界标（Landmark），即利用不同 STS 的排列顺序和它们之间的间隔距离构成 STS 图谱，作为该物种的染色体框架图（Framework map），它对基因组研究、新基因的克隆以及遗传图谱向物理图谱的转化研究具有重要意义。STS 引物的获得主要来自RFLP 单拷贝的探针序列，微卫星序列。其中，最富信息和多态性的 STS 标记应该是扩增含有微卫星重复顺序的 DNA 区域所获得的 STS 标记。

STS 标记表现共显性遗传，很容易在不同组合的遗传图谱间进行标记的转移，是沟通植物遗传图谱和物理图谱的中介，其实用价值很具吸引力。但是，与 SSR 标记一样，STS 标记的开发依赖于序列分析及引物合成，成本较高。现在国际上已建立起相应的STS 信息库，以便于各国同行随时调用。

（四）RGA 标记

迄今为止，已克隆了数十种抗病基因，这些来自不同植物的不同抗病基因都具有一些共同的保守序列，如富含亮氨酸重复（leucine-rich repeat，LRR）、核苷酸结合位点（nucleotide-binding site，NBS）、丝氨酸/苏氨酸激酶（serine-threonine kinase，STK）等保守区域，即不同抗病基因具有一定的同源性。依据基因保守序列设计特异引物来扩增基因组 DNA 可获得抗病基因类似物（RGA）片段。RGA 既可以作为一种基于特异引物 PCR 的 DNA 标记，其本身又是候选的抗病基因。许多研究结果显示，抗病基因在染色体上有成簇排列的倾向。因此，这种 RGA 扩增技术是寻找抗病基因 DNA 标记的一种有效手段。

Leister *et al*（1996）等根据拟南芥的抗病基因 *Rps*2 和烟草的抗病基因 *N* 的高度保守的 LRR 序列设计引物，对马铃薯基因组 DNA 进行 PCR 扩增，获得了与已知抗病基因同源、与抗线虫病基因 *Gro*1 和抗晚疫病基因 *R*7 完全连锁的 DNA 片段。Kanazin *et al*（1996）根据来自亚麻的 *L*6、烟草的 *N* 和拟南芥的 *Rps*2 等抗病基因的保守区域设计引物，扩增大豆 DNA，至少得到 9 类 RGA，其中，一些被定位于大豆的已知抗病基因座位附近。Yu *et al*（1996）根据烟草的 *N* 基因和拟南芥的 *Rps*2 基因共同具有的高度保守的 NBS 序列，合成了简并引物，从大豆中扩增和克隆到了多个 NBS 序列。其中部分已定位于已知的大豆抗病毒病基因（*Rpv*1 和 *Rpv*2）、抗根腐病基因（*Rps*1、*Rps*2 和 *Rps*3）和抗白粉病基因（*rmd*）的邻近区域。

除了已知的抗性基因，植物基因组内还含有数百个其他的 NBS-LRR 编码基因，即抗性基因类似物（resistance gene analogs，RGAs）。拟南芥和水稻基因组的分析已表明，分别含 150 个和 600 个预测的 NBS-LRR 编码基因（拟南芥基因组计划，2000；Goff *et al*，2002），RGAs 可代表未被发现的具有全部或部分效应的抗性基因，另外，它们可执行与抗性有关的一些功能（Madsen *et al*，2003）。在大豆、马铃薯、大麦和番茄中，通过基于 PCR 的方法而鉴定出的 RGA 序列常常定位在含有已知抗病基因的区段（Pan *et al*，2000；Madsenn *et al*，2003）。从 RGA 衍生的标记也可用于育种期间对 R 基因进行 MAS，例如一种 RGA 多态性的标记最近被用来开发出一种 SCAR 标记，该标记与小麦抗 BYDV 基因 *Bdv*2 共分离，已在小麦育种程序中成功地用于检测对 BYDV 的抗性（Zhang *et al*，2004）。

第四节　基于限制性酶切和 PCR 的 DNA 标记

以限制性酶切和 PCR 技术为基础、将两种技术有机结合的 DNA 标记主要有两种：一种是先将样品 DNA 用限制性内切酶进行酶切，再对其酶切片段有选择地进行扩增，然后检测其多态性，这种标记称为 AFLP 标记；另一种是先对样品 DNA 进行专化性扩增，再用限制性内切酶对扩增产物进行酶切检测其多态性，称为 CAPS 标记。

一、AFLP 标记

扩增片段长度多态性（Amplified fragment length polymorphisms，AFLP）是荷兰 Keygene 公司科学家 Zabeau M 和 Vos P 于 1992 年发明的一种 DNA 标记技术。其基本原理是通过对基因组 DNA 酶切片段的选择性扩增来检测 DNA 酶切片段长度的多态性。图 1－8为 AFLP 标记技术的原理示意图。首先用两种能产生黏性末端的限制性内切酶将基因组 DNA 切割成分子量大小不等的限制性片段，然后将这些片段和与其末端互补的已知序列的接头（adapter）连接，所形成带接头的特异片段用作随后的 PCR 反应的模板。所用的 PCR 引物 5′端与接头和酶切位点序列互补，3′端在酶切位点后增加 1～3 个选择性碱基，使得只有一定比例的限制性片段被选择性地扩增，从而保证 PCR 反应产物可经变性聚丙烯酰胺凝胶电泳来分辨。AFLP 揭示的 DNA 多态性是酶切位点和其后的选择性碱基的变异。AFLP 扩增片段的谱带数取决于采用的内切酶及引物 3′端选择碱基的种类、数目和所研究基因组的复杂性。由于 AFLP 是限制性酶切与 PCR 结合的一种技术，因此具有 RFLP 技术的可靠性和 PCR 技术的高效性，可以在一个反应内检测大量限制性片段，一次可获得 50～100 条谱带的信息。因此，为不同来源和不同复杂程度基因组的分析提供了一个有力的工具。AFLP 已应用于种质资源研究，遗传图谱构建及基因定位（Donini*et al*，1997；Keim*et al*，1997；Powell*et al*，1996）。AFLP技术的主要不足是，

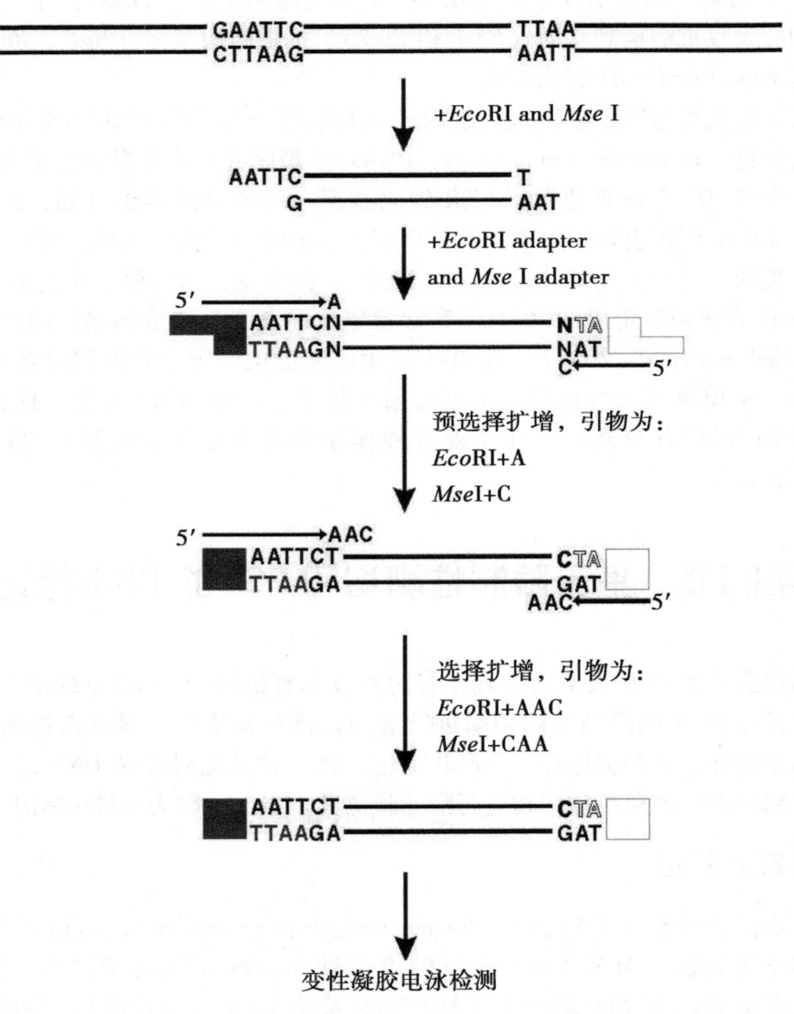

图 1－8　AFLP 标记技术的原理示意图（方宣钧等，2001）

需要使用同位素或非同位素标记引物，相对比较费时耗财。

（一）利用 AFLP 标记开发特异性分子标记的策略

AFLP 技术具有多态性丰富、检测效率高、重现性强、覆盖整个基因组及无需预知序列信息等优点。然而，由于 AFLP 标记操作繁杂且比较昂贵，有必要将其转化为单位点、易操作的标记类型。近年来，关于将 AFLP 转化为单位点易操作标记已相继报道（Shah *et al*，1999；Meksem *et al*，2001；Brugmans *et al*，2003）。

（二）对共显性 AFLP 标记的转换

AFLP 标记多数情况下表现为显性，当不同材料中选择性扩增片段有长度差异时就表现为共显性。比如，当检测材料包含双亲及杂种一代时，可在凝胶上分辨出共显性 AFLP 标记片段。此时只需回收目标片段并以其为模板用相应的选择性扩增引物再扩增、测序，根据两端序列设计引物，即可将把共显性 AFLP 标记转化为特异性的共显性 SCAR 标记。

（三）对显性 AFLP 标记的转换

由酶切位点及选择性碱基的差异而产生的显性 AFLP 标记则需要以下步骤将其转化：①选择清晰可辨的多态性条带，回收并测序（Nicod & Largiader，2003）。②根据 AFLP 片段的序列，在符合引物设计基本原则的前提下，使扩增片段尽可能大，以提高片段内 SNP 出现的可能性。③显性 SCAR 标记的产生。用内部引物对所有样品 DNA 进行扩增，如果因为碱基的差异导致引物在某些样品 DNA 中不能退火而出现扩增片段有无的差异，此时，显性的 AFLP 标记就被转换为特异性的单位点显性 SCAR 标记。在对玉米 S-CMS 育性恢复基因精细定位过程中利用此法将一个 AFLP 标记转化为显性的 SCAR 标记 SCARE12M7（Zhang *et al*，2006）。④由内部多态性产生 CAPS 标记。内部引物的扩增片段如不能转化为显性 SCAR 标记，则用一系列较低廉的限制性内切酶去筛选扩增片段的内部碱基差异。为了增加在内切酶识别位点检测到 SNP 的机率，只选取 4 个或 5 个识别碱基的内切酶。如存在所选酶切位点的差异，在 3% EB 琼脂糖胶上检测，则转换为共显性的 CAPS 标记（Bmgmans *et al*，2003）。在对玉米 S-CMS 育性恢复基因精细定位过程中利用此法将一 AFLP 标记转化为共显性的 CAPS 标记 CAPSE3P1（Zhang *et al*，2006）。⑤寻找产生 AFLP 标记的原始 SNP。Bmgmans *et al*（2003）开发了一套对导致 AFLP 产生的多态性进行检测的技术，该技术构思巧妙，检测效率很高。⑥将引起 AFLP 标记产生的 SNP 或 INDEL 转化为 CAPS 或 dCAPS 标记。第一步要获得 AFLP 多态性片段的侧翼基因组序列，进而设计引物以扩增包含这些 SNP 或 INDEL 的片段。侧翼序列的获得有多种方法，首先最便捷的是利用 AFLP 序列搜索公共数据库，检出与其高度同源且有足够长的侧翼便于引物设计的序列（Zhang *et al*，2006）；另外 Bmgmans *et al*（2003）认为 Genome Walker Kit（clontech）是获得侧翼序列的一种高效手段；而对于基因组中含有大量重复序列的生物来讲，反向 PCR（inverse PCR）则是更好的选择（Ochman *et al*，1988）。获得侧翼序列并设计引物得到不同材料的扩增产物后，对限制性内切酶识别位点内部的 SNP 或 INDEL 可直接用相应的内切酶转化为 CAPS 标记；对选择性碱基内的 SNP 或 INDEL 标记需转化为 dCAPS 标记。dCAPS 标记是在目标突变的基础上利用 PCR 引物错配引入一个限制性酶切位点多态（Neff *et al*，1998）。Komori *et* al（2003）对 BT 型水稻不育系恢复基因进行了精细定位，其中标记 C1361MwoI 即是由一个 INDEL 转化而来的 dCAPS 标记。

二、CAPS 标记

酶切扩增多态性序列（cleaved amplified polymorphism sequences，CAPS）又称为 PCR-RFLP，是特异引物 PCR 与限制性酶切相结合而产生的一种 DNA 标记（Konieczny & Ausubel，1993），实际上是一些特异引物 PCR 标记（如 SCAR 和 STS）的一种延伸。当 SCAR 或 STS 的特异扩增产物的电泳谱带不表现多态性时，一种补救办法就是用限制性内切酶对扩增产物进行酶切，然后再通过琼脂糖或聚丙烯酰胺凝胶电泳检测其多态性。用这种方法检测到的 DNA 多态性就称为 CAPS 标记。它揭示的是特异 PCR 产物 DNA 序列内限制性酶切位点变异的信息，也表现为限制性片段长度的多态性。

CAPS 标记在实际研究中经常用到。例如，Williamson *et al*（1994）找到了一个与抗线虫病基因 *Mi* 连锁的显性 RAPD 标记 REX-1。经克隆测序设计出 20 碱基特异引物，转化为 SCAR 标记。但在所有抗感品系都会扩增出一条同样大小的带，无多态性表现。后用限制性内切酶 Taq Ⅰ 酶切后，抗感品系间表现了多态性，并能区分纯合、杂合品系，成为与 *Mi* 连锁的共显性标记。Caranta *et al*（1999）获得了辣椒中与抗马铃薯 Y 病毒病和辣椒斑驳病毒病的抗病基因 *Pvy*4 紧密连锁的 AFLP 标记，将 8 个标记中最靠近的 1 个共显性 AFLP 标记转化成了共显性的 CAPS 标记。Talbert *et al*（1994）在小麦中将 RFLP 标记转化为 STS 标记过程中，有些 STS 标记无多态，但酶切后又出现多态性。Itittalmani（1995）等找到了一个抗稻瘟病基因 *Pi*－2（*t*）的 CAPS 标记。总之，CAPS 标记在二倍体植物研究中可发挥巨大的作用，是 PCR 标记的有力补充。但在多倍体植物中的应用有一定局性。另外，CAPS 标记需使用内切酶，从而增加了研究成本，限制了该技术的广泛应用。

与传统 RFLP 技术一样，CAPS 技术检测的多态性也是酶切片段大小的差异，结果较为稳定可靠，且表现共显性。与以杂交为基础的 RFLP 相比，它具有如下优点：①引物与限制酶组合非常多，增加了揭示多态性的机会，而且操作简便，可用琼脂糖凝胶电泳分析；②在真核生物中，CAPS 标记呈共显性，即可区分纯合基因型和杂合基因型；③所需 DNA 量少；④结果稳定可靠；⑤操作快捷、自动化程度高。

第五节　基于单核苷酸多态性的 DNA 标记

研究 DNA 水平上的多态性的方法很多，其中，最彻底最精确的方法就是直接测定某特定区域的核苷酸序列并将其与相关基因组中对应区域的核苷酸序列进行比较，由此可以检测出单个核苷酸的差异。这种由单核苷酸差异引起遗传多态性的 DNA 区域，可以作为一种 DNA 标记，即单核苷酸多态性（single nucleotide polymorphisms，SNP）标记。SNP 在大多数基因组中存在较高的频率，在人类基因组中平均每 1.3kb 就有一个 SNP 存在。这种类型的 DNA 多态性仅有两个等位基因的差异，所以，SNP 的最大的杂合度为50%。尽管单一的SNP所提供的信息量远小于现在常用的遗传标记，但是SNP数量丰富，可以进行自动化检测，因此，SNP具有广泛的应用前景。

SNP是指基因组内DNA中某一特定核苷酸位置上存在转换、颠换、插入、缺失等变化（Lander，1996）。SNP被认为是继RFLP和SSR之后出现的第三代分子标记。它的发现有两种途径：一是对同源DNA片段测序或直接利用现有基因与EST序列，通过序列比对，获取多态性的位点。通过特异PCR扩增和酶切相结合的方法进行检测；二是由于SNP通常表现为二等位多态性，也可直接应用高通量快速的DNA微阵列、DNA芯片等技术来发现与检测生物基因组或基因之间的差异。

在遗传学分析中，由于以下几个特性SNPs作为一类遗传标记得以广泛应用：①SNP数量多，分布广泛，密度高。SNP是目前为止分布最为广泛、存在数量最多的一种遗传多态性。人类基因组中平均每1.3kb就有一个SNP存在，其密度比微卫星标记更高，可以在任何一个待研究基因的内部或附近提供一系列标记；②代表性。某些位于基因内部的SNPs有可能直接影响蛋白质结构或表达水平，因此，它们可能代表疾病遗传机理中的某些作用因素；③遗传稳定性。SNP是基于单核苷酸的突变，所以其突变率低，一般仅为10^{-3}，与微卫星等重复序列多态标记相比，SNPs具有更高的遗传稳定性；④易实现分析的自动化。SNP标记大多数只有两种等位基因型，所以，也被称为双等位基因标记（biallelic marker），在检测时能通过简单的“+/-”分析进行基因分型，而无需像检测限制性片段长度多态及微卫星多态标记那样进行片段长度的测量，这使基于SNPs的检测、分析方法易于实现自动化。这种标记的开发和应用摈弃了遗传标记分析技术的“瓶颈”——凝胶电泳，奠定了应用DNA芯片等技术来发现与检测生物基因组之间差异的基础。

一、SNP的检测

发现和检测SNP的方法有多种。原则上任何用于检测单个碱基突变或多态的技术都可用来发现和识别SNP。检测SNP标记的主要途径有两条：①在DNA测序过程中，利用碱基的峰高和面积的变化来监测单个核苷酸的改变引起的DNA多态性；②通过对已有DNA序列进行分析比较来鉴定SNP标记。不过最直接的方法还是通过设计特异的PCR引物扩增某个特定区域的DNA片段，通过测序和遗传特征的比较，来鉴定该DNA片段是否可以作为SNP标记。其中，最直接的方法还是对已定位的序列标签位点（sequence tagged sites，STS）和表达序列标签（expressed sequence tag，EST）进行再测序，或者通过设计特异的PCR引物扩增某个特定区域的DNA片段，通过测序和遗传特征的比较，来鉴定该DNA片段是否可以作为SNP标记。大规模的SNP鉴定则要借助于DNA芯片技术。

（一）PCR扩增目的序列及其产物测序法

PCR扩增目的序列及其产物测序法是鉴别SNP的最简捷的方法。所扩增的目的序列通常是靶基因的非编码区域（如内含子、3′-UTR）或已知EST。根据这些目的序列设计特异引物，其扩增的产物为400~700bp的DNA片段。以不同个体的基因组DNA为模板，用同一PCR反应体系进行扩增。对所获得的扩增产物在3′和5′两个方向上直接测序，仔细核对各个体的 PCR 产物的序列，就可查明该目的序列在所测各个体基因组之间是否存在 SNP。采用 PCR 法检测 SNP 的群体通常是目标性状具有高水平多态性的群体。

Bhattramakki *et al*（2002）以 8 个差异性明显的玉米自交系基因组 DNA 为模板，用特异引物扩增源于 EST 的 502 个基因座。对所得到的 400 ~ 500bp 的 PCR 产物测序表明，86% 基因座的 PCR 产物具有 SNP 多态性，52% 基因座在两个广为应用的玉米自交系 B73 和 Mo17 之间存在 SNP 多态性。在 3′ - UTR 区域中，每 48bp 出现 1 个 SNP，而在编码区域内，每 130bp 出现 1 个 SNP。进一步分析发现，215 个基因座含有至少 lbp 的插入或缺失的多态性，占所有分析基因座的 43%。Zhu *et al*（2003）对 22 个具有差异性表型的大豆基因型的序列多态性研究表明，SNP 出现频率在编码区是 1.64 SNP/kb，非编码区是 4.85 SNP/kb，1/3 被检测基因的 3′端区域（长度一般为 430bp）含有一个 SNP。

如果所研究的种质材料不是自交系或纯合个体，就会增加 SNP 分析的难度。在这种情况下，就需要运用 Polyphred 等特殊的分析软件（Nicherso DA *et al*，1997），以利于杂合体的鉴定。因为在杂合体中，邻近 SNP 等位基因的状态是未知的，所以不能从 PCR 产物序列中直接检出单元型。也就是说，如果一个基因座有一个 A/G 多态性，邻近基因座有一个 C/T 多态性，那么这两个单元型是 A（基因座1） - C（基因座 2）和 G（基因座 1） - T（基因座 2），还是 A（基因座 1） - T（基因座 2）和 G（基因座 1） - C（基因座 2），就不能明显区分。另一条途径是，克隆 PCR 产物（Selinger DA *et al*，1999），或者通过用已知单元型的个体进行回交，将未知的单元型导入到一个已知的遗传背景中进行分析。玉米和小麦的细胞遗传研究材料较为完善，可采用加倍单倍体和染色体附加系等进行 SNP 分析。

依据所研究种质的多态性高低，对 PCR 扩增子进行预筛选有利于发现 SNP 多态性。玉米等作物 SNP 多态性较高，从不同个体所扩增的 80 个或更多的扩增子都具有序列多态性。然而，对水稻等作物的 PCR 扩增子进行预筛选是必要的。可用的预筛选方法有：变性高压液相色谱法（O'Donovan MC *et al*，1998）、单链构象多态性（SSCP）（Orita M *et al*，1989）、化学或酶解法（Mashal RD *et al*，1995）。预筛选通常还需要有参照等位基因，以生成杂种双链核酸分子，或用于比较电泳迁移率。

（二）电子 SNP（eSNP）法

基于鸟枪法建立的基因组文库和表达序列标签（EST）文库可应用电子 SNP（electronic SNP，eSNP）法鉴定新的 SNP。如果一个基因组文库是用一组多态性个体的基因组 DNA 构建的，且有足够的丰度，对文库中的序列运用计算机软件进行比较分析，是检测 SNP 的一条有效途径（即 eSNP）。例如，拟南芥 Columbia 生态型全基因组测序完成后，Celeron Genomics 公司已开展了 Landsberg 生态型全基因组测序（散弹测序法）工作，并将所获得的序列与 Columbia 生态型的序列作比较分析，已检测出 37 344个 SNP，18 579个插入或缺失（insertions/deletions，Indels）和 747 个大的 Indels。这些基本数据可上网查阅（http：// www.arabidopsis.org/cereon/index.html）。GeneBank 数据库中登录有许多玉米序列标签位点，这些 STS 来自于两个多态性水平较高的玉米自交

系 - B73 和 Mo17，而且含有许多 SNP 和插入或缺失（indel）多态性。

EST 序列亦可同样用于 SNP 检测（Picoult-Newberg L *et al*，1999；Beutow KH *et al*，1999）。已报道的玉米 EST 序列有 114 000多个（dbEST 数据库公布的有 112 601个）。这些序列来自于几个不同的自交系，因而，是进一步检测 SNP 的良好资源。从玉米 dbEST 数据库中，Bhattramakki *et al*（2002）已检测出许多 SNP，并且正在做验证工作。

二、SNP 的应用

（一）SNP 用于绘制 EST 图谱

单核苷酸多态性反映的都是相应染色体基因座上的遗传多态性状态，因此，可用于绘制遗传图谱。玉米等高多态性作物，可以用 SNP 很容易地绘出 EST 遗传图谱。一般的技术策略是，先对作图群体父母本的目的基因 3′非翻译区域进行 SNP 分析，再对该作图群体中每个个体进行 SNP 基因型检测。采用此策略，Bhattramakki *et al*（2002）成功地用 B73 × Mo17 这一高分辨率的作图群体和 SNP 焦磷酸测序（Pyrosequencing）检测技术完成玉米 EST 遗传图谱的绘制。同样，插入或缺失多态性亦可用于 EST 遗传图谱的绘制。

（二）SNP 用于遗传图谱和物理图谱的整合

物理图谱是由一系列按顺序排列的 BAC 克隆重叠群组成。将物理图谱与传统遗传图谱进行整合时，就需要对 BAC 克隆的末端进行筛选和检测，以便鉴别出不含重复序列的 BAC 克隆末端。这些 BAC 克隆末端的序列再被用来检测作图的父母本基因型差异，以鉴定出在父母本基因型之间有多态性的 SNP，最后绘制这些 SNP 的连锁图谱。在玉米中，大约 20% 的 BAC 末端序列是单一的或低拷贝的（已分析了 27 000BAC 克隆的末端），可用于物理图谱与传统遗传图谱的整合。

（三）SNP 用作遗传标记

近十多年来，分子标记辅助育种已经得到了很大的发展。现已建立了多种基于间接检测序列多态性的多种 DNA 标记技术。通常优先选用高信息量的 SSR 标记。然而，由于非同源相似性（homoplasy）的出现，即同一大小的 SSR 等位基因进化起源不同，使得 SSR 不适合于关联分析（association analysis）。而且，大小不同的 SSR 可能镶嵌在同一单元型中，也限制了 SSR 标记的应用。SNP 分析不需要按大小分离 DNA，可在检测平台或微型 DNA 芯片上进行自动化分析。与 SSR 相比，SNP 更易定位于基因组的大多数单拷贝区域。另一方面，SNP 是双等位的，杂合期望值较低。在每个玉米种质中，SNP 的杂合期望值仅为 0.263，而 SSR 的则高达 0.77。在所检测区域，当几个（通常 2 ~ 4 个）相邻 SNP 完全能区别单元型时，SNP 提供的信息显得尤为重要。在出现连锁不平衡（LD，见第五章）的情况下，有些 SNP 在确定单元型时甚至非常充足，因而较少量的 SNP 就可以完全有效地确定单元型的特征。只有这些 SNP 或其他能完全区分不同单元型的 SNP，才需作进一步分析。

第二章　连锁图谱的构建

一张连锁图谱可看成是来自两个不同亲本的染色体的"路图"（Paterson，1996）。连锁图表示沿着染色体的标记间的位置和相对遗传距离，类似于公路上的指示牌或路标，连锁图谱最重要的应用是鉴定目的基因或 QTL 在染色体上的位置，从而这样的图谱也称为 QTL 图谱或遗传图谱。QTL 定位基于基因和标记在减数分裂（即有性生殖）期间通过染色体重组（称为交换）而分离，从而可以进行后代分析（Paterson，1996）。基因与标记越靠近或连锁越紧密，则从亲本同时传递给后代的可能性比相距较远的基因与标记来得越大。在分离群体中，存在亲本型和重组型基因型。重组基因型的频率可用于计算重组率，而重组率可表示标记间的遗传距离。通过分析标记的分离，可确定标记间的相对顺序和距离，2 个标记间的重组率越低，则其在染色体上的位置越近；反之，标记间的重组率越高，则它们在染色体上相距越远（图 2－1）。重组率为 50% 的 2 个标记可看成是不连锁的，从而可假设在同一染色体上相距很远或位于不同的染色体上。一个图距单位相当于 1% 的交换，图距单位常常称为厘摩（centi-Morgans，cM），以纪念著名的果蝇遗传学家 Thomas Hunt Morgan。作图函数用于将重组率转换为单位 cM 的图谱距离。

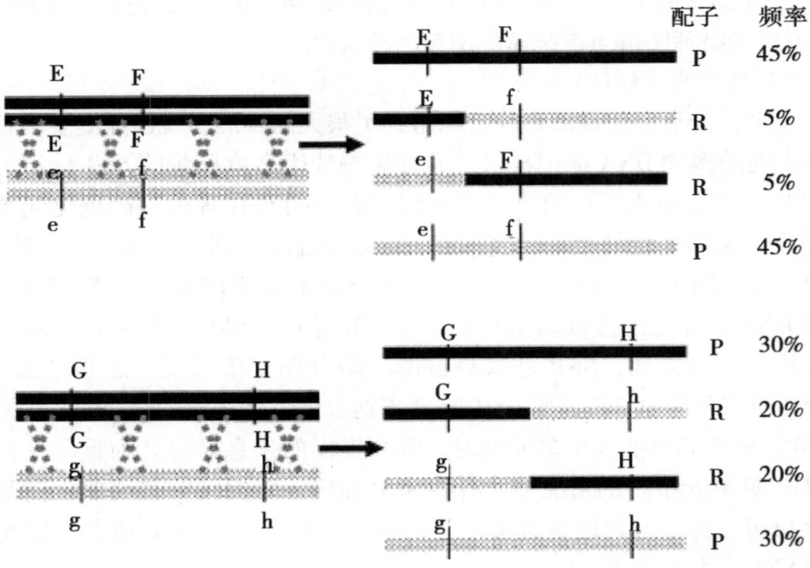

图 2－1　减数分裂期间同源染色体间发生的交换或重组事件图示

（Collard *et al*，2005）

遗传作图（genetic mapping）是应用遗传学技术构建的能显示基因以及其他序列特征在基因组上位置的图。遗传学技术包括杂交育种实验，对人类则是检查家族史即家谱。遗传作图技术以遗传连锁为基础，遗传连锁最先由 Baterson、Saunders 和 Punnett 于 1905 年发现，1910—1911 年摩尔根开始其在果蝇上划时代的工作后才使遗传连锁得到充分理解。而将基因的相对位置定位在染色体上的方法则是由在摩尔根实验室工作的大学生 Sturtevant 在 1913 年完成。通过分析许多分离标记而构建连锁图谱，连锁图谱构建的三个主要步骤是：①作图群体的构建；②多态性的鉴定；③标记的连锁分析。

第一节　图谱构建的理论基础

一、染色体遗传理论

1903 年 Sutton 和 Boveri 分别提出了遗传因子位于染色体上的理论，他们将染色体看作是孟德尔基因的物理载体。该理论亦称为 Sutton-Boveri 染色体遗传理论，其基本要点如下：①体细胞核内的染色体成对存在，其中一条来自雌亲，一条来自雄亲，成对染色体的两个成员是同源的；②每条染色体在个体的生命周期中均能保持其结构上的恒定性和遗传上的连续性，因而在个体的发育过程中起着一定的作用；③在减数分裂中，同源染色体的两个成员相互配对，随后又发生分离，走向细胞的两极，从而形成两个单倍体性细胞。

二、连锁、交换与重组

连锁图谱构建的理论基础是染色体的交换与重组。在细胞减数分裂时，非同源染色体上的基因相互独立、自由组合，同源染色体上的基因产生交换与重组，交换的频率随基因间距离的增加而增大。

就在孟德尔工作重新发现后不久，Bateson & Punnett（1906）以甜豌豆作材料做了一个实验，紫花、长花粉粒的纯系与红花、圆花粉粒的纯系进行双因子杂交，观察到 F_2 出现背离典型的 9∶3∶3∶1 的分离比的反常现象，即性状连锁的遗传现象，但在当时并未对此作出圆满的解释。连锁（Linkage）是两个或更多基因的等位基因常常连在一起向后代传递的现象。连锁遗传现象直到摩尔根利用果蝇才获得了证据。只有位于同一染色体上的基因才表现出连锁现象，这就意味着位于同一染色体上的任意两个基因越靠近，所表现出的连锁强度越大。

甜豌豆和果蝇的实验所给出的是同一染色体上基因发生重组的遗传学证据，但这还不是确定性的证据。交换是同源染色体间遗传信息互换的结果在 1931 年通过在果蝇和玉米上的实验才最终得到证实，这两个实验中结合了遗传和细胞学的证据。Harriet Creighton & Barbara McClintock（1931）的实验利用的是玉米 9 号染色体上的标记：*c* 为无色籽粒，*wx* 为蜡质胚乳。并利用下列特性建立了异质体（heterozygote）：①遗传标记的相斥相结构；②染色体两端的细胞学界标。随后他们利用测验种（*cc wxwx*）对该原种进行测交，如果交换包含了染色体物质的物理性互换，则每个重组表现型应包含一个细胞学界标，实验确实获得了预想的结果（图 2 -2）。根据该实验可认为交换含有染色体间遗传物质的互换。

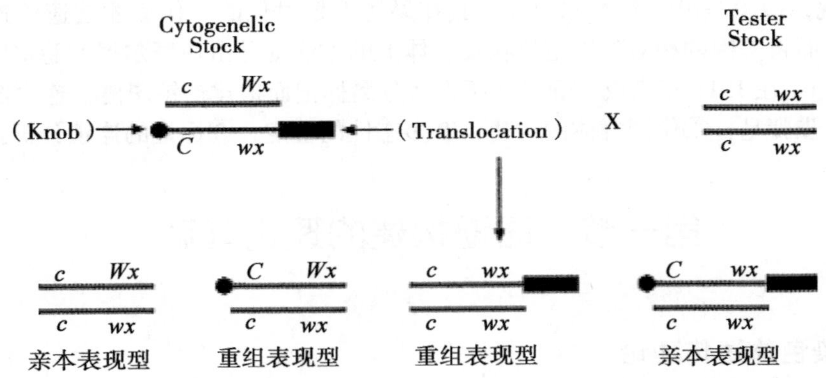

图 2 -2　Creighton & McClintock 实验的染色体结果及测交后代

在减数分裂 I 中物理性交换是一种正常的事件，通过该事件实现异质同源染色体重排而形成新的结合即重组，重组可发生一个染色体上的任何两个基因之间，而交换发生的数量是基因在染色体上距离的函数。如果两个基因相距很远，例如，位于染色体的两端，交换和非交换发生的频率相同，基因相距越近则交换事件发生的频率越低，从而非交换配子的数量大于交换配子的数量。而染色体上相邻的两个基因发生交换的可能性就很低了。

位于同一染色体上的基因可产生两种类型的配子，如果不发生交换只产生亲本型配子，如果发生交换则产生重组型配子。亲本型和重组型配子等位基因的组成取决于最初杂交所含的基因是相引相还是相斥相（图 2 -3）。

确定哪种配子是重组型一般比较简单，这些配子所占的比例最低。另外，也可以通过寻找最丰富的配子类型以便确定最初的杂交是相引相杂交还是相斥相杂交。对于相引相杂交，最多的配子为带有两个显性基因或两个隐性基因的配子；而对于相斥相杂交，含有一个显性基因和一个隐性基因的配子最多。理解这点对实际计算连锁距离时特别重要。

重组型配子占总配子的比例称为重组率，用 r 表示。重组率的高低取决于交换的频率，而两对基因之间的交换频率取决于它们之间的直线距离。重组率的值变化于完全连锁时的 0% 到完全独立时的 50% 之间。因此，重组率可用来表示基因间的遗传图距，图距单位用厘摩（centi-Morgan，cM）表示，1cM 的大小大致符合 1% 的重组率。

三、构建遗传图谱的统计学原理

（一）两点测验

如果两个基因座位于同一染色体上且相距较近，则在分离后代中通常表现为连锁遗传。对两个基因座之间的连锁关系进行检测，称为两点测验。在进行连锁测验之前，必须了解各基因座位的等位基因分离是否符合孟德尔分离比例，这是连锁检验的前提。在共显性条件下，F_2 群体中一个座位上的基因型分离比例为 1∶2∶1，而 BC_1 和 DH 群体中分离比例均为 1∶1；在显性条件下，F_2 群体中分离比例为 3∶1，而 BC_1 和 DH 群体中分离比例仍为 1∶1。检验 DNA 标记的分离是否偏离孟德尔比例，一般采用 χ^2 检验。

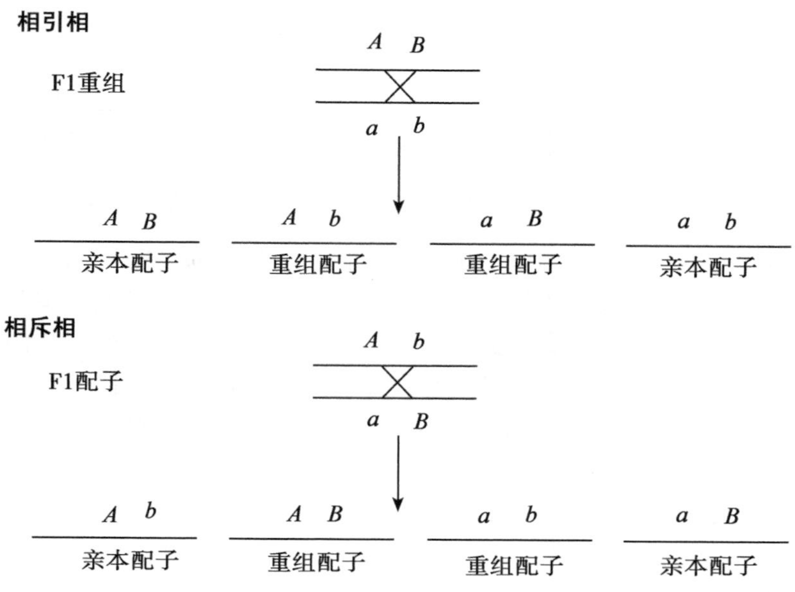

图 2－3　相引相、相斥相 F_1 配子形成示意图

只有当待检验的两个基因座各自的分离比例正常时，才可继续进行这两个座位的连锁分析。在 DNA 标记连锁图谱的制作过程中，常常会遇到大量 DNA 标记偏离孟德尔分离比例的异常分离现象，这种异常分离在远缘杂交组合的分离群体及 DH 和 RI 群体中尤为明显。目前，在水稻中已发现了十余个与异常分离有关的基因座位，这些基因座位可能影响配子生活力和竞争力，导致配子选择，从而产生异常分离。发生严重异常分离的标记一般不应用于连锁作图。

当摩尔根认识到部分连锁可以通过减数分裂中的交换给予解释后，他即考虑如何设计一种方法来确定基因在染色体上的相对位置。实际上，关键性的突破不是摩尔根本人取得的，而是他的一位研究生——Arthur Sturtevant（Sturtevant，1913）。Sturtevant 假设交换是一种随机事件，则并列的染色单体上任何位点发生交换的机会是均等的。如果该假设是正确的，那么彼此靠近的 2 个基因因交换而分离的频率要比远离的 2 个基因之间发生分离的频率小。或者说，因交换使两个连锁基因分开的频率与它们在染色体上所处位置的距离成正比，重组率（recombination frequency）则成为测量基因间相对距离的尺度。只要获得不同基因间的重组率，就可绘制一份基因在染色体上相对位置的图谱。

摩尔根利用红眼、正常翅（$pr^+pr^+\ vg^+vg^+$）的果蝇与紫眼、退化翅（*prpr vgvg*）的果蝇杂交，图 2－4 表示杂交及 F_1 基因型，通过减数分裂形成 4 种不同的 F_1 配子，亲本型配子无需任何额外的过程就可形成，而重组型配子则需通过交换（crossing over）

过程产生（×表示两个 F_1 染色体发生交换事件）。

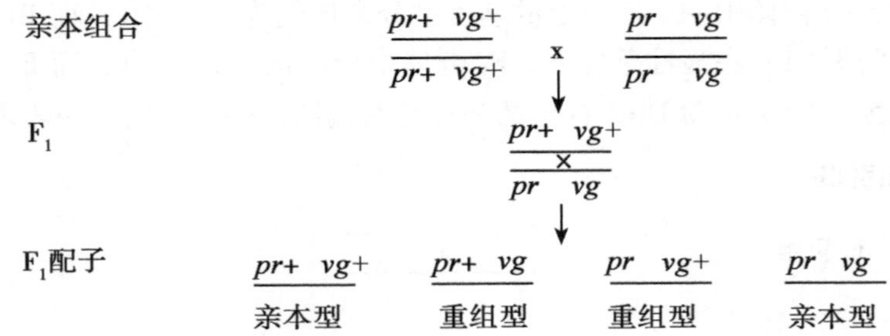

图 2－4　果蝇相引相的两对相对性状的连锁遗传 F_1 配子的形成

摩尔根随后对双因子杂合的雌果蝇用双隐性雄果蝇（*prpr vgvg*）测交，测交是一种有效的方法，因为来自测交亲本的所有配子均是纯合隐性的，从而可以追踪被测亲本的减数分裂事件。对该例而言测交种配子的基因型是 *pr vg*，因而测交后代将表现为 F_1 配子的分布。根据孟德尔第二定律，对双因子杂种 F_1 进行测交其后代 4 种基因型的分离比应为 1∶1∶1∶1。但是摩尔根所观察到的并非如此，摩尔根所得结果如下。

亲本型 $pr^+\ vg^+$　　1 339

重组型 $pr^+\ vg$　　151

重组型 $pr\ vg^+$　　154

亲本型 *pr vg*　　1 195

现在让我们来测定基因 *pr* 和 *vg* 间的连锁距离，在相引相中总共有 2 839个配子，其中，305 个配子（151*pr* + *vg* + 154*pr* vg^+）为重组型配子。为测定连锁距离可将重组型配子数与配子总数相除便得，因此，连锁距离等于 10. 7cM［（305/2 839）×100）］。

除了利用测交来确定连锁距离外，还可以使用其他的杂交方法。利用测交法测定交换值因植物的不同而有难易，玉米是比较容易的，它授粉方便，一次授粉即可获得大量种子。可是像小麦、水稻、豌豆及其他自花授粉植物就比较困难，不仅去雄和授粉比较困难，而且一次授粉只能获得少量种子。对于此类植物可利用自交法测定交换值。利用自交结果（F_2 资料）估测交换值的方法很多，这里介绍其中的一种。

豌豆相引相连锁遗传的资料是利用自交方法获得的。豌豆 F_2 有 4 种表现型，可推测它的 F_1 能形成 4 种配子，其基因型分别为 PL、Pl、pL 和 pl。假设各种配子的比例分别为 a、b、c 和 d，经过自交而产生的 F_2 即是这些配子的平方即（aPL∶bPl∶cPL∶dpl)^2，其中表现为纯合双隐性的 ppll 的个体数即是 d^2。反过来说，F_2 表现型为 ppll 的 F_1 配子必然是 pl，其频率为 d^2 的开方即 d。F_2 表现型 ppll 的个体数 55 为总数 381 的 14. 4%，F_1 配子频率的频率为 $\sqrt{0.144}=0.379$，即 37. 9%。配子 PL 与 pl 的频率相等也为 37. 9%，它们在相引相中均为亲本型配子，而重组型配子 Pl 和 pL 各为（50－37. 9)%＝12. 1%。从而 F_1 形成的 4 种配子的比例为 37. 9PL∶12. 1Pl∶12. 1pL∶37. 9pl。交换值为两种重组型配子之和，即交换值为 2×12. 1%＝24. 2%。

紫花、长花粉粒（*P*_ *L*_ ）　　284

紫花、圆花粉粒（*P_ ll*）　　21
红花、长花粉粒（*ppL_* ）　　21
红花、圆花粉粒（*ppll*）　　55

上述方法理论上是正确的，但实际上是不准确的，因为它仅从一种 F_2 表现型外推，而且包含了一次开平方根。现已发明了一种更为精确的公式，合并了所有的 F_2 表现型，统计上称为乘积比，根据 z 值表就可得到重组频率。对于相斥相双因子杂交种（*Ab/aB*），乘积比按下式计算，计算式中的 4 个组分为 F_2 的 4 个表现型：

$$z = \frac{(A/-B/-) \times (a/ab/b)}{(A/-b/b) \times (a/aB/-)}$$

为简要起见该公式没有使用连锁符号，与 z 值对应的 RF 值见表 2－1。

表 2－1　相斥相双因子杂交种自交中与 z 值对应的 RF 值（%）

z	0.001	0.005	0.020	0.040	0.100	0.200	0.300	0.500	0.700
RF	2.2	4.9	9.9	13.8	21.1	28.5	33.5	40.3	45.0

重组率一般是根据分离群体中重组型个体占总个体的比例来估计的，该方法无法得到估值的标准误，因而无法进行显著性检验和置信区间估计。采用最大似然法进行重组率的估计可解决这一问题。最大似然法以满足其估计值在观察结果中出现的概率最大为条件。

在人类遗传学研究中，由于通常不知道父母的基因型或父母中标记基因的连锁相是相斥还是相引，因而无法简单地通过计算重组体出现的频率来进行连锁分析，而必须通过适当的统计模型来估算重组率，并采用似然比检验的方法来推断连锁是否存在，即比较假设两座位间存在连锁（$r < 0.5$）的概率与假设没有连锁（$r = 0.5$）的概率。这两种概率之比可以用似然比统计量来表示，即 $L(r)/L(0.5)$，其中，$L()$ 为似然函数。为了计算方便，常将 $L(r)/L(0.5)$ 取以 10 为底的对数，称为 LOD 值。为了确定两对基因之间存在连锁，一般要求似然比大于 1 000：1，即 LOD > 3；而要否定连锁的存在，则要求似然比小于 100：1，即 LOD < 2。

在其他生物遗传图谱的构建中，似然比的概念也用来反映重组率估值的可靠性程度或作为连锁是否真实存在的一种判断尺度。

下面的系谱将用于示范确定基因间距离的另一种方法，该方法已被广泛地用于不同的系统，并已根据这一技术研制出遗传程序。首先看看这个系谱。

从该系谱可以获得如下几点信息：即使我们面对的是同样的两种基因，指甲膝盖骨综合征和血型，在该系谱中该病的显性等位基因似乎与 A 血型等位基因相连。记住在该例中显性的指甲膝盖骨综合征等位基因与 *B* 等位基因连锁。两个基因的等位基因间的连锁在一个物种中并非始终不变，这是遗传学中的重要论点。原因何在？因为在该家族血统的某一点上该病的等位基因通过重组而与另一种血型等位基因形成新的连锁。在其他血统中该病的等位基因与 O 型血等位基因连锁。

下面让我们确定两个基因间的连锁距离。如你所见在 8 个后代中有 1 个重组体，由此可得重组频率为 0.125，连锁距离为 12.5cM。

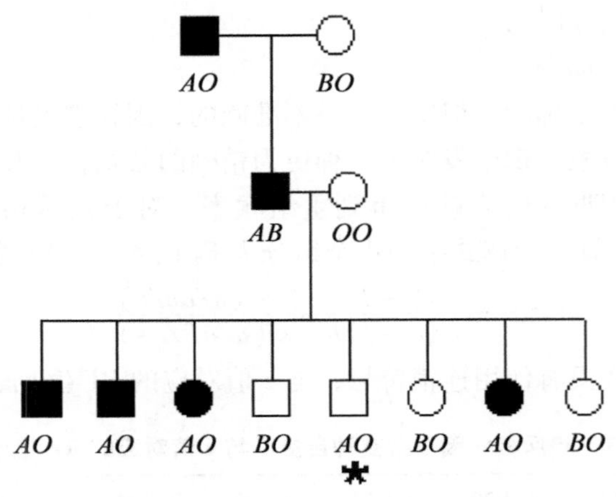

指甲膝盖骨综合征 ● 或■

血型 *OO*，*AB*，*BO*，*AO*

现在介绍一种计算连锁距离的新方法——Lod 值方法，Newton E. Morton 所发明的这种方法是一种迭代的方法。

估计一个连锁距离，在此估值下计算某一特定的出生序列的可能性，将该值除以非连锁条件下这一出生序列的可能性，计算该值的 log，此即该连锁距离的 lod 值。利用另一连锁距离估值重复这个同样的过程。利用不同的连锁距离获得一系列 lod 值，而最高 lod 值所对应的连锁距离即为连锁距离的估值。Lod 的计算公式如下：

$$LOD\text{值} = Z = \log \frac{\text{某一特定连锁下出生顺序的概率}}{\text{无连锁时出生顺序的概率}}$$

利用上面的例子说明这个原理。首先用 0.125 作为重组率的估值，第一个出生的个体具有亲代基因型，该事件的概率为（1 − 0.125）。因为存在两种亲代类型，该值除以 2 得 0.4375。在该系谱中共有 7 个亲代类型，另有 1 个重组类型，该事件的概率为 0.125 除以 2，因为有 2 个重组类型。

如果这些基因间不存在连锁则出生的顺序应是什么？当两个基因间无连锁时，重组率是 0.5，因此，任一基因型的概率均应为 0.25。

现在将整个方法一起考虑，特定的出生顺序的概率是每个独立事件的乘积。因此，基于 0.125 的重组率估值的出生顺序的概率等于 $(0.4375)^7$ $(0.0625)^1$ = 0.000 191 7，而基于无连锁的出生顺序的概率为 $(0.25)^8$ = 0.000 015 3。现在以连锁的概率除以无连锁的概率可得 12.566，对该值取 log 得 1.099，该值即为 lod 值。

正像上面所提及的这是一系列重组率估值的重复过程，下表给出了 6 个不同的连锁估值的 lod 值：

重组率	0.050	0.100	0.125	0.150	0.200	0.250
Lod 值	0.951	1.088	1.099	1.090	1.031	0.932

正如表中所示，最大的 lod 值对应于连锁估值 0.125。实际上我们希望获得一个大于 3.0 的 lod 值，该值表示在该连锁距离上连锁的可能性为不存在连锁的 1 000倍。

Lod 值是一个得到广泛使用的技术，不仅用于人类研究，而且也用于植物和动物连锁分析。在植物作图研究中广泛使用的一个重要的软件 MAPMAKER 就是部分地基于 lod 值方法。

（二） 多点测验

在 2 个基因的基础上再增加 1 个基因，就可形成几种不同类型的交换，图 2－5 即是几种不同的重组类型。

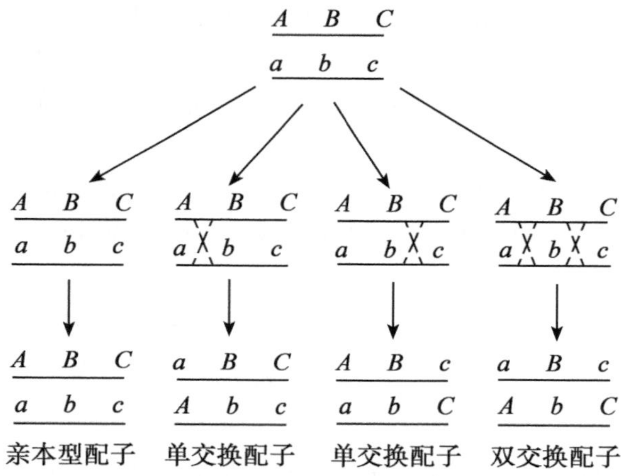

图 2－5　三点杂交产生的亲本型和重组型配子

如果利用 F_1 进行测交，按照孟德尔定律预期将产生 1∶1∶1∶1∶1∶1∶1∶1 分离比，与上述的两点分析一样，偏离这一期望比即意味存在连锁。同样利用果蝇的资料（表 2－2）介绍 3 点测验（three-point cross）的具体步骤。

表 2－2　果蝇 3 点测验的测交结果

基因型	观察值	配子类型
$v\ cv^+\ ct^+$	580	亲本型
$v^+\ cv\ ct$	592	亲本型
$v\ cv\ ct^+$	45	*ct* 和 *cv* 基因间的单交换
$v^+\ cv^+\ ct$	40	*ct* 和 *cv* 基因间的单交换
$v\ cv\ ct$	89	*v* 和 *ct* 基因间的单交换
$v^+\ cv^+\ ct^+$	94	*v* 和 *ct* 基因间的单交换

（续表）

基因型	观察值	配子类型
$v\ cv^{+}\ ct$	3	双交换
$v^{+}\ cv\ ct^{+}$	5	双交换
总和	1 448	

1. 确定亲本基因型

最多的基因型即是亲本基因型，本例中的亲本基因型是 $v\ cv^{+}\ ct^{+}$ 和 $v^{+}\ cv\ ct$。

2. 确定基因的顺序

为了确定基因的顺序，需要知道亲本基因型和双交换基因型。双交换的基因型是频率最低的基因型，本例中为 $v\ cv^{+}\ ct$ 和 $v^{+}\ cv\ ct^{+}$。双交换总是将中间的一个等位基因从一个染色单体移到另一个染色单体。据此我们可以通过问问题的方式来确定基因的顺序，从第一个双交换即 $v\ cv^{+}\ ct$ 可知，ct 等位基因与 v 和 cv^{+} 等位基因有关，而在原始的杂交中 ct 与这两个等位基因无关。因此可推断 ct 位于中间，其基因顺序为 $v\ ct\ cv$。

3. 确定连锁距离

$v-ct$ 间的距离：［（89 +94 +3 +5）/1448］×100 =13.2cM

$ct-cv$ 间的距离：［（45 +40 +3 +5）/1448］×100 =6.4cM

4. 作图

v　　　　ct　　　cv

13.2cM　　6.4cM

Sturtevant 关于随机交换的假设极富创见但并不完全正确。遗传图谱与基因在 DNA 分子上的实际位置（通过物理图谱和 DNA 测序显示）的比较表明染色体上的一些区段比其他区段有更高的交换频率，成为重组热点。这表明遗传图谱的距离无法表示两个标记间的物理距离。另外，同一染色单体可同时发生多次交换的现象，当多次交换发生在两个基因之间时会产生距离减少的假象。尽管遗传图谱存在这些偏差，但连锁分析给出的遗传标记在染色体上的排列次序是相当准确的，也提供了基因间的大致距离，为基因组测序提供了有价值的工作框架。

（三）遗传距离和作图函数

基因和标记间距离的重要性前面已有讨论，标记间距离越大，减数分裂期间重组的机会越多。连锁图上的距离通过遗传标记间的重组率测定（Paterson，1996）。从而需要作图函数将重组率转换为遗传距离厘摩（cM）。因为重组率与交换率并非线性相关（Hartl & Jones，2001；Kearsey & Pooni，1996），当图谱距离较小（<10cM），图谱距离等于重组率，然而，这一关系不能应用到大于 10cM 的情形（Hartl & Jones，2001）。两种常用的作图函数是 Kosambi 作图函数和 Haldane 作图函数，前者假设重组事件影响相邻重组事件的发生，而后者假设交换事件间没有干扰（Hartl & Jones，2001；Kearsey

& Pooni，1996）（表2－3）。

在交换没有干扰的假定下，图距 x 与重组率 r 之间的关系服从 Haldane 作图函数：

$$x = -(1/2)\ln(1-2r)$$

其中，x 以 M 为单位。这里 M 读作 Morgan（摩尔根），它是用著名遗传学家摩尔根的姓命名的，并取第一个字母表示。1M = 100cM（厘摩），1cM 为一个遗传单位，即1%的重组率。根据 Haldane 作图函数，20%的重组率相当于图距为 $-(1/2)\ln(1-2\times 0.20) = 0.255M$，即25.5cM。

Haldane 作图函数的不合理之处在于假定了完全没有交叉干扰。为了将交叉干扰的因素考虑进去，一种比较合理的假设是，双交换符合系数与重组率之间存在线性关系，即 $C=2r$。该式表示，C 值随 r 的增加而增加，干扰相应减弱。当 $r=0.5$（即没有连锁）时，$C=1$（即没有干扰）。根据这一假设推导出了如下作图函数（Kosambi 作图函数）：

$$x = (1/4)\ln\frac{1+2r}{1-2r}$$

根据上式可以算出，当 $r=0.2$ 时，$x=21.2$cM。可见 Kosambi 作图函数算出的图距比 Haldane 作图函数的小。由于 Kosambi 作图函数比 Haldane 作图函数更合理，因此，它在遗传学研究中得到了更广泛的应用。

表2－3　不同植物种遗传图距与物理图距的关系

物种	单倍体基因组大小（kb）	遗传图谱的距离（cM）	碱基对（kb/cM）
拟南芥	7.0×10^{4}	500	140
番茄	7.2×10^{5}	1 400	510
水稻	4.4×10^{5}	1 575	275
小麦	1.6×10^{7}	2 575	6 214
玉米	3.0×10^{6}	1 400	2 140

连锁图谱上的距离并不直接与遗传标记间 DNA 的物理距离有关，依植物种的基因组大小而有差异（Paterson，1996）。因而，一条染色体上的遗传距离与物理距离间的关系不同（Kunzel *et al*，2000；Tanksley *et al*，1992；Young，1994）。例如，存在重组的“热点”和“冷点”，前者表示染色体区段重组频繁，后者则表示重组发生的机会少（Faris *et al*，2000；Ma *et al*，2001；Yao *et al*，2002）。

第二节　作图群体

构建连锁图谱需要植物分离群体（即通过有性生殖所衍生的一种群体），作图群体的亲本需要一个或较多的目标性状存在差异，用于初级遗传图谱研究的群体大小一般为50～250个个体（Mohan *et al*，1997），不过高密度作图则需要更大的群体。如果图谱用于 QTL 研究（常常如此），则在 QTL 分析前必须对作图群体进行表型鉴定（即必须收集性状数据）。

一般而言，自花授粉物种的作图群体的两个亲本是高度纯合的（自交系），而在异花授粉物种中，情况则更为复杂，因为这类物种中的大多数不耐自交，许多异花授粉植物又是多倍体（含有几套染色体）。异花授粉植物的作图群体可从一个杂合亲本与一个单倍体或纯合亲本杂交衍生而来（Wu *et al*，1992）。例如，在2个异花授粉物种白三叶草（*Trifolium repens* L.）和黑麦草（*Lolium perenne* L.）中，通过与植株持久生存能力（plant persistence）和籽粒产量有关的重要性状存在明显差异的异质亲本植株的成对杂交已经成功构建了 F_1代作图群体（Barrett *et al*，2004；Forster *et al*，2000）。

每种植物均有几种不同的群体用于遗传作图，每种类型的群体都有其优点和缺点（McCouch & Doerge，1995；Paterson，1996）（图2－6）。来自 F_1 杂种自交的 F_2 群体，以及来自 F_1 杂种与一个亲本杂交的回交（BC）群体，是自花授粉植物最简单的作图群

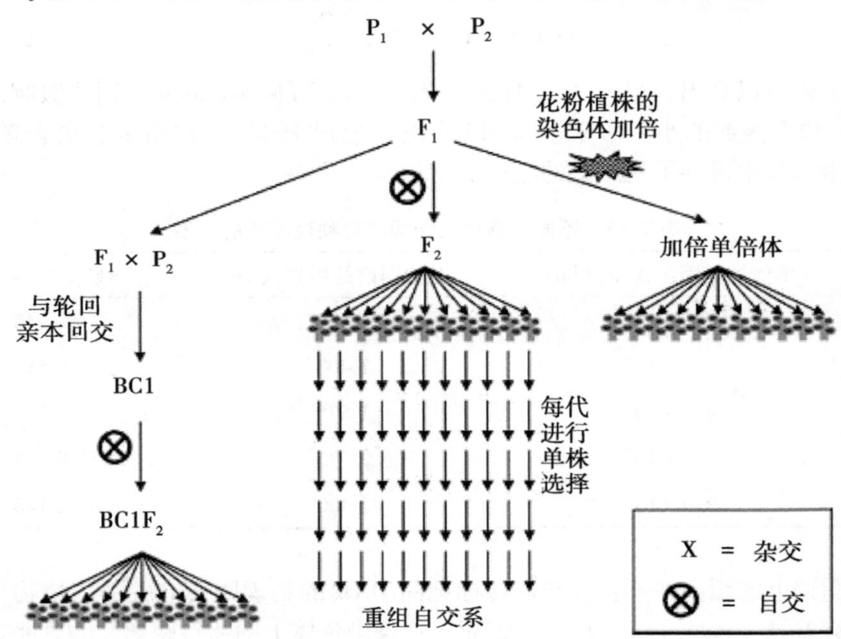

图2－6　自花授粉植物作图群体的主要类型（Collard *et al*，2005）

体。其主要的优点是易于构建，且短时间即可形成。通过 F_2 单株的自交构建重组自交系群体，该群体由一系列的纯系组成，每个系含有原始亲本染色体片段的特定组合。该群体的缺点是构建时间长，常常需要6～8代。双单倍体（DH）群体通过花粉粒再生植株的染色体加倍而产生，然而 DH 群体的构建仅在可进行花粉培养的植物种中是可能的，如禾本科植物的水稻、大麦和小麦。RI 和 DH 群体最大的优点是其家系的个体是纯合的，通过繁殖加代不会产生任何遗传改变，是 QTL 定位的永久群体，从而可进行不同地点和时间的重复试验。因此，RI 和 DH 家系的单株种子可在不同实验室间交流，进行进一步的连锁分析，在已有的图谱中添加标记，从而确保了所有的实验室检测相同

的材料（Paterson，1996；Young，1994）。

在作图群体构建上值得一提的是永久 F_2（Immortalized F_2，简称 IF_2）群体的构建（Hua *et al*，2002）。将来自某个 RIL 群体的品系分成两组，进行组间随机交配，获得的 F_1 品系组成的群体，与 F_2 具有相同的遗传结构，每年配制同样的组合即可满足重复试验的需要，使得群体的遗传结构得以长期保持，故将其称为永久 F_2 群体。

通过 RI 或 DH 群体系间随机交配获得的 F_1 构建的永久 F_2 群体，既具有信息量大、可以估计显性效应以及与显性有关的上位性效应的优点，又能为多单位合作研究或多环境互作研究源源不断提供大量试验材料，有助于进一步揭示杂种优势的遗传实质。由 RI 群体系间随机交配构建的永久 F_2 群体有利于鉴别紧密连锁的标记和 QTL。然而，永久 F_2 群体在实施上仍有一些困难：①杂交组合配制工作量大，难度高，很多组合难于得到足够的种子，造成数据缺失；②不同 RI 或 DH 系的抽穗期很不一致，对于大量配组来说，很难做到完全随机。这些因素会导致构建的永久 F_2 群体往往偏离正常的理论比，从而导致 QTL 位置、效应的估计出现偏差。

第三节　标记的多态性鉴定与数据处理

连锁图谱构建的第二步是利用 DNA 标记鉴定亲本间的差异（即多态性标记）。重要的是在亲本间存在足够的多态性以便构建连锁图谱（Young，1994）。一般而言，异花授粉植物与自交植物相比，DNA 多态性水平较高，自花授粉植物的作图一般需要选择亲缘较远的亲本。在许多情况下，可根据亲本的遗传多样性水平选择多态性适当的亲本（Anderson *et al*，1993；Collard *et al*，2003；Joshi & Nguyen，1993；Yu & Nguyen，1994）。作图标记的选择可根据标记的可用性或特定标记对于特定物种的合适性而定。

一旦鉴定出了多态性的标记，即必须在整个作图群体包括亲本（如果可能还包括 F_1 杂种）中进行筛选，该过程称为群体的标记“基因分型”（genotyping），因此，必须从群体的每个个体中提取 DNA。在不同群体筛选 DNA 标记的例子见图 2 –7。共显性和显性标记的期望分离比见表 2 –4。可利用卡方测验分析与期望分离比是否存在显著的偏离。一般而言，标记按孟德尔方式分离，有时也会遇到偏分离的情形（Sayed *et al*，2002；Xu *et al*，1997）。

表 2 –4　不同类型群体中标记的期望分离比

群体类型	共显性标记	显性标记
F_2	1：2：1（AA：Aa：aa）	3：1（B_ ：bb）
回交	1：1（Cc：cc）	1：1（Dd：dd）
重组自交或加倍单倍体群体	1：1（EE：ee）	1：1（FF：ff）

在一些多倍体物种如甘蔗中，多态性标记的鉴定更为复杂（Ripol *et al*，1999）。多倍体物种的二倍体亲缘种的作图对构建多倍体图谱很有帮助，然而不是所有的多倍体物

种均有二倍体近缘种（Ripol *et al*, 1999；Wu *et al*, 1992）。多倍体物种作图的一般方法是利用单拷贝的限制性片段（Wu *et al*, 1992）。

从分离群体中收集分子标记的分离数据，获得不同个体的 DNA 多态性信息，是进行遗传连锁分析的第一步。通常各种 DNA 标记的表现形式是电泳带型，电泳带型数字化是 DNA 标记分离数据进行数学处理的关键。

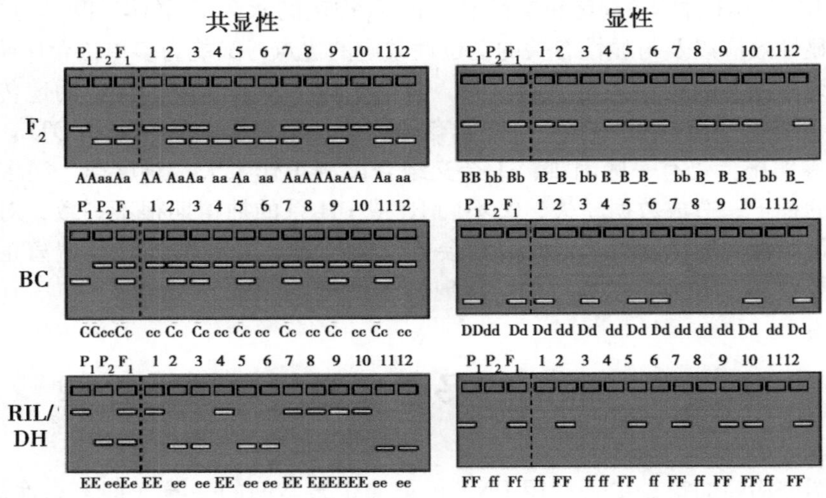

图 2－7　典型作图群体共显性标记（左）和显性标记（右）分离的假想凝胶图

（Collard *et al*, 2005）

这里以 RFLP 为例来说明将 DNA 标记带型数字化的方法。假设某个 RFLP 座位在两个亲本（P_1，P_2）中各显示一条带，由于 RFLP 是共显性的，则 F_1 个体中将表现出两条带，而 F_2 群体中不同个体的带型有 3 种，即 P_1 型、P_2 型和 F_1（杂合体）型。可以根据习惯或研究者的喜好，任意选择一组数字或符号，来记录 F_2 个体的带型。例如，将 P_1 带型记为 1，P_2 带型记为 3，F_1 带型记为 2。如果带型模糊不清或由于其他原因使数据缺失，则可记为 0。假设全部试验共有 120 个 F_2 单株，检测了 100 个 RFLP 标记，这样可得到一个由 100（行）×120（列）的、由简单数字组成的 RFLP 数据矩阵。

DNA 标记带型数字化的基本原则是，必须区分所有可能的类型和情况，并赋予相应的数字或符号。比如在上例中，总共有 4 种类型，即 P_1 型、F_1 型、P_2 型和缺失数据，故可用 4 个数字 1、2、3 和 0 分别表示之。如果存在显性标记，则 F_2 中还会出现两种情况。一种是 P_1 对 P_2 显性，于是 P_1 型和 F_1 型无法区分，这时应将 P_1 型和 F_1 型作为一种类型，记为 4。另一种情况正好相反，P_2 对 P_1 显性，无法区分 P_2 型和 F_1 型，故应将它们合为一种类型，记为 5。

对于 BC_1、DH 和 RI 群体，每个分离的基因座都只有两种基因型，不论是共显性标记还是显性标记，两种基因型都可以识别，加上缺失数据的情况，总共只有 3 种类型。因而用 3 个数字即可将标记全部带型数字化。

在分析质量性状基因与遗传标记之间的连锁关系时，也必须将有关的表型数字化，其方法与标记带型的数字化相似。例如，假设在 DH 群体中，有一个主基因控制株高，那么就可以将株系按植株的高度分为高秆和矮秆两大类，然后根据亲本的表现分别给高秆和矮秆株系赋值，如亲本 1 为高秆，则对高、矮秆株系分别赋值 1 和 2；如亲本 1 为矮秆，则对高、矮秆株系分别赋值 2 和 1。将质量性状经过这样的数字化处理，就可以与 DNA 标记数据放在一起进行连锁分析。

DNA 标记数据的收集和处理应注意以下问题：①避免利用没有把握的数据。由于分子标记多态性分析涉及许多实验步骤，很难避免出现错误，经常会遇到所得试验结果（如 X-光片）不清楚等问题。如果利用这样没有把握的数据，不仅会严重影响该标记自身的定位，而且还会影响到其他标记的定位。因此，应删除没有把握的数据，宁可将其作为缺失数据处理，或重做试验。②注意亲本基因型，对亲本基因型的赋值（如 P_1 型为 1，P_2 型为 2），在所有的标记座位包括质量性状上必须统一，千万别混淆。如果已知某两个座位是连锁的，而所得结果表明二者是独立分配的，很可能是把亲本类型弄错引起的。③当两亲本出现多条带的差异时，应通过共分离分析鉴别这些带是属于同一座位还是分别属于不同座位。如属于不同座位，应逐带记录分离数据。

第四节　标记的连锁分析

两点测验是最简单，也是最常用的连锁分析方法。然而，在构建分子标记连锁图中，每条染色体都涉及许多标记座位。遗传作图的目的就是要确定这些标记座位在染色体上的正确排列顺序及彼此间的遗传图距。所以，这里涉及一个同时分析多个基因座之间连锁关系的问题。这个问题看似简单，其实挺复杂，因为对于 m 个连锁座位，就有 $m!/2$ 种可能的排列顺序。例如，若 $m=10$，则共有 1 814 400种可能。要从这么多种可能中挑选出正确的顺序，确实没那么容易。这项工作用两点测验方法是难以完成的，因为它每次只能分析两个座位间的连锁关系。由于两点测验估计的重组率存在误差，因此，根据比较不同座位之间重组率大小来确定座位的排列顺序是不可靠的，很可能存在错误。

为了解决这个问题，就必须同时对多个座位进行联合分析，利用多个座位间的共分离信息来确定它们的排列顺序，也就是进行多点测验。在事先未知各基因座位于哪条染色体的情况下，可先进行两点测验，根据两点测验的结果，将那些基因座分成不同的连锁群，然后再对各连锁群（染色体）上的座位进行多点连锁分析。

与两点测验一样，多点测验通常也采用似然比检验法。先对各种可能的基因排列顺序进行最大似然估计，然后通过似然比检验确定出可能性最大的顺序。在每次多点测验中，不能包含太多的座位，否则可能的排列数会非常大，即使使用高速的计算机，也要花费很长的时间。在一条染色体上，经过多次多点测验，就能确定出最佳的基因排列顺序，并估计出相邻基因间的遗传图距，从而构建出相应的连锁图。

对于在两点测验中没能归类到某个连锁群（染色体）的基因座，可在各连锁群的连锁图初步建成之后，再尝试定位到某个连锁群上。但在构建分子标记连锁图的实际研究中，往往总有一些标记无法定位到染色体上。造成这种现象的原因，主要可能是在标记基因分型时存在错误。

在完成作图群体多态性鉴定获得了 DNA 标记在群体中每个单株的编码数据后，即可利用计算机程序进行连锁分析（图 2－8）。作图程序可以接受缺失的标记数据。标记

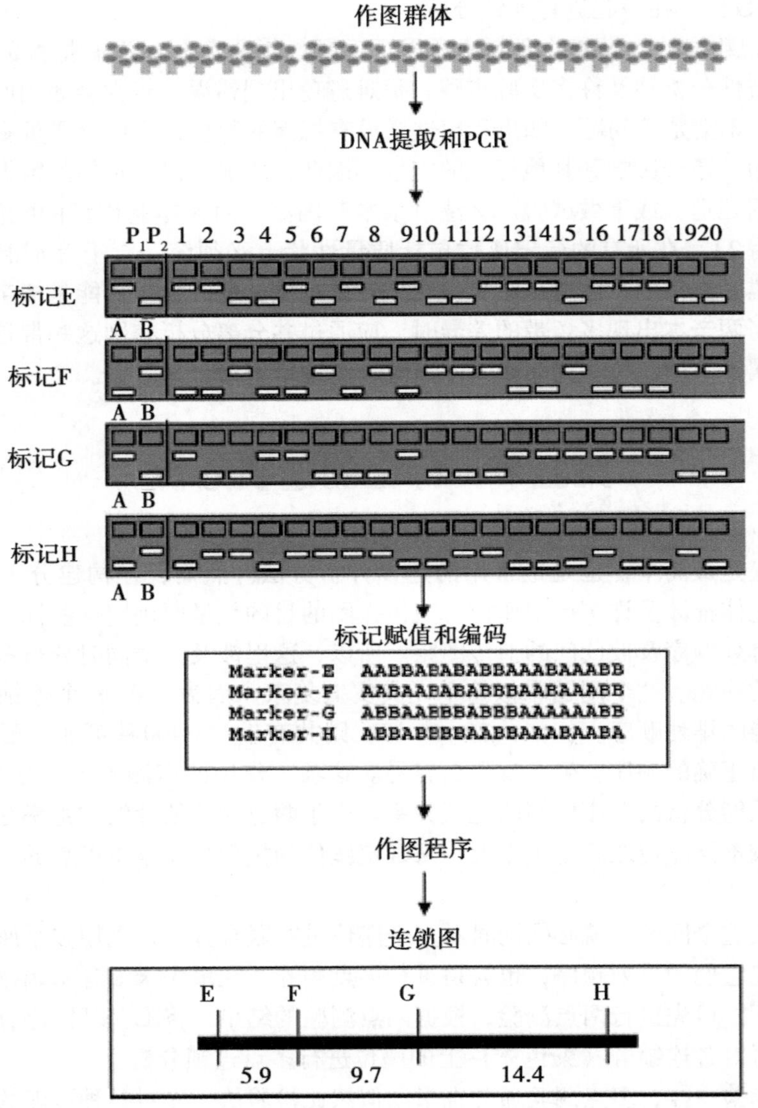

图 2－8　基于小的重组自交群体（20 个个体）构建的一张连锁图（Collard *et al*，2005）

第一个亲本（P_1）取值为‘A’，第二个亲本（P_2）取值为‘B’.标记数据的编码依据所用的群体类型而不同。该连锁图谱利用 Haldane 作图函数通过 Map Manager QTX（Manly *et al*，2001）而构建

数少时可进行人工的连锁分析，但在利用大量的标记构建遗传图谱时就不适宜用人工方法分析和确定标记间的连锁，此时可借助计算机程序完成。标记间的连锁常常利用似然比计算（即连锁对不连锁的比），该比可更便利地表示为比的对数，称为机会率（LOD）值（Risch，1992）。构建连锁图谱时使用 LOD 值 >3，LOD 值为 3 表示 2 个标记间连锁比不连锁高 1 000倍（即 1 000 : 1）。可降低 LOD 值以便在较高水平上检测连锁，或在高 LOD 构建的图谱内添加另外的标记。常用的软件包括 Mapmaker/EXP（Lander *et al*，1987；Lincoln *et al*，1993）和 MapManager QTX（Manly *et al*，2001），这些软件可从因特网上自由获取。JoinMap 是另一个常用的构建连锁图谱的程序（Stam，1993）。

连锁图谱的典型输出见图 2－9，连锁的标记归类进相同的"连锁群"中，连锁群代表染色体片段或整个染色体。这与路图类似，连锁群代表路，标记代表指示牌或路标。通过连锁分析所获得的连锁群数与染色体数往往不一致，因为所检测的多态性标记不一定均匀地分布在染色体上，而是在一些区段成簇，在另一些区段则没有（Paterson，1996）。除了标记的非随机分布，染色体上不同位置的重组率也不相同（Hartl & Jones，2001；Young，1994）。

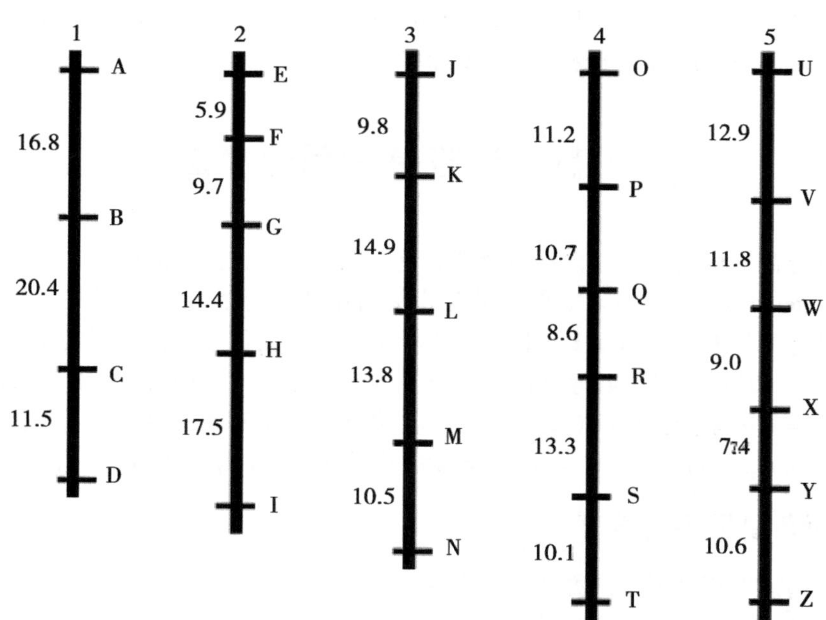

图 2－9　5 条染色体（以连锁群表示）和 26 个标记的假想连锁框架图（Collard 等，2005）

理想的情形是框架图应由均匀分布的标记组成，以便随后的 QTL 分析；如有可能框架图还应包括若干个连锁图中均存在的锚定标记组成，从而可以图谱间的区间比较。

测定遗传距离和确定标记顺序的精确性与作图群体中的个体数直接相关，最理想的是构建连锁图谱的作图群体至少包含 50 个个体（Young，1994）。

第三章　质量性状的分子标记

在分离群体中表现为不连续性变异并能明确分组的性状称为质量性状（qualitative trait）。质量性状通常受一个或少数几个主基因控制，不易受环境的影响。作物中许多重要的农艺性状如抗病性、抗虫性、育性、株高等都受主基因的控制，因而常常表现为质量性状遗传的特点。然而，典型的质量性状其实并不很多，不少质量性状除了受少数主基因控制之外，还受到微效基因的影响，表现出某些数量性状的特点，有时无法明确地从表现型推断其基因型。寻找与质量性状基因紧密连锁的 DNA 标记，或者说对质量性状进行分子标记（molecular tagging），主要有两个目的，一个是为了在育种中对质量性状进行标记辅助选择（见第六章），另一个是为了对质量性状基因进行图位克隆（map-based cloning）。近等基因系分析法和分离体分组混合分析法是快速有效地寻找与质量性状基因紧密连锁的分子标记的主要途径。

第一节　近等基因系分析法

一组遗传背景相同或相近，只在个别染色体区段上存在差异的株系，称为近等基因系（near isogenic line，NIL）。如果一对近等基因系在目标性状上表现差异，那么，凡是能在这对近等基因系间揭示多态性的分子标记，就可能位于目标基因的附近（Muehlbauer，1988）。因此，利用近等基因系材料，可以寻找与目标基因紧密连锁的分子标记。利用近等基因系分析法已标记和定位了许多质量性状基因，例如，番茄抗病毒病基因 *Tm-2a*（Young *et al*，1988）和水稻半矮秆基因 *sd*1（Liang，1994）等。

一、近等基因系的培育

目前，构建近等基因系的方法主要有两种：一种是利用高世代回交的方法构建的轮回亲本背景的近等基因系，许多研究者利用这种方法对 QTL 效应进行了精确评价，并使数量性状呈现质量性状分离规律。另一种方法就是基于永久群体（DH 系和 RIL 群体）构建的双亲嵌合背景的近等基因系。Inukai *et al*（1996）和 Tuinstra *et al*（1997）都曾利用这种方法构建了近等基因系。

高世代回交法构建的轮回亲本背景的近等基因系耗时长，但由于单株之间背景高度相似，故极适合微效 QTL 遗传效应评价；而基于重组自交系构建的双亲嵌合背景的近等基因系构建耗时短，能够达到快速构建近等基因系的目的。但近等基因系间表现型差异大可能是构建的前提，即双亲嵌合体背景的近等基因系可能更适合对效应大的 QTL 进行遗传效应评价。

（一）多次回交转育培育近等基因系

以带有目标性状的亲本（供体亲本）与拟导入这一目标性状的亲本（受体亲本，又称轮回亲本）进行杂交，再用轮回亲本连续多次回交，回交至一定世代后自交分离，即可获得遗传背景与轮回亲本相近却带有目标性状的品系，这一品系与轮回亲本即构成1对近等基因系。回交转育是近等基因系构建中最常用的方法，采用此方法在水稻上已构建若干近等基因系。

从回交分离世代起，由于后代单株间在目标性状上发生分离，需选择带有目标性状的单株进行回交。控制目标性状的基因显隐性不同，目标单株的选择方法也有差异。由显性基因控制的目标性状，在回交世代直接选择具目标性状的单株与轮回亲本杂交；而由隐性基因控制的目标性状，在基因杂合状态下，难以从表型上对目标单株进行直接选择，必须进行后裔鉴定。如果连续回交，则选作回交的单株其自交种和杂交种同时成对收获，下季成对种植，若自交种后代出现目标性状，则在其对应的杂交种中再选株继续回交、自交，连续回交时，每世代选作回交的单株不宜过少，以防目标基因丢失。在回交分离世代时也可先选株自交鉴定，在自交后代中选择具有目标性状的单株继续回交，即隔代回交，这样选育出近等基因系的时间较长。随着分子生物学技术的发展，对于由隐性基因控制的性状、主效数量基因控制的性状以及其他表型鉴定比较困难的性状，可以采用与目标基因连锁的分子标记进行辅助选择。谭彩霞等（2004）利用与纹枯病主效 QTL 紧密连锁的分子标记辅助选择，采取连续回交的方法，获得了 Lemont 背景下的 SB-9 近等基因系。

回交次数与双亲亲缘关系的远近、对背景的选择压力有关。一般双亲亲缘关系远则育成近等基因系需回交的次数较多，回交后代对背景的选择压力大则回交的次数较少。刘立峰等（2007）利用分子标记辅助目标性状 QTL 前景选择及恢复轮回亲本基因组的背景选择，再结合表型选择，连续回交 3 代即获得定位在水稻 4 号和 6 号染色体上的根基粗、千粒重 2 个主效 QTL 的近等基因系。潘学彪等（2009）利用与水稻抗条纹叶枯病基因 *Stv-bi* 紧密连锁的分子标记进行辅助选择，将镇稻 88 的 *Stv-bi* 导入武育粳 3 号，在 BC_1F_1 利用双亲具多态性的分子标记进行背景选择，仅回交 3 次，即获得性状与武育粳 3 号一致但带有抗条纹叶枯病基因的品系。

近等基因系是一系列回交过程的产物。回交是 F_1 或其他杂种后代与亲本之一杂交的方式。在育种中，当某一优良品种缺少一两个优良性状时，常用回交的方法将该优良性状从外源种质转移到优良品种中去。用于多次回交的亲本是目标性状的接受者称为轮回亲本或受体亲本；只在第一次杂交时应用的亲本是目标性状的提供者称为非轮回亲本或供体亲本。回交的结果，将不断提高回交后代中轮回亲本的基因血统，不断减少供体亲本的基因血统，使其后代向轮回亲本方向纯合。其回交过程一直持续到新培育的目标品系在理论上除了含有目标性状基因的染色体区段外，与轮回亲本几乎等基因时为止（图 3－1）。由此得到的回交后代再自交一次即得到回交自交品系（BIL）。通常可供利用的 BIL 都是育种家用不到 10 代（一般 5～6 代）回交育成的，其基因组中很可能在几个基因座位上还含有供体亲本的等位基因，故这样的 BIL 还不是严格的等基因系，只能称为 NIL。

在回交自交品系中要消除所有供体亲本基因组，在回交过程中如不进行选择，则理论上需要进行无限次的回交。在 k 对独立遗传的目标基因的情况下，如果不进行选择，在回交第 t 代，轮回亲本基因组所占比例为 $[1-(1/2)^{t}]^{k}$。可以看出，目标基因越多，则轮回亲本基因组恢复得越慢。另外，当供体亲本的目标性状基因与其附近的其他基因存在连锁时，则轮回亲本置换供体亲本基因的进程将要减缓，其减缓程度依连锁的紧密程度而异。为了加快回交后代基因组恢复成轮回亲本的速度，在每一代选择继续回交的植株时，除了要保证含有供体目标基因外，应尽量选择形态上与轮回亲本接近的植株。由于基因连锁的结果，在回交导入目标基因的同时，与目标基因连锁的染色体片段将随之进入回交后代中，这种现象称为连锁累赘（linkage drag）。

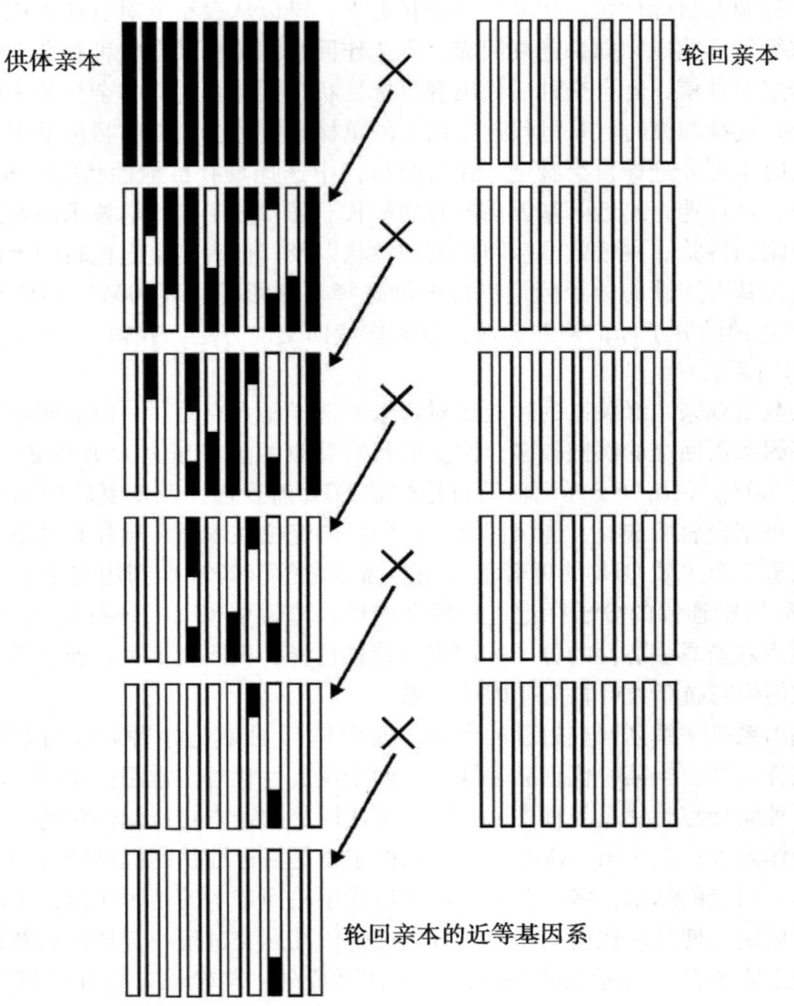

图 3－1　近等基因系培育示意图（方宣钧等，2001）

当回交导入的目标性状为隐性时，供体的目标基因在每个回交当代中都无法识别，因此必须将回交后代自交，在分离的自交后代中选择表现目标性状的植株用于继续回交。或在回交后代中选用较多的植株作回交并同时自交，将回交与自交后代对应种植，凡是自交后代在目标性状上呈现分离者，说明其相应的回交后代中必有一些个体带有目标基因，就可在该后代中继续选株回交并自交；而自交后代不出现分离的，其相应回交后代即被淘汰。

（二）从突变体中分离培育近等基因系

自然突变或人工诱变获得的突变体，在单位点突变或仅少数位点发生突变的情况下，经过分离纯化，获得的具有突变性状的品系与原品系即构成1对近等基因系。石明松（1985）在农垦58大田中发现的光敏感不育突变株农垦58S与农垦58构成1对近等基因系。章清杞等（2000）利用^{60}Co射线辐射处理协青早B，获得了协青早B *eui* 突变体，与协青早B构成1对株高近等基因系。

（三）从杂交高世代群体材料中分离培育近等基因系

在杂交高世代群体中，由于连续自交，控制大多数性状的基因趋于纯合，只有少数基因处于杂合状态。在此基础上，对尚处于分离状态的性状进行选择纯化，所获得的具有相对性状差异的品系即可构成近等基因系。李建雄等（2000）以性状和分子标记为基础，从珍汕97/明恢63的1个含234个重组自交系的$F_{6:7}$群体中，分离获得了每穗实粒数和千粒重2个性状的近等基因系。曾汉来等（2001）利用人工控制的系列温度条件，对光温敏核不育水稻培矮64S-5株系的高世代自交（近交）群体进行单株雄性育性鉴定与系统选择，经过10代自交纯化，获得一套不育临界温度分别为23℃、24℃、26℃和28℃的培矮64S近等基因系。

二、近等基因系分析法的基本原理

利用NIL寻找质量性状基因的分子标记的基本策略是比较轮回亲本、NIL及供体亲本三者的标记基因型，当NIL与供体亲本具有相同的标记基因型，但与轮回亲本的标记基因型不同时，则该标记就可能与目标基因连锁（图3－2）。

在目标基因所在的染色体区域附近，检测到DNA标记的几率大小取决于被导入的染色体片段的长度及轮回亲本和供体亲本基因组之间DNA多态性的程度。检测几率随培育NIL中回交次数的增加而降低。当轮回亲本和供体亲本分别属于栽培种和野生种时，更有可能发现多态性的分子标记。相反，轮回亲本和供体亲本的亲缘关系越密切，其多态性的分子标记就越少。

通过筛选大量DNA探针和PCR引物或采用多种限制性酶与探针组合，可以提高获得与目标基因连锁的分子标记的机会。值得注意的是，在成对NIL间有差异的目标基因区段可能很宽，以致得到的标记座位可能与目标基因相距较远，甚至还有可能位于不同的连锁群上。因此，减小连锁累赘是十分重要的。通过增加回交次数或借助于标记辅助选择可缩小连锁累赘的影响程度（参见第六章）。另外，利用包含同一染色体区域的多个NIL，可以减少在非目标区域检测到假阳性标记的机会，增加在目标区段中检测到多态性的概率。

三、近等基因系分析法应用实例

众多的研究表明，NIL方法在寻找与目标基因紧密连锁的分子标记方面是十分有效的，这些连锁的 DNA 标记不仅适合于标记辅助选择，对图位克隆目标基因也是十分有用的。

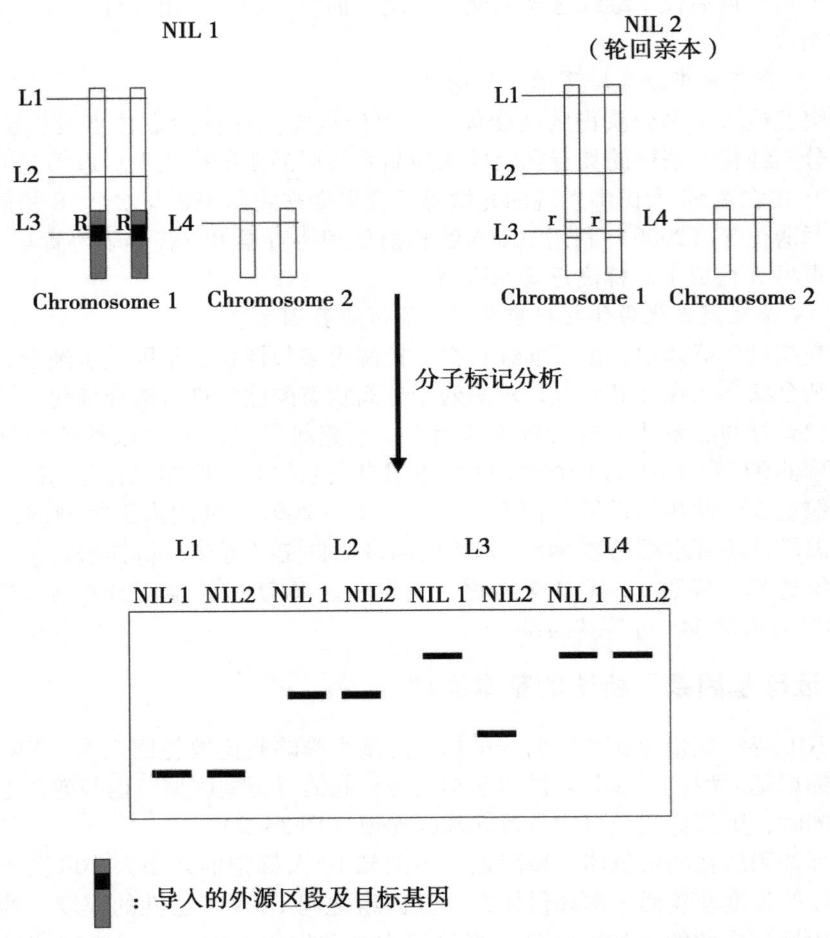

图 3－2　近等基因系分析法原理示意图（方宣钧等，2001）

Young & Tanksley（1989）通过连续回交，将番茄抗烟草花叶病毒病抗病基因 *Tm*-2，转移到不同的栽培品种中，从而得到了一系列不同轮回亲本的 NIL。这些 NIL 所拥有的包含 *Tm*-2 片段的长度为 4～51cM。利用这些 NIL，他们找到了与 *Tm*-2 相距不到 0.5cM 的 DNA 标记。

Paran *et al*（1991）将 NIL 用于鉴别与莴苣霜霉病抗性基因 *Dm* 连锁的 RFLP 及 RAPD 标记。采用了两对在 *Dm*1 和 *Dm*3 上有差异，一对在 *Dm*1 上有差异的 NIL 为材料，用 500 个 cDNA 探针和 212 个随机寡核苷酸引物对 NIL 进行多态性检测。结果发现，4 个 RFLP、4 个 RAPD 标记与 *Dm*1 和 *Dm*3 连锁，6 个 RAPD 标记与 *Dm*1 连锁，即有 1% 的 DNA 克隆和不到 1% 的 PCR 扩增产物在所筛选的 *Dm* 区域上呈现多态性。

Martin *et al*（1991）采用 RAPD 方法与 NIL 技术相结合，快速鉴定了与番茄青枯病

抗性基因 *Pto* 连锁的 DNA 标记。利用 144 个随机引物对第 5 染色体上 *Pto* 基因有差异的一对 NIL 进行筛选，获得了 7 个有多态性的扩增产物，对其中 4 个扩增产物作进一步分析，有 3 个被证实与 *Pto* 基因连锁。

第二节　分离体分组混合分析法

分离体分组混合分析法（bulked segregant analysis，BSA），也称为集群分离分析法或混合分组分析法，简称 BSA 法。该方法由 Michelmore 等（1991）首次提出并在莴苣 F_2 代分离群体中成功筛选出 3 个与霜霉病抗性基因 Dm5/8 紧密连锁的 RAPD 标记。

BSA 法是从近等基因系分析法演变而来的，它克服了许多作物没有或难以创建 NIL 的限制，在自交和异交物种中均有广泛的应用前景。对于尚无连锁图或连锁图饱和程度较低的植物，BSA 法也是快速获得与目标基因连锁的分子标记的有效方法。分离体分组混合分析法包括基于性状表现型的 BSA（Michelmore *et al*，1991）和基于标记基因型的 BSA（Giovannoni *et al*，1991）。前者是根据分离群体中个体性状表现型的差异来构建 DNA 池的，后者则是根据已有的图谱或标记信息。前者倾向于对基因的初步定位，后者则致力于对基因的精细定位。

利用 BSA 法已标记和定位了许多重要的质量性状基因，如莴苣抗霜霉病基因（Michelmore *et al*，1991）、水稻抗瘿蚊基因（Mohan *et al*，1994）以及水稻抗稻瘟病基因（朱立煌等，1994）等。

一、基于性状表现型的 BSA 法

连锁图谱构建和 QTL 分析需要耗费大量的时间和精力，费用也可能很高，因而能节约时间和费用的方法就特别有用，尤其是在资源有限的时候。鉴定与 QTL 连锁的标记的两种捷径的方法是分离体分组混合分析法和选择性基因分型（selective genotyping）。这两种方法均需要作图群体。

BSA 是一种检测位于特定染色体区段上标记的方法（Michelmore *et al*，1991）。简要地讲，从一个分离群体中选择 10～20 个单株，混合构建 2 个 DNA“池”，这两个池应在感兴趣的性状方面存在差异（如对某种病害的抗和感），通过构建 DNA 池，除了感兴趣基因所在的位点外，所有的位点均随机化。换句话说，两 DNA 池间差异相当于两近等基因系基因组之间的差异，仅在目标区域上不同，而整个遗传背景是相同的，亦即这是一对近等基因 DNA 池。对两个池筛选标记，多态性标记可能表示与感兴趣的某个基因或 QTL 连锁（图 3－3）。在检测两 DNA 池之间的多态性时，通常应以双亲的 DNA 作对照，以利于对实验结果的正确分析和判断。然后利用这些多态性标记对整个群体进行基因分型，产生一个局部的连锁群，可通过这种方法进行 QTL 分析，并确定某个 QTL 所在的位置（Ford *et al*，1999）。

BSA 一般用于标记简单性状的基因，不过该方法也用于鉴定与主效 QTL 连锁的标记（Wang & Paterson，1994）。“高通量”或“高容量”的标记技术如 RAPD 或 AFLP，

可从一个单一的DNA样品产生多个标记，一般为BSA分析所需。选择性基因分型也称为分布极端分析或基于性状的标记分析，包括从群体中选择所分析性状极端表现型或分布两端的个体（Foolad & Jones，1993；Lander & Botstein，1989；Zhang *et al*，2003）。连锁图谱的构建和QTL分析仅利用极端基因型的个体进行（图3-4），通过对群体子样品的基因分型，定位研究的费用显著下降。选择性基因分型常常用于在一个作图群体内种植并对个体进行表型鉴定比利用DNA标记鉴定更容易而便宜的情形。其缺点是不能确定QTL效应，一次仅能测定一个性状（因为针对一个性状所选的极端表型值的个体常常不代表另一个性状的极端表型值）（Tanksley，1993）。此外，单点分析不能用于

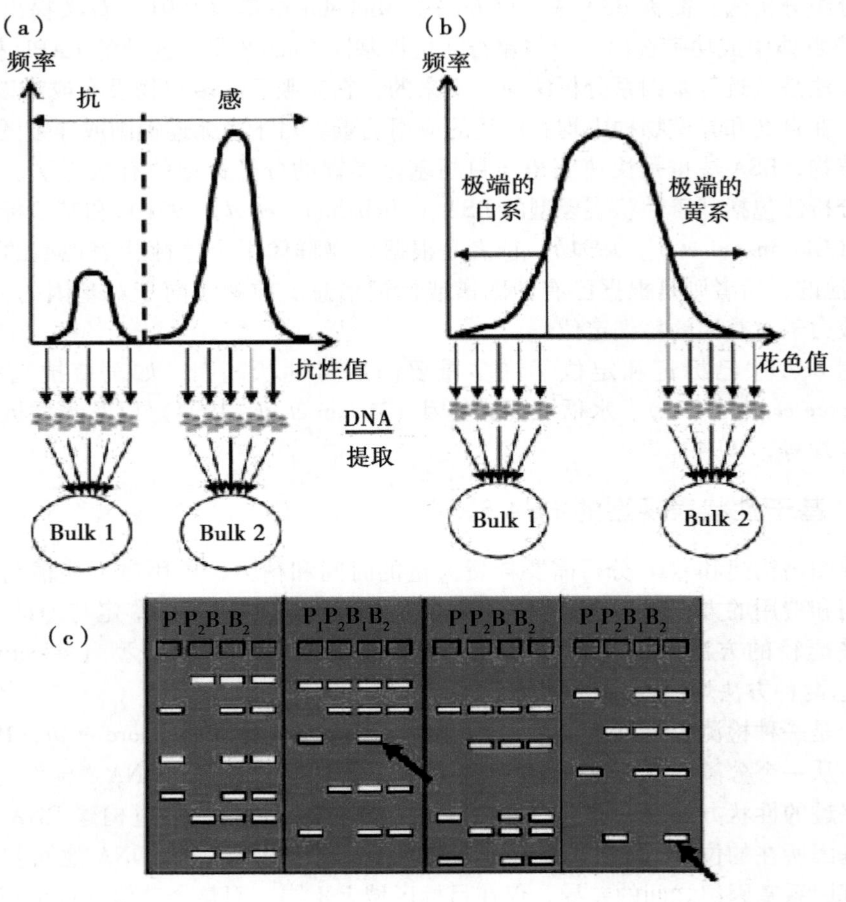

图3-3　BSA法图示

（引自Langridge *et al*，2001；Tanksley *et al*，1995）

简单抗病性状（a）和一种数量性状（花色，b）DNA混样的制备，在两种情形下，两种混样（B1和B2）从表现极端表型值的个体制备；（c）混样间鉴定出的多态性标记（以箭头表示）可能代表与该性状连锁的基因或QTL的标记。然后利用这样的标记对整个作图群体进行基因分型和QTL定位分析

QTL 检测，因为表型效应过于高估；必须利用区间作图的方法（Lander & Botstein，1989）。

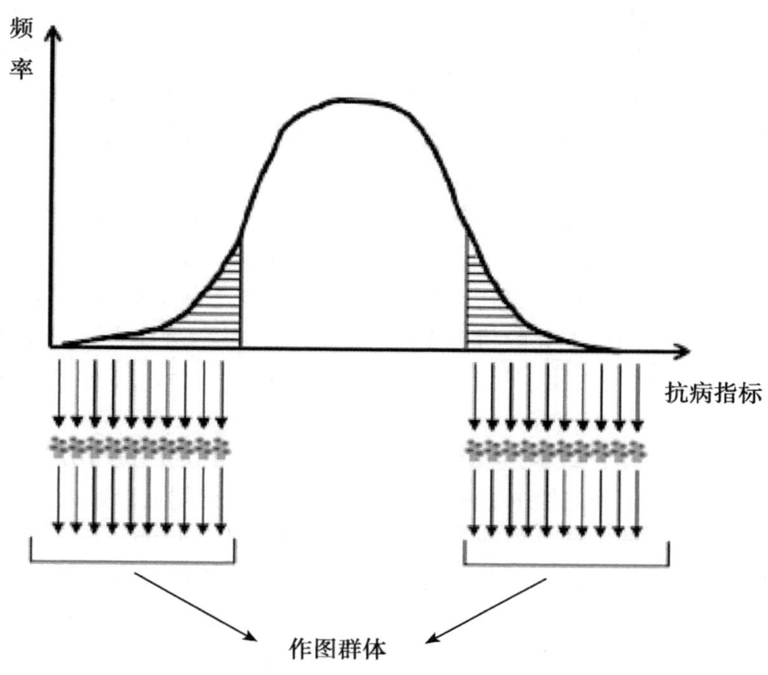

图 3－4 选择性基因分型（Collard *et al*，2005）

对整个群体进行特定性状（如抗病性）的表型鉴定，仅选择极端表型的个体进行标记基因型分型以及随后的连锁和 QTL 分析

二、基于标记基因型的 BSA 法

基于标记基因型的 BSA 法是根据目标基因两侧的分子标记的基因型对分离群体进行分组混合的。这种方法适合于目标基因已定位在分子连锁图上，但其两侧标记与目标基因之间相距还较远，需要进一步寻找更为紧密连锁的标记的情况。假设已知目标基因座位于两标记座位 A 和 B 之间，记来自亲本 1 的标记等位基因为 A_1 和 B_1，来自亲本 2 的为 A_2 和 B_2。那么，在某个分离群体（如 F_2）中，标记基因型为 A_1B_1/A_1B_1 的个体中，目标区段（即标记座位 A 和 B 之间的染色体区段）将基本来自亲本 1，而 A_2B_2/A_2B_2 个体中的则基本来自亲本 2，除非在该区段上发生了双交换，而双交换发生的概率是很小的。因此，可以将群体中具有 A_1B_1/A_1B_1 和 A_2B_2/A_2B_2 基因型的个体的 DNA 分别混合，构成一对近等基因 DNA 池，它们只在目标区段上存在差异，而在目标区段之外的整个遗传背景是相同的。这样就为在目标区段上检测多态性的分子标记提供了基础。用两个 DNA 池分别作为 PCR 扩增的模板，利用电泳分析比较扩增产物，寻找两 DNA 池之间的多态性，就可能在目标区段上找到与目标基因紧密连锁的 DNA 标记。与前面所说的一样，获得连锁标记后，还可以进一步分析它在群体中的分离情况，进行验

证，并确定它在目标区段中的位置。

Goivannoni *et al*（1991）以番茄第 10 染色体上一个 15cM 的区间和第 11 染色体上一个 6.5cM 的区间作为目标区段，对这一方法进行了验证。这两个区段上存在着控制番茄落果和成熟性的基因。针对每一区段，用 7～14 个 F_2 个体构成混合 DNA 池，用 200 个随机引物进行筛选。结果发现了 3 个多态性的标记，其中，两个被证明与所选择的区段是紧密连锁的。Goivannoni 等还讨论了目标区段的两连锁标记间的最佳的区间长度和混合个体数。研究表明，随着混合体所含个体数的增加，在混合体中，个体在目标区间内发生双交换的概率也将增加。在 F_2 群体中，对于 5cM 的区间，当混合体所含个体数不超过 40 时，双交换概率小于 10%。当目标区间增大到 10cM 时，混合个体数必须小于 10，才能保持 10% 的双交换概率。但是，随着样本数的减少，两类混合体间在除目标区段以外的区域出现差异的机会就会大大增加，从而导致 PCR 检测时假阳性的增加。因此，Goivannoni 等建议混合体所含个体数应大于 5，目标区间的长度应小于 15cM。

近等基因系分析法和分离体分组混合分析法只能对目标基因进行分子标记，还不能确定目标基因与分子标记间连锁的紧密程度及其在遗传连锁图上位置，而这些信息对于估价该连锁标记在标记辅助选择和图位克隆中的应用价值是十分必需的。因此，在获得与目标基因连锁的分子标记后，还必须进一步利用作图群体将目标基因定位分子连锁图上。定位方法与经典遗传学的方法完全一样。迄今为止，利用分子标记和各种不同的作图群体，在植物中已定位了大量的质量性状基因或主基因。

三、BSA 法应用中应注意的几个问题

（一）物种特异性

Mackay & Caligari（2000）在比较 F_2 和回交群体中应用 BSA 的有效性时，考虑了物种基因组大小对标记与目标基因连锁距离的影响，并简化了一个理想情况下的公式：$P=1-e^{-(NX/L)}$（其中，L 为整个基因组的图谱距离，N 为总的分离标记数，$X/2$ 为在基因组内期待平均产生一个标记的遗传距离，P 为在 $X/2$ 的遗传距离内产生多于一个标记的概率）。显然基因组大小和多态性的丰富度（亲本遗传背景的差异）是决定该物种特异性的两个主要方面。一般而言基因组大多态性小的物种，获得与目标基因紧密连锁标记的可能性也比较低。BSA 能检测到的分子标记与目标基因可信的遗传距离在 15～25cM 以下，因此应用 BSA 在一些物种上也不一定能获得目的标记。

（二）非目的标记

Jean *et al*（1997，1998）对甘蓝型油菜不育系恢复基因 *Rfp*1 进行标记定位时，发现在池中检测到的多态性标记一半以上并不与 *Rfp*1 连锁。而且几乎所有这些不连锁的标记都成簇地排列在基因组 7 个不同染色体位置。类似的结果在番茄（Giovannoni *et al*，1991）、拟南芥（Reiter *et al*，1992）、大麦（Molnar *et al*，2000）上也有过报道。这说明非连锁的标记在两池内出现多态性条带是 BSA 应用上最大的限制之一。这种现象可以通过增加混池单株数来降低，不过不能完全消除。某些物种的基因组内存在一些特殊的标记高产区，可能分离也不平衡，这就增加了在这些特殊区域上错检的几率。基因组

比较大的物种，亲本遗传背景相差大的后代群体，错检的概率更大。

理论上单个非连锁随机标记在两池中被错误检测成多态的概率因不同的分离群体而不同，对于 F_2 代群体，显性标记为 2 ［1 − （1/4）^{n}］（1/2）^{n}，共显性标记为 4 ［1 = （1/4）^{n}］（1/4）^{n}，而 BC1、DH、RIL 群体的所有标记类型都为 2 ［1 − （1/2）^{n}］（1/2）^{n}。不过实际概率要比理论计算来的概率大得多。Cai *et al*（2003）等在对一个玉米小斑病抗性基因 *rhm* 进行 BSA—AFLP 分析时，在 F_2 代抗感池（每池 10 株）中共找 222 个多态标记，但经过 F_2 代 80 个单株的进一步验证，发现其中有 16 个与目标基因并不连锁。

（三）DNA 池的构建

构建理想的 DNA 池要考虑以下 3 个方面。

1. DNA 质量

DNA 的纯度和浓度都会影响分池的精确性，杂质会影响紫外光的吸收率，高浓度黏稠的 DNA 溶液不均匀，因此，混池时，DNA 的纯度应尽可能高，并稀释适当比例。还有即便是相同浓度的 DNA 模板，PCR 扩增的效果也可能不一样，对要求高的实验，模板的扩增能力可以通过实时 PCR 进行准确定量分析（Sham *et al*，2002）。

2. DNA 池污染

池间发生 DNA 的相互污染导致多态性被覆盖而找不到目标标记。例如，将杂合基因型的单株（Xx）掺杂到纯合型基因型（xx）池中，使原来没有的 X 出现在 xx 池中，且它的浓度达到了能被检测出的极限。这种极限值主要取决于实验技术本身的精确度，范围一般在 5% ~10%（Michelmore *et al*，1991；Wang & Paterson，1994；Gilbert *et al*，1999）。产生 DNA 污染原因很多，内在原因包括基因重组率及本身的表型效应；外在原因包括性状鉴定误差、DNA 混合误差、PCR 效率不均等。如果在实验过程中检测到了一些模糊且难以取舍的多态性条带，应该有针对性地进一步验证（Czembor *et al*，2003）。实验过程中总不可避免地要出现一些微量的污染，可以通过降低 PCR 循环数，减少混池单株数，构建多池，重复实验等来降低实验误差的影响（Williams *et al*，1993）。

3. DNA 池设计

常规 BSA 在分子标记研究上，只鉴定池内条带的有无，为定性分析。DNA 池规模（每池单株数）可根据物种基因组大小、亲本遗传背景差异、多态性丰富度来确定，Govindaraj *et al*（2005）对水稻谷粒性状 QTL 定位研究时，构建了单株数分别为 5、10、15、20 四种规模的 DNA 池，发现在单株数为 5 的池中能检测到的多态在其他 DNA 池检测不出或不明显。在建池数量上，Korol *et al*（2007）等提出了一种新的建池策略（fractioned DNA pooling），其思路是在每尾的单株群体中构建互相独立的多个子库（subpools），同时检测，相关分析。Ji *et al*（2006）对水稻落粒性隐性基因定位分析时，选择了 18 个落粒最少的单株构建 3 个 DNA 池（每池 6 株），用落粒最多的 18 株构建了另外 3 个 DNA 池，6 个池同时检测。另外，也有根据作物性状分布来构建 DNA 池的，Ajisaka *et al*（2001）在对控制大白菜晚抽薹的 QTL 定位和图谱分析时，根据大白菜在春化处理后抽薹的时间构建了 4 个池，其抽薹时间依次为 125 ~145d、145 ~156d、

225 ~ 230d 以及晚于 234d。

（四）BSA 在不同分离群体中的应用

理论上，任何由一对具有相对性状的亲本杂交后产生的分离后代都适用集群分离分析法。常用的有：F_2 代群体、回交群体、重组自交系、双单倍体群体。

1. F_2代群体

F_2 群体的优点是易于获得，其缺点在于它不能根据表型完全区分纯合体和杂合体。BSA 能否有效应用的关键是构建基因池所用单株的基因型一定得明确不能含糊。如果在构建 DNA 池时，仅靠表型的极端性选择单株，那么，在两池间的多态性将降低 50%。因为性状不管是显性遗传还是隐性遗传，用 BSA 法只能找到与显性等位基因连锁的标记，而不能找到与隐性等位基因连锁的标记。Tanhuanpää *et al*（2006）在定位燕麦矮秆基因 *Dw*6 的研究中，第一次构建 DNA 池时，仅靠表型选用最高和最矮的各 9 株 F_2 代单株混池，随后的标记检测发现 9 株最矮的单株中有 6 株是杂合体。因此，应用 F_2 代群体时，需要其他辅助方法区分单株基因型。一般应用较多的方法如下。

（1）F_3 代检测：F_2 代自交得到相对应的 $F_{2:3}$家系，通过对每个 $F_{2:3}$家系性状分离情况来鉴定 F_2 单株基因型。Sibov *et al*（1999）采用 RFLP 与 BSA 结合，在玉米耐铝胁迫基因的定位和图谱分析上，以 F_2 代为分析群体，用 56 个 $F_{2:3}$家系鉴定了相应的 F_2 单株的基因型。不过该鉴定方法也会有一定的误差，比如，在显性单基因遗传中，假设每个 $F_{2:3}$家系中有 n 个单株对相应的 m 个 F_2 单株鉴定，则将一个 F_2 代杂合体错误鉴定为显性纯合体的概率为 $(3/4)^n$，理论上要达到对整个群体鉴定完全正确的概率为 $[1-(3/4)^n]^m$，如果 n = 10，m = 100，概率≈0。

（2）F_2 代测交：以隐性亲本为轮回亲本与 F_2 代回交所得的后代对 F_2 代单株基因型的鉴定也是一个非常有效的方法。该检测方法把一个杂合体错误地鉴定为纯合体的概率是 $(1/2)^n$，理论上整个群体鉴定完全正确的概率是 $[1-(1/2)^n]^m$，n、m 分别为用于鉴定相应单株回交家系包含单株的个数和 F_2 群体单株总数。Moury 等（2000）在辣椒番茄斑萎病毒病的抗性基因 *Tsw* 定位研究中，将一个包含 153 个单株的 F_2 代群体与隐性亲本“PI 195301”测交，对其中 101 个 F_2 代单株，各对应选取 9 株测交后代进行基因型的鉴定。这种处理对杂合体基因型鉴定的可靠度为 100%，对纯合体基因型鉴定的可靠度为 99. 8%。

（3）形态标记：作物中很多性状是连锁遗传的，如果能从表型上鉴定一个或多个与目标性状连锁的其他性状，那么就以通过这些性状间接区分群体单株的基因型。Altinkut & Gozukirmizi（2003）在小麦耐旱性基因的微卫星标记研究上，通过与耐旱性相连锁的耐除草剂性、叶片大小、相对含水量 3 个性状来对 F_2 单株基因型进行确定。他们选用了 8 株叶片相对最小、叶绿素含量相对最高（PQ 处理后）、相对含水量相对最多的单株组成耐旱性 DNA 池，反之选 8 株组成不耐旱性 DNA 池，成功地在两个池内筛选到了一个与耐旱性基因紧密连锁的微卫星标记。

（4）基于标记基因型的检验：根据已知的图谱或分子标记，重新构建 DNA 池进行检验，可以获得与目标基因或目标区域更多更紧密连锁的标记。Giovannoni *et al*（1991）第一次在番茄基因定位上使用这种方法。在一个番茄高密度 RFLP 图谱中，花梗断裂基因位于 11 号染色体的 RFLP 标记 TG523 和 CT168 之间，两标记间的遗传距离为 6.5cM，另外一个与果实成熟有关的基因位于 10 号染色体的 RFLP 标记 CT16 和 CT234 之间，标记间遗传距离为 15cM。利用 F_2 代群体（图谱构建所用群体）中的单株，分别挑选 7-14 株，根据标记在单株和亲本间的分布情况相应地构建了 4 个等基因池，如等基因池 A 中单株在标记 TG523 和 CT168 间的分布与亲本 *L. esculentum* 一致，等基因池 B 中单株则与另外一个亲本 *L. pennellii* 一致。通过 200 个 RAPD 随机引物筛选，找到了 3 个新的标记，其中，标记 38J（与 CT168 的距离为 3cM）和 307N（位于标记 CT16 和 CT234 之间）分别与目标区域紧密连锁，不过另外一个由引物 148B 产生的多态标记与目标区域的连锁距离为 45cM。

（5）其他情况：共显性标记可以区分纯合体和杂合体，而且一些显性标记也可以转化成共显性的 STS 标记、SCAR 标记等。Tardauanpää *et al*（2007）在燕麦控制谷粒镉积累的主效基因定位研究上，对 F_2 代混池，单株基因型没有进行预先的鉴定，通过 RAPD 和 BSA 结合共找到了 2 个 RAPD 标记，其中，1 个标记来自低积累亲本“Aslak”，一个来自高积累亲本“Salo”，前者被成功转化为共显性标记 SCAR AF20。另外，Haley *et al*（1994）认为 F_2 代群体中，紧密连锁的来自不同亲本两个显性标记也可以综合起来看作一个共显性标记。

2. 回交群体及其衍生群体

与 F_2 代群体相比，回交群体的缺点在于它的标记信息量只有 F_2 代群体的一半，因为它只有两种基因型（xx、Xx），只能获得与 X 等位基因连锁的标记，而不能获得与 x 连锁的标记。不过能够将 F_1 代与双亲均回交，获得两个回交群体，那么就可以获得与 F_2 代群体一样多的标记信息量。实际研究中，在 BSA 应用上，很多研究者都构建了两个对应的回交群体。因为回交群体只有两种基因型，所以，只要根据表型就可以判定单株的基因型。而且如果因为错误鉴定将 Xx 单株混进 XX 池当中，x 这种污染型等位基因的频率也只有纯合体 XX 单株的一半，因此用回交群体建池发生 DNA 感染的几率比其他群体都要低。在 BSA 应用上，回交群体的衍生群体如高代回交群体（advance backcross）和回交重组自交系（backcross inbred lines，BILs）在作物 QTL 的定位上已应用非常多。

Bouarte-Medina *et al*（2002）对马铃薯的一种生物碱（leptine）含量相关基因的标记定位研究中，以回交群体 PBCp（phul－3×CP2）和 PBCc（CP2×phul－3）为分析材料，根据后代分离数据，提出该性状可能是由核质基因互作控制，并筛选到了 4 个与含量相关基因连锁的标记。Zhang & Stewart（2004）对棉花胞质雄性不育 D8 系统中的两个独立显性恢复基因 *Rf*1 和 *Rf*2 定位图谱研究中，结合 BSA 与 RAPD，应用 3 个测交群体组合构建与标记相关的 *Rf*2 图谱，2 个测交组合构建与标记相关的 *Rf*1 图谱。Kabelka 等（2005）为了详细定位两个与大豆线虫病（SCN）抗性有关的两个数量性状位点，使用 AFLP—BSA 技术，以回交自交多代（$BC_4F_{3:4}$）分离群体为混池材料，结合图示基因型，共找到了 43 个 AFLP 标记。为此，他们构建了两个 QTL 精细图谱，一个位于 LGE 上，标记间的平均距离为 0.6cM，另一个位于 LGD 上，标记间的平均距离为 3.1cM。

3. 重组自交系群体

重组自交系（RILs）是用单粒传方法产生的，F_2 群体中各个体的后代连续自交直至纯合状态时获得的纯系。不足的是获得一个自交系群体，要经过田间几代的选择和鉴定，比较费时费力（表3-1）。

表3-1 利用RIL群体进行分离体分组混合分析法定位示例

作物	研究性状	标记	RILs世代	文献
番茄	黄化曲叶病毒病	RAPD	F_4	Chagué *et al*，1997
小麦	梭条花叶病	RFLP	F_5	Khan *et al*，2000
水稻	褐飞虱抗性	RAPD转化为STS	F_8	Renganayaki *et al*，2002
莱豆	菌核病抗性		$F_{4:7}$，$F_{4:8}$	Ender & Kelly，2005
燕麦	开花时间	AFLP	F_5	Locatelli *et al*，2006

4. 双单倍体群体

双单倍体来自杂交 F_1 的配子体染色体数目加倍，一般利用花药或小孢子培养技术构建。其特点是每个个体的基因型纯合，表型与 F_1 测交后代相同。不过获得双单倍群体技术难度比较大，目前，只有在少数作物中获得了双单倍体群体（DH）（表3-2）。

表3-2 利用DH群体进行分离体分组混合分析法定位示例

作物	研究性状	标记	定位结果	文献
大麦	云斑病抗性	RAPD		Barua *et al*，1993
油菜	黄色种皮	RAPD	QTL对黄种皮贡献率高于72%	Somers *et al*，2001
小麦	叶枯病抗性	SSR	*Stb*2定位于3B短臂，*Stb*3定位于6D短臂	Adhikari *et al*，2004
小麦	抗麦茎蜂	SSR	QTL对实茎表型贡献率高于76%	Cook *et al*，2004

5. 其他群体

集群分离分析法理论上适用于任何发生性状分离的后代群体，在林木中的同胞家系群体、基因组高度杂合的果树亲本杂交一代或自交群体、杂合栽培品种自交群体等都有应用BSA集群分离分析法的报道。Tan等（1998）直接用传统的具有相同性状的水稻品种代替后代分离群体作为建池试材，用RFLP标记在10号染色体上成功定位了一个育性恢复基因，他们将此方法命名为集群品系分析法（bulked line analysis，BLA）。显然这种方法要归属为基于性状表型的选择DNA池法，也可以认为是集群分离分析法的一种特例。

第四章　数量性状的分子标记

作物中大多数重要的农艺性状和经济性状如产量、品质、生育期、抗逆性等都是数量性状。与质量性状不同，数量性状受多基因控制，遗传基础复杂，且易受环境因素的影响，表现为连续变异，表现型与基因型之间无明确的对应关系。因此，对数量性状的遗传研究十分困难。长期以来，只能借助于数理统计的手段，将控制数量性状的多基因系统作为一个整体来研究，用平均值和方差等统计参数反映数量性状的遗传特征，无法弄清单个基因的位置和效应。这严重制约了人们对数量性状的遗传操纵能力。分子标记技术的出现，为深入研究数量性状的遗传基础提供了可能。基因组内与特定数量性状有关的基因区段称为数量性状位点（quantitative trait loci，QTLs）。仅根据常规的表型鉴定不能检测到 QTLs，利用分子标记进行遗传连锁分析，可以检测出 QTL，即 QTL 定位（QTL mapping）。借助与 QTL 连锁的分子标记，就能够在育种中对有关的 QTL 的遗传动态进行跟踪，从而大大增强人们对数量性状的遗传操纵能力，提高育种中对数量性状优良基因型选择的准确性和预见性。本章即介绍基于连锁分析的有关数量性状的分子标记即 QTL 定位方面的一些基本方法，有关基于连锁不平衡的关联分析方法将在下一章介绍。

第一节　为何要寻找 QTL?

一般而言，育种家的基本目标与遗传学家的基本目标存在根本的不同，育种家的目标是改良品种，而遗传学家的目标是了解性状的遗传与变异，育种程序需要遗传变异以供选择，但遗传变异实际上并非育种家的主要兴趣所在。植物 QTL 作图的两个主要目标是：①增加某一物种内或亲缘物种间数量性状的遗传以及遗传结构方面的生物学知识（Mackay，2001）；②鉴定可用来选择某一复杂性状的标记。后一目标更集中于育种而不仅仅是纯粹的遗传学，该目标可进一步细分为两个子目标：①鉴定少数效应高的主效 QTL，并通过标准的育种程序将其渐渗到其他种质中；②鉴定许多 QTL，作为在优异种质中选择复杂性状的基础。因为根本没有一种最好的方法发现和开发 QTL，检测 QTL 的目标在研究前就应该明确地确定。

QTL 作图已经成为增进人们了解数量变异遗传学的一种手段（Beckmann & Soller，1986），QTL 定位的结果提供了有关复杂性状遗传结构的信息，包括 QTL 数目的多少，多个环境下估计的加性、显性和上位性效应的大小（Mackay，2001；Holland，2007）。但是在 QTL 定位研究 20 年后，我们需要静下来认真地回答如下问题：从主要作物所进行的 QTL 定位研究中我们获得了多少生物学信息，QTL 位置或实际的效应所提供的并不是直接的生物学信息（如每个基因的功能及基因间的互作）。进行 QTL 分析的模型是数量遗传学模型的扩展，而数量遗传学中的模型又不必设计为具有生物学意义。特别是线性加性模型，假设某一性状的基因型值是未知的单个基因的效应（加性效应）以及未知基因的组合效应（显性和上位性）之和，该模型已成为简单而有用的描述数量性状的遗传和行为的统计学模型。所估计的基因型值或育种值尽管对选择有用，但生物学意义却有限（图 4－1）。

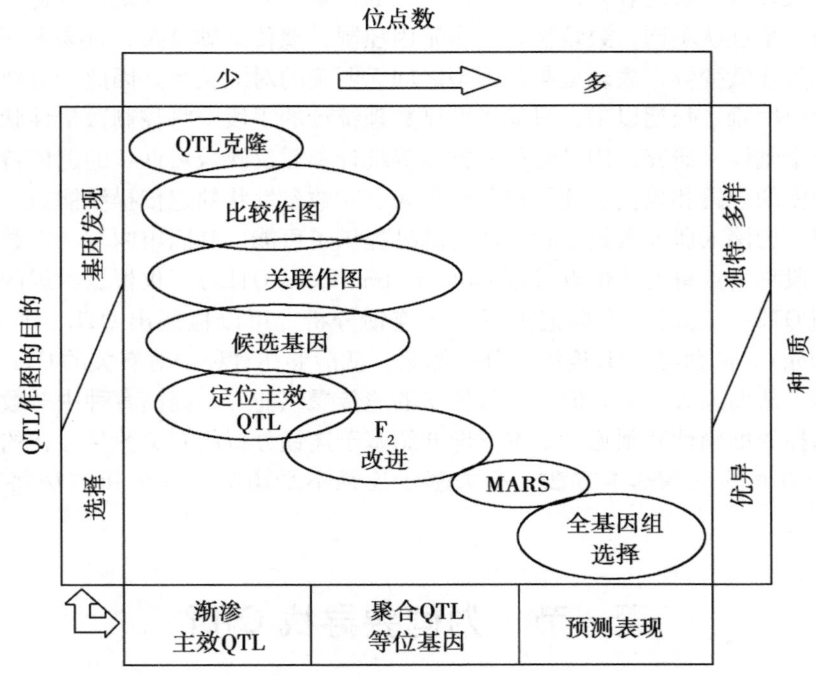

图 4－1　利用分子标记研究选择植物复杂性状的目标和方法
（Bernardo R，2008）

在 QTL 定位文献中广泛使用的“群体”的概念则有双重意思，根据群体遗传学，群体是指一群品种或变种间杂交的个体（如 F_2 或回交群体）；而在统计学中我们则仅能研究众多个体的一个样品（如 $N=150$ 的 F_2 植株）而不是统计学上的整个群体，所估算的标记间的重组距离以及 QTL 的位置、数目和效应要服从于统计学的误差（Beavis，1994）。

另一方面，QTL 定位研究又产生了有益的上位性信息，特定性状的多效性对连锁的重要性（Monforte & Tanksley，2000；Chung *et al*，2003），以及作物基因组组织中的共线性（collinearity）（Kurata *et al*，1994；Gale & Devos，1998）。此外，QTL 定位已经成为图位克隆 QTL（Frary *et al*，2000）、候选基因分析（Pflieger *et al*，2001）或比较作图（Paterson *et al*，1995）而发现基因的一个跳板。

QTL 近似位置已经用于通过非 QTL 定位方法进行精细作图的起点，或者用于研究该 QTL 的候选基因，该候选基因可能就是数量性状的真实基因。现在已经至少图位克隆了 20 个 QTL（Price，2006），如果最终目标是克隆 QTL 或鉴定候选基因，则假阳性的后果是严重的，从而推断存在 QTL 的统计学严紧性（stringency）或阈值必须很高，QTL 的位置需要精确标注于较近的侧翼标记上。

植物中的关联作图（详见第五章）是在遗传背景不同的多样化自交种收集材料中发现标记—性状关联，这与在双亲自交系间的杂交 F_2 或回交群体所衍生的重组自交系群体所进行的 QTL 定位不同。利用能代表候选基因多态性的标记可获得高精度的关联作图，而随机标记则用于全基因组关联作图。由于不同的遗传背景或所用自交系的系谱而产生假的标记—性状关联，关联作图需要考虑自交系的群体结构（Pritchard *et al*，2000；Yu *et al*，2006）。

任何作图程序仅能检测群体中存在多态性的那些 QTL，关联作图中自交系的广泛组合提供了在植物种中发现一系列基因所需的广泛的遗传多样性，又以牺牲平均表现或所用种质的适应性为代价（Breseghello & Sorrells，2006）。对于遗传学家而言，关联作图是发现数量性状基因的有效方法（Hätbacka *et al*，1992；Lazzeroni，1997）。但对于育种家而言，利用多样性的非适应种质而不是利用有益种质进行关联作图，则是发现在复杂性状选择中尚未利用的 QTL 的另一种途径，特别是提供关联作图所检测到的 QTL 等位基因对应于毫无实际价值的突变形式更是如此。这些结果又进一步强调检测 QTL 的目的——是基因发现还是选择在着手 QTL 定位研究前就应该确定。

第二节 数量性状位点的初级定位

QTL 定位就是检测分子标记（后面将简称为“标记”）与 QTL 间的连锁关系，同时还可估计 QTL 的效应。QTL 定位研究常用的群体有 F_2、BC、RI 和 DH。这些群体常称为初级群体（primary population）。用初级群体进行的 QTL 定位的精度一般不会很高，因此只是初级定位。由于数量性状是连续变异的，无法明确分组，因此，QTL 定位不能完全套用孟德尔遗传学的连锁分析方法，而必须发展特殊的统计分析方法。20 世纪 80 年代末以来，这方面的研究十分活跃，已经发展了不少 QTL 定位方法。

一、QTL 定位的基本原理和方法

孟德尔遗传学分析非等位基因间的连锁关系基本方法是根据个体表现型进行分组，然后根据各组间的比例，检验非等位基因间是否存在连锁，并估算重组率。QTL 定位实质上就是分析分子标记与 QTL 之间的连锁关系，其基本原理仍然是对个体进行分组，但这种分组是不完全的。根据个体分组的依据不同，QTL 定位方法可以分成两大类：一类是基于标记的分析方法（marker-based analysis；Soller & Beckmann，1990）；另一类是基于性状的分析方法（trait-based analysis；Keightley & Bulfield，1993）。

（一）基于标记的分析方法

如果某个标记与某个 QTL 连锁，那么在杂交后代中，该标记与 QTL 之间就会发生一定程度的共分离，于是，在该标记的不同基因型中，QTL 的基因型频率分布（分离比例）将不同（图 4－2），因而在该标记的不同基因型之间，在数量性状的分布、均值和方差上都存在差异。基于标记的分析法正是通过检验标记的不同基因型之间的这些差异来推知标记是否与 QTL 连锁的。

在分子标记技术出现之前提出的基于标记的分析方法主要是针对单标记分析的，即每次只分析一个标记，因为当时可利用的遗传标记（主要是形态标记和生化标记）数量很少，难以在一个试验群体中建立起完整的标记连锁图谱。随着高密度分子标记连锁图谱的出现，单标记分析方法暴露出了不能充分利用分子标记图谱所提供的遗传信息的缺点。为了能更好地挖掘分子标记图谱的潜力，更多、更准确地定位出 QTL，科学家们相继开发出了许多新的 QTL 定位方法，总的趋势是朝着多标记分析（即同时用多个标记进行分析）的方向发展。根据所采用的统计遗传模型，现有的基于标记的分析方法大体上可分成 4 类，即均值差检验法、性状－标记回归法、性状－QTL 回归法及性状－QTL－标记回归法。有兴趣的读者可参考有关的文献（如方宣钧等，2001）。

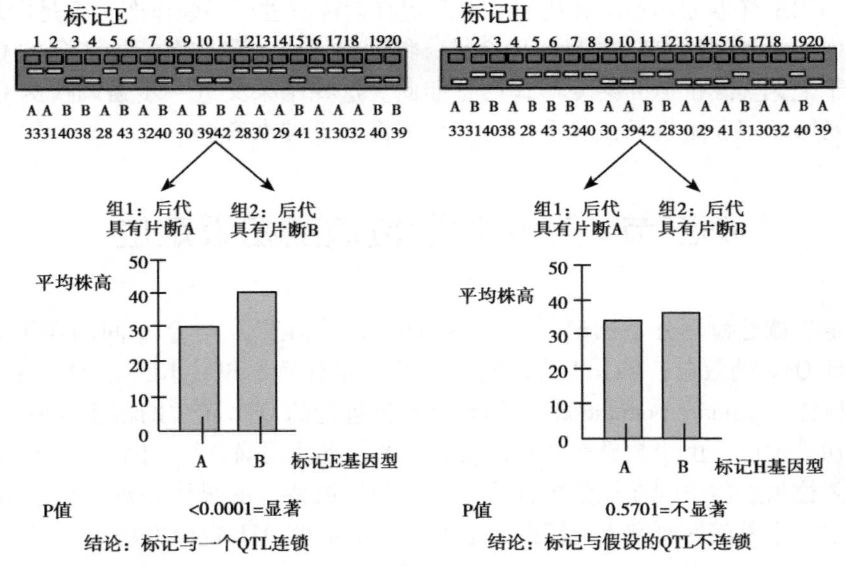

图 4－2　QTL 定位原理（引自 Young，1996）

用简单的术语表达，QTL 分析基于检测表现型与标记基因型间关联的原理。根据特定标记位点的存在与否利用标记将作图群体分为不同的基因型群，进而确定群间所测定性状是否存在显著差异（Tanksley，1993；Young，1996）。不同群的基因型平均数间的显著差异表明用于作图群体分类的标记位点与控制该性状的一个 QTL 连锁（图 4－2）。

这里的一个问题是"为何性状平均值间差异的显著 P 值表示标记与 QTL 连锁?"回答是由于重组。标记离 QTL 越近，发生在标记与 QTL 间重组的机会越低。因而，QTL 和标记在后代中连在一起遗传，具有紧密连锁标记的组的平均数与无连锁标记的组相比将存在显著差异（$P < 0.05$）（图 4－3）。当一个标记与一个 QTL 松散连锁或不连锁时，标记与 QTL 即表现为独立分离，此时基于松散连锁标记的有无所划分的基因型组的平均数间无显著差异（图 4－3）。非连锁的标记与 QTL 相距很远或位于不同的染色体上，标记与 QTL 两者的遗传表现为随机，不能检测到基因型组间显著的平均数差异。

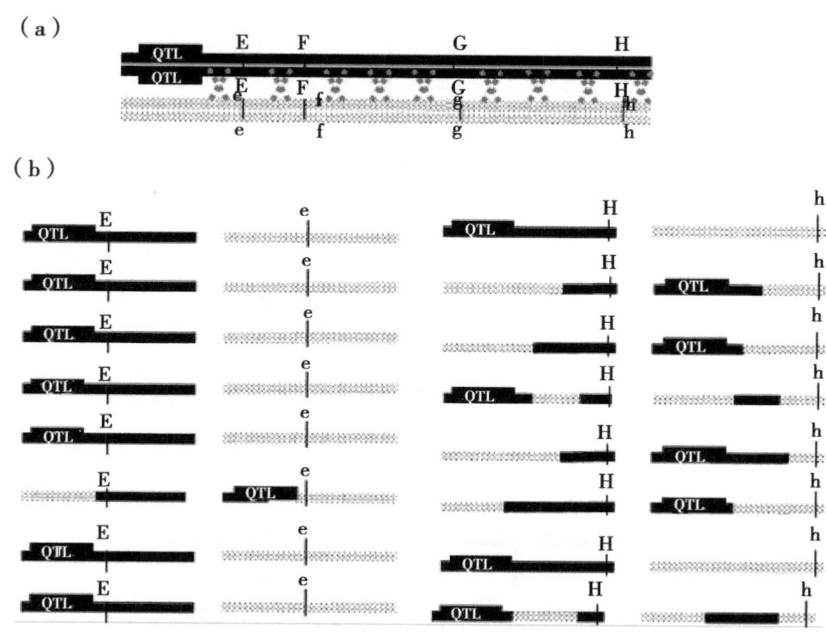

图 4－3　标记与 QTL 间紧密、松散连锁图示

（a）QTL 与标记位点间出现重组事件（以十字叉表示）；（b）群体中的配子，与 QTL 紧密连锁的标记（标记 E）在后代中常常与 QTL 一起遗传，与 QTL 松散连锁的标记（标记 H）其遗传表现出随机性

（二）基于性状的分析方法

虽然数量性状在一个分离群体中是连续变异的，但如果淘汰大多数中间类型，则高值和低值两种极端表型的个体就可以明确地区分开来，分成两组。对每个 QTL 而言，在高值表型组中应存在较多的高值基因型（如 *QQ*），而低值组中应存在较多的低值基因型（如 *qq*；图 4－4）。如果某个标记与 QTL 有连锁，那么，该标记与 QTL 之间就会发生一定程度的共分离，于是其基因型分离比例（频率分布）在两组中都会偏离孟德尔规律（图 4－4）。用卡平方测验方法对两组或其中一组检验这种偏离，就能推断该标记是否与 QTL 连锁。

还有一种更简单的做法，就是将高值和低值两组个体的 DNA 分别混合，形成两个 DNA 池，然后检验两池间的遗传多态性。在两池间表现出差异的分子标记即被认为与 QTL 连锁（图 4－4）。这种方法称为分离体分组混合分析法（BSA 法，Darvasi & Soller，1994；见第三章）。

基于性状的分析方法（特别是BSA法）的突出优点是，可以大幅度减少需要检测的DNA样品的数量，从而降低分子标记分析的费用。它特别适合于对一些抗性（包括抗病、抗虫、抗逆）性状的基因定位，这是因为，抗性鉴定试验常常造成敏感个体的

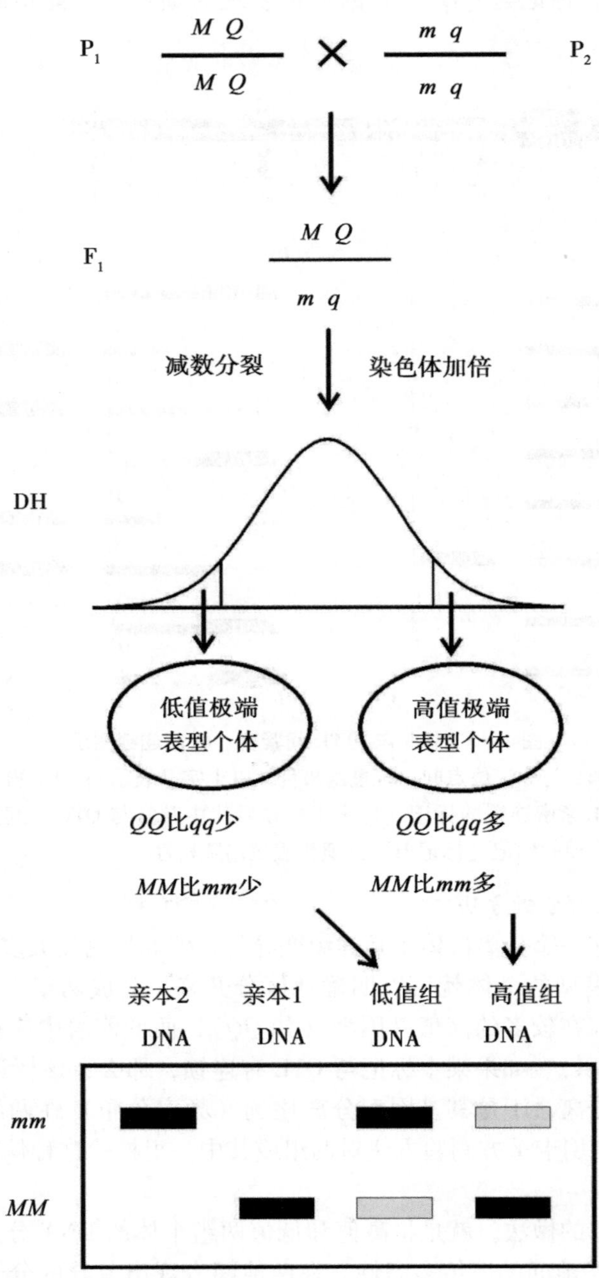

图4－4　基于性状的分析法和分离体分组混合分析法的原理（方宣钧等，2001）

死亡，只有具有抗性的个体才能够存活，于是只能对表现抗的极端个体进行分子标记分析，这正好符合基于性状的分析法。基于性状的分析法的缺点是，它只能用于单个性状的 QTL 定位，且灵敏度和精确度都较低，一般只能检测出效应较大的 QTL。因此，基于性状的分析法目前用得不多，主要还是采用基于标记的分析法。

二、检测 QTL 的方法

使用得较为广泛的 QTL 检测的 3 种方法是单标记分析（single-marker analysis）、简单区间作图（simple interval mapping）和复合区间作图（composite interval mapping）（Liu，1998；Tanksley，1993）。单标记分析（也称为单点分析）是检测与单个标记有关 QTL 的最简单的方法。单标记分析的统计方法包括：*t*-测验、方差分析（ANOVA）和线性回归。线性回归是最常用的，因为标记的决定系数（R^2）可解释与标记连锁的 QTL 所产生的表型变异。该方法无需完整得到连锁图，仅需基本的统计软件程序即可完成。不过，该方法的主要不足是 QTL 离标记越远检测到的可能性越低。因为标记和 QTL 间可发生重组，从而低估 QTL 效应（Tanksley，1993）。利用覆盖全基因组的大量的分离 DNA 标记（标记区间小于 15cM），可弱化这两个问题（Tanksley，1993）。

单标记分析的结果常常用表格形式表示，表明含有该标记的染色体（如果已知）或连锁群、概率值、QTL 所解释的表型变异百分率（R^2）（表 4 – 1）。有时也报道标记的等位基因大小。QGene 和 MapManager QTX 是进行单标记分析常用的计算机程序（Manly 等，2001；Nelson，1997）。

表 4 – 1　利用 QGene 通过单标记分析方法分析与 QTL 有关的标记（Nelson，1997）

标记	染色体或连锁群	*P* 值	R^2
E	2	<0.0001	91
F	2	0.0001	58
G	2	0.0230	26
H	2	0.5701	2

简单区间作图（SIM）方法利用连锁图谱同时分析染色体上成对的相邻连锁标记所在的区间，而不是分析单个标记（Lander & Botstein，1989）。与单标记分析相比利用连锁标记分析标记与 QTL 间的连锁其统计效力更强（Lander & Botstein，1989；Liu，1998）。进行 SIM 分析的软件有 MapMaker/QTL（Lincoln *et al*，1993）和 QGene（Nelson，1997）。

现在复合区间作图（CIM）在 QTL 分析中得到了广泛应用，该方法结合区间作图与线性回归，在统计模型中除了区间作图的一对相邻的连锁标记外，还包括另外的遗传标记（Jansen，1993；Jansen & Stam，1994；Zeng，1993，1994）。与单标记分析和区间作图相比 CIM 的主要优点是定位 QTL 更精确更有效，特别是存在连锁的 QTL 时更是如此。进行 CIM 分析软件有 QTL Cartographer（Basten *et al*，1994，2001）、MapManager QTX（Manly *et al*，2001）和 PLABQTL（Utz & Melchinger，1996）。

（一）解读区间作图结果

区间作图方法产生了相邻连锁标记间的一个 QTL 可能位置的概况，即 QTL 在某个连锁群上的位置。SIM 和 CIM 的统计测验的结果一般用 LOD 值或似然比统计量（LRS）表示。LOD 值和 LRS 值可以相互转换：LRS＝4.6×LOD（Liu，1998）。LOD 或 LRS 轮廓线用于确定与连锁图谱有关的一个 QTL 最可能的位置，该位置为最高 LOD 所对应的位置，区间作图的典型输出为：x 轴表示含有标记的连锁群，y 轴为测验统计量（图 4－5）。

最大值的峰也必须超过一个特定的显著水平，以表明该 QTL 是“真”的（即达到统计上的显著性）。一般使用排列组合法（permutation test）确定该阈值（Churchill & Doerge，1994）。简要地说群体的表型值被重新“洗牌”，而标记基因型值保持不变（即打破所有的标记－性状关系），进行 QTL 分析以确定假想的确定性的标记－性状关系水平（Churchill & Doerge，1994；Hackett，2002；Haley & Andersson，1997）。重复该过程（如 500 次或 1 000次），根据假想的确定性的标记－性状关系水平而确定显著性水平。在排列组合法被广泛接受作为确定显著性阈值的方法前，LOD 值的阈值常常指定为 2.0～3.0 的（最常用的是 3.0）。

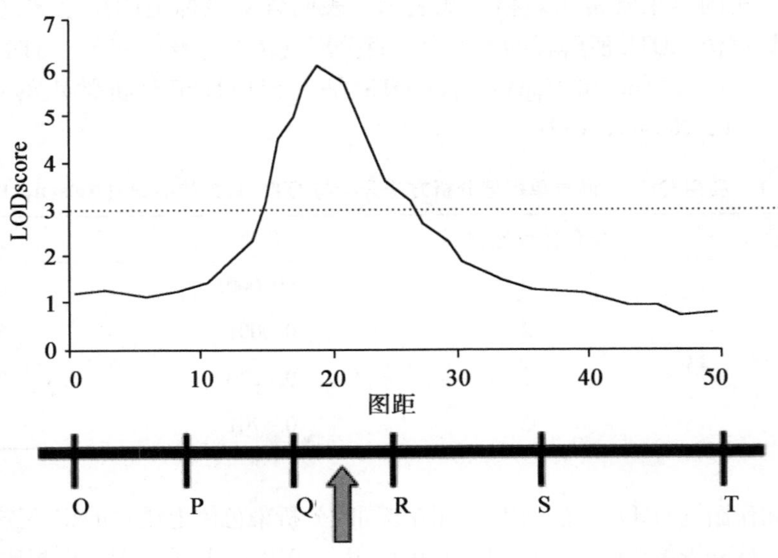

图 4－5　显示 4 号染色体 LOD 轮廓的假想输出

（二）报道并描述通过区间作图检测的 QTL

报道 QTL 最常用的方法是在表中标明最紧密连锁的标记，同时标注其在连锁群上的位置。用长方形表示的染色体区间是达到显著阈值的区间（图 4－6），QTL 两侧最紧密连锁的一对标记也常常列于表中，称为侧翼标记。报道侧翼标记的原因是基于 2 个标记的选择比基于单个标记的选择更可信，可信性增加的原因是与单标记和 QTL 间的重组机会相比两个标记与 QTL 间重组的机会将更低。

应注意仅能检测到构建作图群体所用亲本间表现出分离性状的 QTL，因此，为最大限度地利用从 QTL 定位研究所获得的数据，使用几个指标进行单个性状的表型评价（Flandez-Galvez *et al*，2003；Paterson *et al*，1988；Pilet-Nayel *et al*，2002），在相同的区间所检测到的 QTL（基于单个性状的不同指标）很可能是控制该性状的一个重要的 QTL。

作图群体也可基于多性状分离的亲本进行构建，这是有利的，因为控制不同性状的 QTL 可能位于单一的图上（Beattie *et al*，2003；Khairallah *et al*，1998；Marquez-Cedillo *et al*，2001；Serquen *et al*，1997；Tar'an *et al*，2002）。不过，对于用来构建作图群体的许多亲本基因型而言，这并不总是可能的，因为亲本可能仅仅对于感兴趣的性状存在分离。因此，用于表现型鉴定的作图群体的同一套家系必须可用于标记的基因分型，随后进行 QTL 分析，而完全的或半毁坏性的生物检测（如抗死体营养性真菌病）则显得很困难。

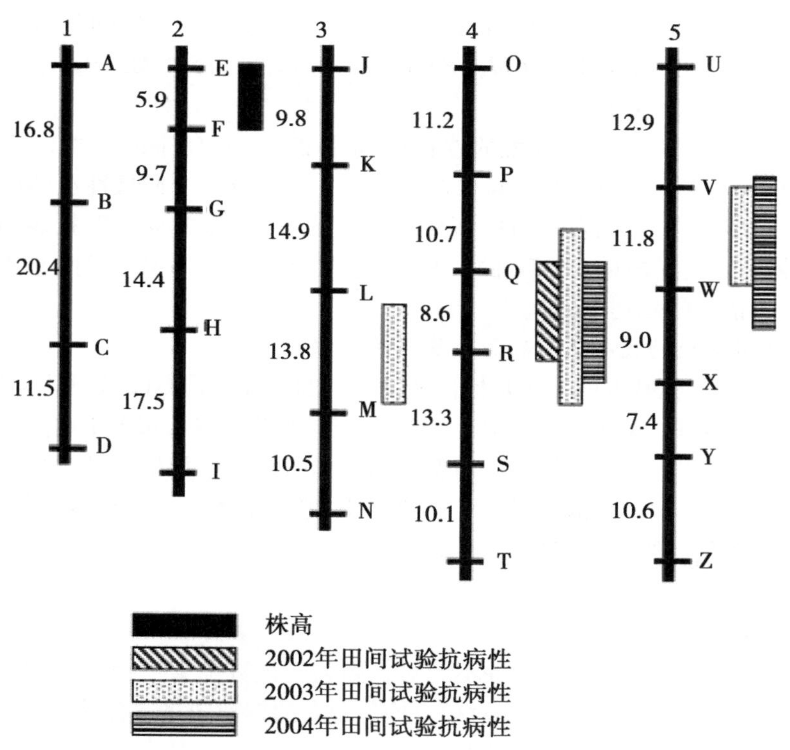

图 4－6　株高和抗病性性状的 QTL 作图（引自 Hartl & Jones，2001）

在 2，3，4 和 5 号染色体上检测到了假想的 QTL，监测到一个主效株高 QTL 位于 2 号染色体上，2 个主效抗病性 QTL 位于 4 和 5 号染色体上，一个小的抗病性 QTL 位于 3 号染色体上

一般而言，根据 QTL 所解释的表型变异所占的比例（即 R^2），一个单一的 QTL 可描述为“主效”或“微效”，主效 QTL 解释的表型变异相对较大（如 >10%），而微效 QTL 常常 <10%。有时主效 QTL 也指在多个环境中稳定表达的 QTL，而微效 QTL 则指

对环境敏感的 QTL，尤其对与抗病性有关的 QTL 而言（Li *et al*，2001；Lindhout，2002；Pilet-Nayel *et al*，2002）。

使用更为正规的术语，QTL 可分为：①可能的；②显著的；③极显著的（Lander & Kruglyak，1995）。这一分类可“避免大量的假阳性 QTL”，并确保不丢失“真正连锁的提示”。显著的和极显著的 QTL 其显著水平分别为 5% 和 0.1%，而可能的 QTL 则是在 QTL 定位研究中期望随机出现 1 次（对其真实性应引起注意），作图程序 MapManager QTX 即利用该分类报道 QTL 定位结果（Manly *et al*，2001）。

（三）QTL 置信区间

尽管 QTL 最可能位置为检测到的最高的 LOD 或 LRS 值在图谱中的位置，QTL 确实存在一个置信区间（confidence interval，CIs）。有几种方法计算置信区间，最简单的方法是 1 个 LOD 值所对应的区间，即 QTL 的 LOD 值峰值两侧各下降 1 个 LOD 值所对应的区间（Hackett，2002；Lander & Botstein，1989）。确定 QTL 置信区间的另一种方法是“自助法”（Liu，1998；Visscher *et al*，1996），一些作图程序如 MapManager QTX 很容易使用（Manly *et al*，2001）。

在分离群体中与 QTL 位置有关的置信区间很宽（van Ooijen，1992；Hyne *et al*，1995），其可信性与单个数量性状位点的遗传力有关。假设一个典型性状的广义遗传力为 50% 左右，含 5 个效应相同的 QTL，每个 QTL 的遗传力为 10%。模拟表明在 300 个个体的 F_2 群体中，这样的单个 QTL 的 95% 的置信区间大于 30cM，即使遗传力很高的 QTL 也很难将置信区间降到 10cM。

（四）加性效应值的大小及有利等位基因的来源

确定 QTL 有利等位基因的来源是标记辅助育种的前提。在 QTL 作图中常用 2、1 和 0 对 3 种标记基因型进行编码，如以 P_1、P_2 两个亲本衍生的 RIL 或 DH 群体为例，以 2、1 和 0 分别表示 P_1、F_1 和 P_2 的标记基因型，则在作图结果中如果加性效应为正值，则说明来自 P_1 亲本的等位基因起增效作用，来自 P_2 亲本的等位基因起减效作用；反之，如果加性效应为负值，则说明来自 P_1 亲本的等位基因起减效作用，来自 P_2 亲本的等位基因起增效作用。

（五）标记数和标记距离

一张遗传图谱所需 DNA 标记数并不绝对，因为标记数随着生物染色体的数目和长度而存在差异。为检测 QTL，标记相对稀少均匀分布的框架图是适合的，初步的遗传图谱研究一般含有 100 ~ 200 个标记（Mohan *et al*，1997），标记的多少与物种的基因组大小有关，基因组大的物种需要更多的标记。Darvasi *et al*（1993）报道标记相距 10cM 与标记数无限的 QTL 检测的功效相同，在标记相距 20cM 或甚至 50cM 时仅有轻微的下降。

（六）图谱间的比较

所有的遗传图谱是作图群体（来自 2 个特定亲本）和所用标记的产物，即使使用同一套标记构建遗传图谱，也不能保证所有的标记在不同的群体间均有多态性。因此，为了获取不同图谱间的相关信息，需要共同的标记。在作图群体中具有高度多态性的共同标记称为“锚定”标记（也称“核心”标记）。典型的锚定标记有 SSRs 或 RFLPs（Ablett *et al*，2003；Flandez-Galvez *et al*，2003；Gardiner *et al*，1993）。在特定的基因组区段中位置很靠近的特定锚定标记组称为“箱”，“箱”用于整合图谱，定义染色体上10～20cM区段，其边界由一组核心RFLP标记定义（Polacco *et al*，2002）。如果在不同的图谱上整合有共同的锚定标记，则这些锚定标记即可排列在一起产生“一致”图谱（Ablett *et al*，2003；Karakousis *et al*，2003）。通过合并不同基因型所构建的不同图谱而形成一致图谱，这样的一致图谱对于有效地构建新的图谱（标记均匀分布）或靶标作图（targeted（or localized）mapping）相当有效，例如，一致图谱可指出哪些标记位于QTL所在的特定区段，从而可用于鉴定该QTL更紧密连锁的标记。

物种、属或更高级分类内或分类间标记或基因的相似性或差异性的研究称为比较作图（Paterson *et al*，1991），包括分析图谱间标记顺序的保守性程度研究（即共线性），保守的标记顺序称为‘同线性’。保守作图有助于构建新的连锁图谱（或特定染色体区段的作图），预测不同作图群体中QTL的位置（Young，1994）。一致比较图谱可指出哪些标记具有多态性，并指出连锁群及连锁群内标记的顺序，此外，比较作图可揭示不同分类群间的进化关系。

三、影响QTL检测的因素

许多因素影响到一个群体分离QTL的检测（Asins，2002；Tanksley，1993），主要因素有控制该性状QTL的遗传性质、环境因素、群体大小和试验误差。

控制该性状的QTL的遗传性质包括单个QTL效应的大小，表型效应足够大的QTL才能检测到，效应小的QTL可能达不到显著性阈值；另一个遗传性质是连锁QTL间的距离，紧密连锁的QTL（20cM或更小）在典型的群体（<500）中常常检测出一个单一的QTL（Tanksley，1993）。

环境因素可对数量性状的表达产生很大的影响，做多地点多时间（不同的季节和年份）的重复试验，便可以探究环境因素对性状QTL的影响（George *et al*，2003；Hittalmani *et al*，2002；Jampatong *et al*，2002；Lindhout，2002；Paterson *et al*，1991；Price & Courtois，1999），RI或DH以及永久F_2适宜于这方面的研究。

最重要的试验设计因素是作图研究所用群体的大小，群体越大定位结果越精确，越有可能检测到效应值小的QTL（Haley & Andersson，1997；Tanksley，1993）。随着群体大小的增加统计功效、基因效应的估值、QTL所在位置的置信区间提高（Beavis，1998；Darvasi *et al*，1993）。Beavis（1994）利用模拟数据以及衍生自B73×Mo17组合的$N=400$玉米F_3家系，以确定低N对检测QTL功效的影响，以及估测QTL效应的精确性。根据不同环境下的家系平均数，进行了株高QTL的定位：①全组$N=400$；②4个随机$N=100$的亚组。在作图群体$N=400$时检测到4个QTL，而在$N=100$的亚组仅检测到1～3个QTL。而且，单个株高QTL的R^2值在$N=400$时为3%～8%，在$N=100$时为8%～23%。玉米中其他的一些试验研究也获得了类似的结果。在Melchinger *et al*（1998）的研究中，作图群体（$N=344$）来自双亲本杂交衍生的F_3家系，共检测到31个株高QTL；但是同样亲本的较小而独立的群体（$N=107$）仅检测到6个株高QTL。在Schön *et al*（2004）的一个研究中，玉米测交$F_{2:5}$家系（$N=976$）共检测到30个株高QTL，而通过无替换的抽样获得的$N=488$、244和122的多个亚组，检测到的平均

QTL 数分别下降到 17.6、12.0 和 9.1。这些结果与模拟研究（Beavis，1994）和分析结果（Xu，2003）一起表明小的 N 导致：①检测到的 QTL 少；②检测到的少数 QTL 效应高估。对于由 10 个非连锁 QTL 控制的性状，遗传力为 $h^2 = 0.30 - 0.95$，Beavis（1994）发现需要 $N = 500$ 以检测到至少一半的 QTL；对于 40 个非连锁的 QTL，则需要 $N = 1000$ 以检测到 1/4 的 QTL。所检测到的 QTL 效应在 $N = 100$ 时大大高估，在 $N = 500$ 时略有高估，并接近 $N = 1\,000$的实际值。

试验误差的主要来源是标记基因分型中的错误和表型鉴定中的误差，基因分型误差和缺失数据可影响连锁群标记间的顺序和距离（Hackett，2002），表型鉴定的精确性对精确定位 QTL 至关重要，可信的 QTL 定位只能从可信的表型数据中产生。进行重复的表型测定，通过降低背景“噪音”而提高 QTL 定位的精确性（Danesh *et al*，1994；Haley & Andersson，1997）。一些深入的研究包括鹰嘴豆抗褐斑病（Flandez-Galvez *et al*，2003）、菜豆的细菌性褐斑病（Jung *et al*，2003）和珍珠稗抗白粉病（Jones *et al*，2002）的大田和温室的表型鉴定。

第三节　数量性状基因的精细定位

理论研究表明，影响 QTL 初级定位灵敏度和精确度的最重要因素还是群体的大小。而实际上由于费用和工作量等原因，所用的初级群体不可能很大。况且群体很大也会给田间试验的具体操作和误差控制带来困难。由于群体大小的限制，无论怎样改进统计分析方法，也无法使初级定位的分辨率或精度达到很高，估计出的 QTL 位置的置信区间一般都在 10cM 以上（Alpert & Tanksley，1996），不能确定检测到的一个 QTL 中到底是只包含一个效应较大的基因还是包含数个效应较小的基因（Yano & Sasaki，1997）。其主要原因是在初级定位群体中，遗传背景复杂及没有足够的重组材料。为了提高 QTL 定位精度，在初级定位基础上，需发展次级分离群体以增加重组机会及消除遗传背景的影响。

用于 QTL 鉴定和定位的传统分析群体遗传背景复杂，很难对单个 QTL 进行准确鉴定和定位（Darvasi *et al*，1993）。为了提高准确性，一些研究者提出利用近等基因系（near-isogenic line，NIL）、染色体片段代换系（chromosome segment substitution line，CSSL）和导入系（introgression line，IL）等次级作图群体进行 QTL 作图。近等基因系已在第三章介绍。染色体片段代换系（CSSL）或称导入系（IL），是在受体的遗传背景中代换某个或某些供体亲本的染色体片段。当代换系只代换来自供体亲本的一个染色体片段，而基因组的其余部分均与受体亲本相同时，则称为单片段代换系（single segment substitution line，SSSL）。单片段代换系是理想的代换系（Howell *et al*，1996），当单片段代换系含特定基因时又称为近等基因系。由于 SSSL 与受体亲本只存在代换片段的差异，而遗传背景与受体亲本一致，与受体亲本间的任何差异理论上都是代换片段含有不同基因造成的，利用 SSSL 进行 QTL 定位时无需复杂的统计分析，可将复杂性状分解为单个孟德尔因子，因而受到遗传育种研究者的重视。目前番茄、油菜、水稻等作物已建立了一些单片段代换系，用于各种数量性状 QTL 的鉴定和精细定位，并克隆了一些重要性状的 QTL。

在目标 QTL 区段建立高分辨率的分子标记遗传图谱，在亚厘摩水平分析目标 QTL 与标记的连锁关系，主要策略有单 QTL - NILs（Peleman *et al*，2005；Zhang *et al*，2006）、染色体片段代换系或导入系（Paterson *et al*，1990；Eshed，1995；Fridman，2004）以及基于重组自交系衍生的杂合自交家系（heterogeneous inbred family，HIF）或剩余杂合系（residual heterozygous line，RHL）（Tuinstra，1997；Yamanaka 等，2005）。

NIL 为一组遗传背景相同或相近，只在个别染色体区段存在差异的株系。研究表明含目标 QTL 的 QTL - NIL 群体是精细定位的理想材料。构建 QTL - NIL 的主要步骤是在 QTL 初步定位的基础上，通过高代回交，基于性状表型和连锁标记基因型，对目标 QTL 区域进行前景选择，对非目标 QTL 区域进行背景选择，最后获得在一个亲本的遗传背景下携带一个或多个来源于另一个亲本的目标染色体片段的株系。因此，利用 QTL - NIL 可把基因组中的目的 QTL 分离而获得单个 QTL 近等基因系。CSSLs，即在受体亲本的遗传背景中建立供体亲本的“基因文库”，代换系覆盖全基因组且相互重叠。因两个相互重叠的代换系间杂交后代不出现性状分离（携带相同 QTL 后代不发生性状分离），从而可进一步缩小 QTL 区间。消除了大部分遗传背景的干扰及 QTL 之间的互作，可提高 QTL 定位的效率和精度。QTL - NIL 和 CSSLs 不仅可大大提高作图精度和效率，还可同时用于研究基因与环境及基因之间的互作。

利用 QTL - NIL 和 CSSLs 群体，水稻产量相关性状 QTL 的精细定位及克隆取得了较大进展。Li *et al*（2004）将千粒重 QTL *gw*3. 1 定位于第 3 染色体的 93. 8kb 区间；Xie *et al*（2006，2007）将千粒重 QTL *gw*8. 1 和 *gw*9. 1 分别定位于第 8、第 9 染色体的 306. 4kb 和 37. 4kb 区间；Tian *et al*（2006）将每穗粒数 QTL 定位于第 7 染色体的 35kb 区间，候选基因分析表明此区间包含五个基因。利用图位克隆法，Ashikafi *et al*（2005）克隆了位于第 1 染色体的每穗粒数基因 *Gnla*。随后，第 3 染色体上的对粒长和粒重具主效应的基因 GS31（Fan CC *et al*，2006）及第 2 染色体上控制粒宽和粒重基因 GW2（Song XJ *et al*，2007）也被克隆。

RIL 是用单粒传法产生的，随着代数的增加，染色体上的大多数位点逐步纯合，杂合的位点逐渐减少，一般到 F_5 代就仅有 6. 25% 的位点处于杂合状态。如果 RIL 群体足够大，就有可能在群体中找到目标为点不同而其他位置均处于纯合状态的几个类似株系。基于此可以从 RIL 群体中选择在某个性状上具有明显差异的两个单株，通过杂交构建 NIL - F_2，这种方法无需知道目标 QTL 区间。近年来，在 QTL 初定位基础上，利用分子标记从重组自交系群体后代筛选在 QTL 目标区间呈杂合而背景纯合的 RHL，以构建 RHL 衍生 NIL 逐渐较多地用于 QTL 精细定位及相关性状 QTL 的遗传分解。RHL 相类似于 NIL 材料配对杂交的 F_1，自交后的群体在目标区间保持杂合而遗传背景基本纯合。RHL 兼具有多样性和同一性的特点，就同一目标 QTL 的同一组株系而言，它们的背景具有高度同一性，而组与组之间的株系背景却又存在较大差异，从而有丰富的多样性。此类群体的最大优点是群体的构建比通过回交构建 NIL 衍生群体容易，只需一次性地利用分子标记从高代 RIL 群体中筛选获得，时间短，花费少。Cheng *et al*（2007）利用 4

个 RHLs 将产量相关性状 QTL 定位于第 6 染色体短臂的 125kb 区间。杜景红等（2008）利用 3 个 RHLs 衍生群体进一步将原初定位的产量相关性状 QTLs 簇分解开并界定于较小的基因组区域。

一、导入（代换）系的培育

（一）单片段代换系的构建与鉴定

单片段代换系是利用分子标记辅助选择技术建立起来的一套近等基因系，是在相同的遗传背景中导入供体亲本的染色体片段，如果代换系中只含有一个来自供体亲本的染色体片段，则称为单片段代换系。文献中有很多名词的含义与之相同，如：单片段导入系、近等基因导入系、染色体片段导入系，等等。

染色体片段代换系一般是通过多代回交来建立的。具体步骤是将供体亲本与受体亲本杂交获得 F_1，以受体亲本作为轮回亲本，经过多代回交并进一步自交获得 BCnS，从 BCnS 中鉴定单片段代换系。

构建染色体代换系采用如下两种策略：①回交 1～2 代后连续自交，同时在低世代进行标记辅助选择；②高代回交后进行自交，在高世代借助标记选择。Jeuken & Lindhout（2004）认为第二种策略的效率较高。

染色体单片段代换系的构建，最好是在已有的遗传图谱的基础上进行，以 PCR 为基础的 SSR 标记是一种理想的鉴定标记。下面介绍杨泽茂等（2009）利用第二种策略构建棉花染色体片段代换系的方法（图 4－7）。用生产上大面积种植的陆地棉中 221（中棉所 45）和海岛棉海 1 杂交高代回交，回交后代的家系数与 BC_1F_1 用于做回交父本的单株数目保持一致；然后对回交 4 代 BC_4F_1 家系用 SSR 标记检测。这样做有以下几个优点：①传统的 QTL 定位群体的构建一般很少考虑育种的需要，把 QTL 定位和育种隔离。利用高产的推广品种作轮回亲本，具有优良纤维品质的海岛棉作供体亲本，这样在定位 QTL 的同时可以获得生产上需要的高产、优质的品种（系），大大地缩短了育种年限。②培育代换系的标记是 SSR 标记，这种标记检测快速简单，多态性高。③在回交 4 代后每 5cM 左右选一个 SSR 标记对 BC_4F_1 家系进行检测，既可以节约成本，又可以培育出大量的遗传背景比较简单的染色体片段代换系：其一，回交 4 代开始检测相对从低代就开始检测节约了大量的人力物力。其二，每 5cM 左右选一个标记相对常见的 10cM 左右选一个标记检测更加精细，防止了残留片段的漏检，保证了遗传背景的单纯。其三，对家系进行检测而不是单株，由于每个家系中都包括了 20 棵以上的单株，通过扩大检测量保证了家系中含有更多的海岛棉导入片段，提高了工作效率。进一步构建染色体片段代换系，只需用在 BC_4F_1 家系中有多态性的标记对后代含海岛棉染色体片段少的单株进行选择就可以获得覆盖棉花全基因组的染色体片段代换系，大大减少了标记检测工作量，加快了构建速度。

轮回回交的主要目的是重建受体背景（Law & Worland，1996），以保持代换染色体不发生变化，所要求的回交代数是至关重要的。从理论上来讲经过几代回交之后应该能够恢复纯合性，并且含有不同数量的基因。一般回交 5 代后，在任何一个品系中平均都只有 50% 的受体基因可以纯合；回交 8 代后有 93% 的受体基因能够纯合。如果在最后一次回交后进行一次自交，那么回交5代后受体基因的平均纯合率可达75%，回交8代后可达96.5%。一般进行回交8代（杨武云等，1997），但也有事例证明，即使回交代数减少，染色体代换系也能够予以鉴定。

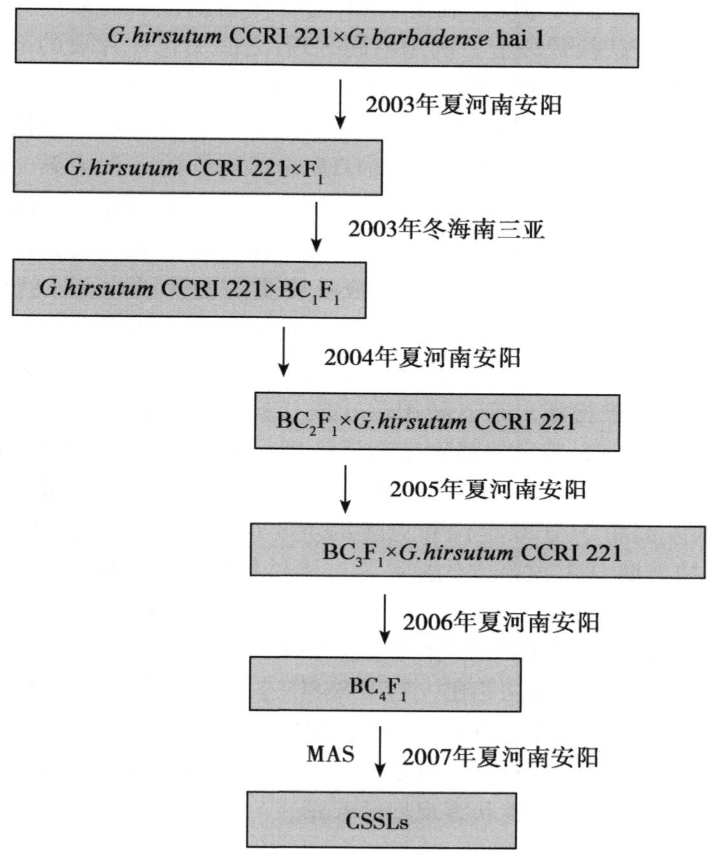

图4-7 棉花CSSLs的构建方案（杨泽茂等，2009）

单片段代换系片段长度的估计可在每一个代换片段的两端增加标记检测入选单株与受体亲本间的多态性，直至检测到单株与受体之间无多态性的标记为止。以代换片段末端中有多态性的标记与无多态性的标记之间的中点为该末端的边界点，按照作物的微卫星标记连锁图中标记间的距离计算代换片段的长度（刘冠明等，2003）。研究表明（李文涛等，2003），随着回交代数的增加导入片段数总的趋势是减少的，当回交世代高于BC_3以后，导入片段数一般少于4个。若在没有标记辅助选择的情况下，BC_3代以后导入片段数趋于稳定，继续回交不能显著地减少片段数。同时也表明，随着回交代数的增加，导入片段长度是逐渐变短的，当回交世代高于BC_3以后，导入片段平均长度均在20cM以下。一般地，代换片段的平均长度随着回交和自交代数的增加而逐渐变短，且回交世代变短的速率（11.99%）比自交世代变短的速率（7.15%）要快。

单片段代换系具有如下特点：①单一性。每个单片段代换系的基因组内只含有一个来自供体亲本的染色体片段，且两端由分子标记界定，基因组的其余部分与轮回亲本相同。SSSL 内供体染色体片段的单一性，消除了遗传背景及 QTL 之间互作的干扰，便于鉴定出功能细小的 QTL；利用 SSSL 与受体表型性状的简单比较，可以把目标性状 QTL 粗定位于代换片段上；利用不同 SSSL 之间染色体片段的部分重叠性，可以把数量性状 QTL 定位到更小的区域内（重叠区或非重叠区内）（刘冠明等，2003）；②稳定性。单片段代换系是一种永久性的分离群体，可以提供大量的种子用于多点、多年、多重复的实验，可以研究 QTL 与环境等的互作关系，并有效地消除了环境误差，使 QTL 定位更精细更准确。QTL 的精细定位为进一步的基因克隆奠定了基础。如把 SSSL 与不同的测验种杂交，即可研究 QTL 与遗传背景的互作。③单片段代换系可以通过再次回交，重组再分割成长度更短的片段，这样就可以对 QTL 进行精细定位。单片段消除了遗传背景的影响，大大提高了 QTL 定位的准确性和精确性，同时降低效应较大的 QTL 对效应较小的 QTL 的遮盖作用，减少 QTL 之间的互作，从而使微效 QTL 被检测出来。利用单片段代换系能把复杂性状分解为简单的孟德尔性状，从而提高 QTL 鉴定的精确度和灵敏度，何风华等（2005）利用单片段代换系检测的两个抽穗期等位基因的加性效应值都仅为 0.8，证明了其具有较高的灵敏度。单片段代换系是用于 QTL 定位和克隆的重要试验材料，日本 RGP 克隆的 *Hd*1、*Hd*6 和 *Hd*3*a* 等抽穗期 QTL 就是以代换系为试验材料的。通过构建代换片段小重叠区的单片段代换系群体，还可以对基因特别是 QTL 进行精细定位 。因此，单片段代换系是进行基因分析，特别是 QTL 分析的理想材料。

与传统的基因效应分析方法相比，利用 SSSL 进行基因效应分析变得非常简单。加性和显性效应的计算，只需要比较 SSSL 的纯合体、杂合体及受体三者在某一数量性状上表型的差异；上位性效应的分析，只要把 2 个纯合的 SSSL 杂交，调查其后代群体内各单株不同标记基因型间目标性状表现型的差异。

（二）片段代换系重叠群

"重叠" 片段代换系（contiguous segment substitution lines，CSSLs）是导入片段能相互重叠或衔接并最大程度地覆盖供体基因组的特异导入代换系。重叠片段代换系也称染色体 SSSL 文库，理想的 SSSL 文库应由许多带有来自供体的不同染色体片段的 SSSL 构成，各个 SSSL 之间所带的供体染色体片段应有适当的重叠，所有片段的总和应覆盖供体的全基因组。要获得这样的 SSSL 文库，最快捷、最有效的方法是通过连续回交，并通过 MAS 全程跟踪选择。对于一个全长为 1 500cM 的基因组来说，假设要求每个代换片段长为 10cM，且相邻片段首尾相接，且没有重叠，则需建立 150 个代换系才能覆盖整个基因组。这只是一个理论下限，实际情况要复杂得多。要建立一套理想的代换系重叠群，在实践上还是有相当难度的。图 4－8 是 Masahiro Yano *et al*（2005）构建水稻染色体重叠片段代换系示意图。

SSSL 文库是一个永久的优良作图群体，可重复进行表型鉴定。一套覆盖全基因组的 SSSL 可以用于全基因组 QTL 的检测与剖析。SSSL 文库的构建使 QTL 定位研究和常规育种有机地结合了起来，使 QTL 分析的理论研究结果可以尽快用于育种实践。

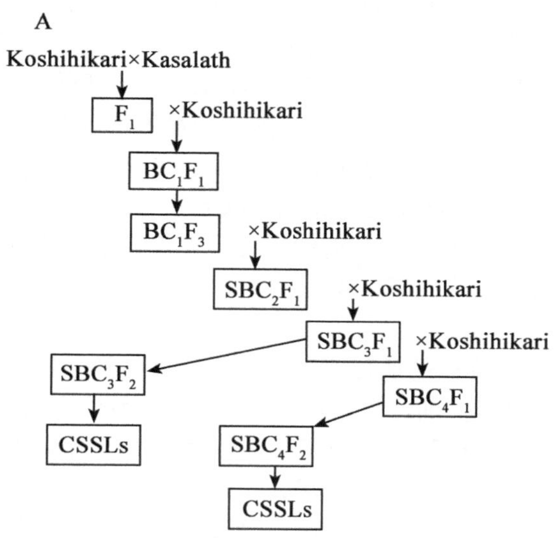

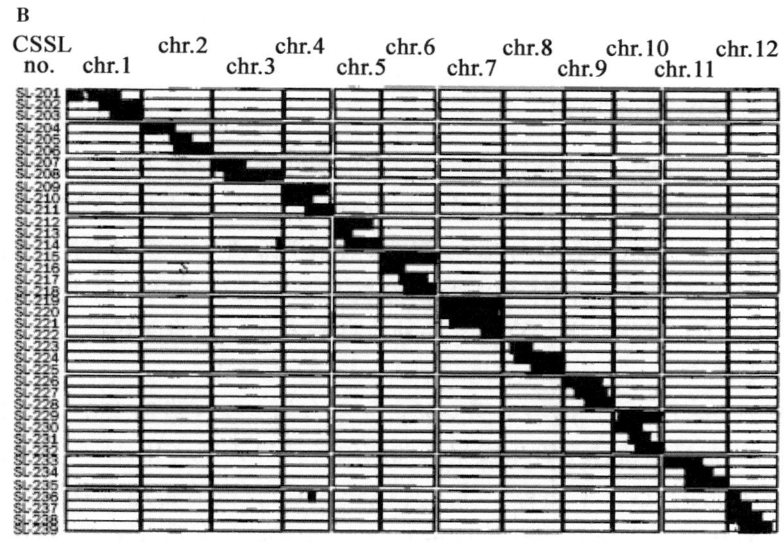

图 4－8　Koshihikari 与 Kasalath 杂交构建的染色体片段替换系（Masahiro Yano *et al*，2005）

A：CSSLs 选择过程流程图；B：CSSLs 基因型图示，黑色片段表示 Kasalath 等位基因纯合的区段，白色片段表示 Koshihikari 等位基因的纯合区段

在水稻中，已建立了包括品种间、亚种间以及种间导入系或代换系。尽管大多导入代换系在导入片段的来源、单一性和覆盖基因组程度上存在差异，但在 QTL 分析、精细定位以及重要现象的遗传研究等方面已显示出较好的应用前景。陈庆全等（2007）利用来源于测序品种日本晴（Nipponbare）和珍汕 97B 杂交、并多次与珍汕 97B 回交的

高世代群体，结合均匀分布于水稻全基因组的 SSR 标记分析，最终获得 88 份基础导入系。它们的遗传背景与珍汕 97B 相同，绝大部分导入系仅含有一个来源于日本晴的染色体片段，且各个导入片段间能最小程度重叠，重叠后的导入片段覆盖了粳稻品种的全基因组。也可以用一个受体亲本和多个供体亲本杂交，构建随机单片段代换系，再通过与受体亲本相对照来对代换片段进行鉴定。如余四斌等（2005）以珍汕 97B 和 9311 为受体材料，以国际上征集的 150 多份优良品种为供体亲本，最终获得以珍汕 97B 为遗传背景的代换系有 3 700份，以 9311 为背景的代换系有 2 500份左右，其来源的供体数目不等。这些研究成果对于 QTL 定位及精细定位、大规模地鉴定和发掘新基因、培育适合各生态环境的育种材料和优良新品种、建立高效的分子标记育种体系等，都具有非常重要的利用价值。

SSSL 文库实际上是在受体的遗传背景上，构建供体的基因组活体文库。如果受体亲本选用的是生产上正在推广的优良品种，供体是具有特殊农艺性状的种质，那么，最终得到的 SSSL 将是某个性状得到改良的原品种；如果用多个具有不同性状的供体与同一个受体杂交，并从中同时选择 SSSL，那么，将来得到的所有 SSSL 的集合，即构成该作物的活体基因文库。该文库中包括有该作物栽培种中的绝大部分有利基因。这样的 SSSL 文库可以作为一个较高层次的材料平台，对进一步的遗传理论及育种研究，都具有非常重要的意义。

二、次级群体库的利用

次级群体系与受体品种的差别主要集中在少数几个染色体区域内，因此，它们之间的任何表型性状的差异都与这几个染色体片段有关。由次级群体系发展的分离群体只在亲本间有差异的染色体区段发生分离，可以有效地消除遗传背景的干扰。因此，次级群体库内的遗传上稳定的次级群体系以及由这些品系发展的分离群体是进行 QTL 鉴定、QTL 精细定位、QTL 互作、图位克隆、品种改良等方面研究的良好材料。

（一）QTL 鉴定

Eshed & Zamir（1994）用一种回交和自交结合的方法，借助 350 个 RFLP 标记，在栽培番茄的遗传背景上构建了野生绿果番茄的单片段导入系（ILs）群。共选出了 50 个带有单个导入片段的 ILs，平均每个导入片段长 33cM，覆盖番茄全基因组的 1 200cM。这些 ILs 可以看作是在番茄栽培种的遗传背景上构建的野生番茄的基因组文库，ILs 之间的任何表型性状的差异都与唯一的导入片段有关。进一步利用 ILs 与受体亲本之间的适合性测验，检测出 23 个番茄的可溶性固形物 QTL 和 18 个番茄果实体积 QTL。检出的 QTL 数是用传统作图群体检出的 QTL 数的两倍（Eshed & Zamir，1995）。

通过 t 测验比较单片段代换系与受体亲本之间在某个性状上的差异，统计测验时以 $\alpha = 0.001$ 为阈值，即 $P \leq 0.001$ 时认为代换片段上存在该性状的 QTL。QTL 的命名遵循 McCouch *et al*（1997）制定的原则。

参照 Eshed 等（1995）的方法估算 QTL 的加性效应值及加性效应百分率。所用计算公式为：

加性效应值 =（单片段代换系表型值 − 受体亲本表型值）/2

加性效应百分率 =（加性效应值/受体亲本表型值）×100%

因为有些单片段代换系的代换片段是相互重叠的，如果在含有重叠代换片段的不同单片段代换系中都鉴定出某个性状的 QTL，则认为 QTL 位于代换片段的重叠区段上；如果在一个单片段代换系的代换片段上检出了抽穗期 QTL，在代换片段与其相互重叠的另一个单片段代换系中未检出，并且这两个单片段代换系的供体亲本相同，则认为 QTL 位于非重叠的区段上。

（二）QTL 精细定位

在高代回交 QTL 分析法的基础上，Paterson *et al*（1990）提出了渗入系作图群体进行 QTL 精细定位。Yamamoto *et al*（1998）利用 128 个 RFLP 标记对全基因组进行筛选，跟踪目标片段，通过自交和回交的方法构建了水稻抽穗天数的 NILs，并在 BC_3F_2 世代对抽穗天数 QTL-*Hd*1、*Hd*2、*Hd*3 进行了精细定位，基因与分子标记之间的距离均小于 0.5cM。同样，Yamamoto *et al*（2000）用 NILs 鉴定出了水稻抽穗天数的另一个 QTL-*Hd*6，并对其进行了精细定位，有 5 个 RFLP 标记与 *Hd*6 共分离，基因距离两端的分子标记均为 0.5cM。Monna *et al*（2002）利用 NILs 群体，将水稻的抽穗天数 QTL-*Hd*3 分解为 2 个效应不同的 QTL：*Hd*3*a* 和 *Hd*3*b*，并分别对其进行了精细定位。Li *et al*（2002）利用 NIL 发展的群体对栽培稻 F_1 花粉不育基因座 *S-b* 进行了精细定位，*S-b* 与其最近的 STS 标记 R830STS 的遗传距离为 3.3cM。

在水稻的抗性研究方面，Hittalmani *et al*（2002）和 Berruyer *et al*（2003）用 NILs 群体对水稻的 4 个抗稻瘟病基因：*Pi*1，*Piz-5*、*Pita* 和 *Pi*33 进行了精细定位。Murai *et al*（2001）用 NILs 把水稻的褐飞虱抗性基因 *bph*2 定位在 1.0cM 的范围内，距 AFLP 标记 KAM3 的遗传距离为 0.2cM，距标记 KAM5 的遗传距离为 0.8cM，与标记 KAM4 共分离。Takeuchi *et al*（2003）用只含有一个供体染色体片段的 NILs 群体（96 株），对水稻的 2 个紧密连锁的 QTL：种子休眠性（seed dormancy）QTL-*Sdr*1 和抽穗天数 QTL-*Hd*8 进行了精细定位，*Sdr*1 被定位在 RFLP 标记 R10942 和 C2045 之间，与 C1488 共分离；*Hd*8 被定位在 RFLP 标记 C1534S 和 R10942 之间。

（三）QTL 互作

为研究非等位基因间的互作（上位性），可构建互交 IL 文库。Yamamoto *et al*（1998）用分别带有水稻抽穗天数 QTL－*Hd*1、*Hd*2、*Hd*3 的 3 个 NILs 相互杂交，研究了 3 个 QTL 之间的互作，结果表明，*Hd*1 和 *Hd*2、*Hd*2 和 *Hd*3、*Hd*1 和 *Hd*3 之间均存在上位性互作。进一步的研究表明，在田间条件下水稻的抽穗天数 QTL－*Hd*2 对另一个抽穗天数 QTL－*Hd*6 也有上位性互作效应，即 *Hd*2 的存在可以掩盖 *Hd*6 延长抽穗天数的特性（Yamamoto *et al*，2000）。

（四）QTL 克隆

Yano *et al*（2000）用含有 1505 个单株的 NILs 群体对水稻的光敏感 QTL－*Hd*1 进行了图位克隆（map-based cloning），*Hd*1 被定位在 12kb 的范围内。进一步分析表明，*Hd*1 基因与拟南芥中的开花期基因 CONSTANS 相似。Takahashi *et al*（2001）利用 NILs 对水稻的光周期敏感 QTL－*Hd*6 进行了图位克隆，把 *Hd*6 界定在 26.4kb 的基因组区域内，*Hd*6 编码蛋白激酶 CK2 的一个亚单位。Blair *et al*（2003）用含有 1016 个单株的

NILs 群体把水稻的抗白叶枯病基因 *Xa5* 定位在 70kb 的范围内，该区域内包含 11 个 ORF。Gu *et al*（2004）用含有 2369 个单株的 NILs 群体，对水稻的白叶枯病抗性基因 *xa27*（*t*）进行了精细定位，*xa27*（*t*）位于第 6 号染色体长臂上分子标记 M1081 与 M1059 之间。用染色体着陆法（chromosome landing）把 *Xa27*（*t*）定位在 0.052cM 的基因组范围内，处于分子标记 M964 和 M1197 之间，与分子标记 M631、M1230 和 M499 共分离。

（五）基因效应分析

纯合的单片段代换系可以同时被种植在几个环境中，用于研究代换片段上的 QTL 与环境的互作效应；还可以把 SSSL 与不同的测验种杂交，用于研究代换片段内的 QTL 与遗传背景的互作。比较单片段代换系的纯合体、杂合体及受体三者在某一数量性状上表型的差异，可以研究代换片段上的基因的加性和显性效应；把 2 个纯合的 SSSL 杂交，还可以研究基因的上位性效应。刘冠明等（2004）基于 SSSL 的 QTL 分析方法，计算了 57 个 QTL 的加性效应百分率，有 15 个 QTL 的加性效应百分率大于 10%，30 个 QTL 的为 3% ~10%，另外 12 个 QTL 的小于 3%。黄益峰（2006）分析了 SSSL 聚合后片段之间的互作关系，其中长粒与长粒的聚合系在粒长性状上具有变长的趋势。

（六）品种改良

利用遗传背景相同的 SSSL 之间杂交，可以将不同代换片段上的多个优良基因快速聚合，培育出具有更多优良性状的新品种。Bernacchi *et al*（1998）把用 AB-QTL 法定位的番茄 15 个基因组区段作为目标，通过 RFLP 标记辅助选择，建立了 23 个仅含有单个供体染色体片段的 NILs，并进一步对这些 NILs 的 7 个性状的 25 个数量性状因子进行了效应分析。有 22 个（88%）数量性状因子的表型得到了不同程度的改良。Shen *et al*（2001）依据早代用 DH 群体对水稻根部性状 QTL 定位的结果，通过标记辅助选择和回交跟踪 4 个目标区段，构建了水稻根部性状的 29 个 NILs；其中，1 个 NILs 可以明显改良轮回亲本 IR64 的根部性状，3 个 NILs 可以明显改良深水根重，1 个 NILs 可以明显改良最大根长。

由于其遗传背景单一，CSSLs 也成为了研究杂种优势的理想材料。为定位对杂种优势有贡献的位点，CSSLs 文库与测验亲本杂交建立 CSSLs F_1 文库，此时每个渐渗片段均处于杂合状态，对这种 F_1 IL 文库进行表型鉴定，确定由特定渐渗片段所引起的杂种优势效应。余传元等（2005）还利用以粳稻品种 Asominori 为背景，籼稻品种 IR24 为供体的染色体片段置换系群体的 63 个株系，构建一套以广亲和粳稻品种 02428 为父本的杂种群体，对产量及产量构成性状的杂种优势效应进行研究，结果表明，产量和产量构成性状的亚种间杂种优势水平在染色体片段上存在差异。认为利用全基因组染色体片段置换系研究杂种优势有多方面的优点：一是可排除遗传背景的影响，在全基因组鉴定出具有杂种优势效应的染色体区段，并逐个研究不同区段杂种优势的遗传基础；二是可将目标染色体区段任意组合，研究不同染色体区段基因间或基因簇间的互作效应，排除非目标染色体区段基因互作；三是可直接定位杂种不育基因座，杂种劣势染色体区段和表达不利杂种优势的区段（如生育期，株高过度超亲等），从而指导分子育种家采用染色体区段置换的方法，利用作物种间和亚种间全基因组的杂种优势；四是如采用生产上广泛应用的杂交种的亲本作受体或背景亲本，导入带有目的基因的染色体片段，这种置换系就能作为杂交种的优良亲本加以利用。

三、单个 QTL 的精细定位

为了精细定位某个 QTL，必须使用含有该目标 QTL 的染色体片段代换系或近等基因系（简称为“目标代换系”）与受体亲本进行杂交，建立次级实验群体。在染色体片段代换系与受体亲本杂交的后代中，仅在代换片段上存在基因分离，因而 QTL 定位分析只局限在很窄的染色体区域上，消除了遗传背景变异的干扰，这就从遗传和统计两个方面保证了 QTL 定位的精确性。例如，日本曾成功地应用染色体片段代换系对一个水稻抽穗期主效 QTL 进行了精细定位，分辨率超过 0.5cM（Yamamoto *et al*，1996）。

精细定位目标 QTL 的程序是：①将目标代换系与受体亲本杂交，建立仅在代换片段上发生基因分离的 F_2 群体（次级群体）；②调查 F_2 群体中各单株的目标性状表型值；③筛选目标代换系与受体亲本间（在代换片段上）的分子标记；④用筛选出的分子标记检测 F_2 各单株的标记型（marker-type，即分子标记的基因型）；⑤联合表现型数据和标记型数据进行分析，估计出目标 QTL 与标记间的连锁距离。在初级定位中所用的 QTL 定位方法均可用于精细定位中的数据分析。由于精细定位的精度达到亚厘摩水平（$<$ 1cM），因此，为了检测到重组基因型，F_2 群体必须非常大（通常 $>$1 000）。

染色体片段代换系一般通过多代回交来建立。在回交过程中，为了对目标 QTL 所在的染色体区段进行选择，先必须对该 QTL 进行初级定位，然后通过连锁标记进行跟踪选择，亦即进行标记辅助选择（详见第六章）。很显然，标记辅助选择的可靠性依赖于 QTL 初级定位的准确性。因此，这种建立目标染色体片段代换系的方法一般只适用于一些效应大的 QTL，因为只有效应较大的 QTL 才能被较准确地定位。

在目标 QTL 区域上能否找到分子标记是进行精细定位的一个限制因素（Tanksley，1993）。为寻找分子标记，往往需要进行大量的筛选。例如，在对控制番茄果重的主效 QTL *fw*2.2 的精细定位中，用 600 个引物才筛选到 2 个 RAPD 标记（Alpert & Tanksley，1996）。不过，用 AFLP 这种高效的 DNA 标记技术，在目标 QTL 区域上找到 DNA 标记应不会十分困难。

四、全基因组 QTL 的精细定位

针对单个目标 QTL 建立染色体片段代换系的方法只适用于效应较大的 QTL 的精细定位，而且非常费工费时。要系统地对全基因组的 QTL 开展精细定位，就应该建立一套覆盖全基因组的、相互重叠的染色体片段代换系，也就是在受体亲本的遗传背景中建立供体亲本的“基因文库”，或称之为代换系重叠群。在番茄（Eshed & Zamir，1995）、十字花科植物（Howell *et al*，1996；Ramsay *et al*，1996）以及水稻（陈庆全等，2007）等作物中已经建立起了代换系重叠群。

要应用代换系重叠群系统地对某数量性状进行 QTL 的精细定位，首先必须进行代换系鉴定试验，即将所有代换系进行多年、多点重复试验，以受体亲本为对照，如鉴定代换系的目标性状均值与受体亲本差异显著，则代换片段上应带有目标性状 QTL，这样代换系称为目标代换系。对目标代换系的分析方法与单 QTL 精细定位中介绍的相同，只是这里所面对的是许多目标代换系，所以工作量是非常巨大的。除了将各个目标代换系分别与受体亲本进行杂交之外，也可以在不同目标代换系之间进行杂交。这样做有两个好处，一个是进一步缩小 QTL 位置的区间。如果两个相互重叠的代换系杂交，后代不出现性状分离，则说明它们所带的 QTL 是相同的，且位于它们的重叠区内；如果发生分离，则说明它们所带的 QTL 是不同的，分别位于各自特有的区域（即非重叠区）上（图 4－9）。代换系间杂交的另一个好处是可以研究不同 QTL 间（或代换片段间）的相互作用（上位性效应）。值得指出的是，可能存在这种情况，有的代换系在鉴定试验中与受体亲本间没有表现出显著的差异，但在代换系间杂交中却表现出效应，这说明它实际上含有 QTL，只是该 QTL 在单独存在时没有效应（不存在主效应），而必须与某个（些）别的 QTL 共同存在时才表现出表型效应（上位性效应）。

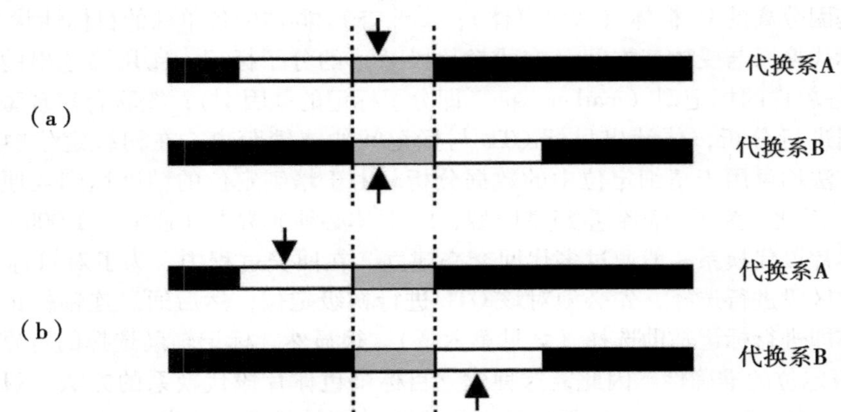

图 4－9　两个相互重叠的代换系间杂交可进一步缩小 QTL 位置的区间（方宣钧等，2001）

（a）两代换系所带的 QTL 相同且位于重叠区内，后代不出现性状分离；
（b）两代换系所带的 QTL 不同，分别位于各自特有的区域（即非重叠区）上，后代出现性状分离

第五章　关联作图

第一节　连锁不平衡

一、连锁不平衡的概念

连锁不平衡（linkage disequilibrium，LD）是生物群体在自然选择过程中出现的一种现象。Jinnings 在 1917 就提出了连锁不平衡的概念。连锁不平衡，亦被称为配子相不平衡（gametic phase disequilibrium）、配子不平衡（gametic disequilibrium）或等位基因关联（allelic association），是指群体内不同位点上的等位基因间的非随机性关联，它既包括染色体内的连锁不平衡，又包括染色体间的连锁不平衡，在关联分析中利用的是染色体内的连锁不平衡（Flint-Garcia 等，2003），它是关联分析的基础。

连锁不平衡并不等同于遗传连锁，它们之间既有联系又有区别：遗传连锁考虑的是两位点间的重组率是否等于 0.5，一般来说，同一染色体上的任何两位点间都存在一定的连锁关系。连锁不平衡考虑的是不同位点上基因之间的相关性，只要一个基因座上的特定等位变异与另一基因座上的某等位变异同时出现的几率大于群体中随机组合几率时，就称这两个等位基因处于连锁不平衡状态；当然，当两位点间处于紧密连锁状态时，其等位基因间可能存在较强的连锁不平衡关系。

二、连锁不平衡的度量

所有 LD 统计的是实际观测到的单倍型频率与随机分离时单倍型的期望频率之间的差异（D）。假设有两个连锁的座位 A 和 B，其等位基因分别为 A、a 和 B、b，4 个等位基因的频率分别为 π_A、π_a、π_B、π_b，4 种单倍型 AB、aB、Ab 和 ab 的频率分别为 π_{AB}、π_{aB}、π_{Ab}和 π_{ab}。那么，实际观测到的单倍型频率与期望单倍型频率之间的差异 D 的计算公式为：$D_{ab}=(\pi_{AB}-\pi_A\pi_B)$；当 $D=0$ 时，两个基因座位处于连锁平衡状态，当 $D\neq0$ 时，两个基因座位处于连锁不平衡状态（Devlin B & Risch N，1995）。

LD 的计算依研究座位的性质和数目而异。经常计算的是两个等位基因两位点间的 LD 水平。对于只有两个等位基因的座位如 SNP 和 AFLP，通常用 r^2（squared allele-frequency correlations）和 D'（standardized disequilibrium coefficients）来估计两个座位之间的 LD 水平（Flint-Garcia SA 等，2003）。这两个参数的取值为 0～1。

D'的计算公式为：

$|D'|=(D_{ab})^2/\min(\pi_{Ab},\pi_{aB})$　　$D_{ab}\leqslant0$ 时

$|D'| = (D_{ab})^2/\min(\pi_{AB}, \pi_{ab})$　　$D_{ab} \geq 0$ 时

r^2 的计算公式为：

$r^2 = (D_{ab})^2/(\pi_A \pi_a \pi_B \pi_b)$

在进行统计时，频率小于 5% 或 10% 的等位变异可以忽略不计（Ivandic *et al*, 2002）。

r^2 和 D'反映了 LD 的不同方面，r^2 包括了重组史和突变史，而 D'仅包括重组史。D'能更准确地估测重组差异，但样本较小时发现低频率 4 种等位基因组合的可能性大大减小，因此 D'不适宜小样本研究中的应用。r^2 可以提供标记是否能与 QTL 相关的信息，因此 LD 作图中通常采用 r^2 来表示群体的 LD 水平。

对于 SSRs 和 RFLPs 等有多个等位基因的座位，一种转化形式的 D'是应用最广泛的衡量两个多等位基因座位间 LD 水平的值。在实际应用中，我们经常需要计算的是有两个或多个等位基因的两座位间的 LD 水平，但当构建全基因组的 LD 图谱时就需要考虑多个座位间的 LD 水平。多个座位间 LD 水平的计算包括 bottom-up 和 top-down 两种方法（Gupta PK *et al*, 2005）。

三、连锁不平衡程度的图示

r^2 和 D'是两个座位间 LD 的度量。对于基因组内某区域的 LD 分布状况，通常用两种形象化的方式来表示：LD 衰减图和 LD 矩阵。LD 衰减图是以位点间的 LD 对遗传或物理距离作图来表示一个区域内的 LD 分布情况，这种表示方法也便于对不同物种中的 LD 水平进行比较。LD 矩阵是某基因内或某染色体上多态性位点间 LD 的线性排列（图 5－1）。

基因组范围的 LD 决定作图精度和基因组扫描所需的标记密度，如果 LD 在短距离内衰减，则期望获得较高的作图精度，不过需要大量的标记；如果 LD 长距离延伸，有时以 cM 表示，则作图精度将较低，此时仅需相对较少的标记。

LD 作图中有两个比较重要概念：连锁不平衡的范围以及连锁不平衡的衰减速率。连锁不平衡的范围是指相距多远的两个基因间能够检测到连锁不平衡，比如 100kb、5cM，等。这涉及用多少分子标记去分析才可能找到和性状关联的分子标记（即与性状间存在连锁不平衡的分子标记）。比如连锁不平衡的范围为 100kb，那么你选择分子标记时，每 100kb（或者密度更高）选择一个分子标记，就比每 200kb 选一个分子标记去进行连锁不平衡作图，得到与性状关联的分子标记的几率高。

另一个重要的概念是连锁不平衡的衰减。假如相距 1 000kb 的两个分子标记等位基因间存在连锁不平衡，不过研究者关心的不是这两个分子标记，而是这个范围内某个决定所研究性状的基因，但这个基因的位置是未知的。所以仅仅考虑连锁不平衡，你只能说这个性状控制基因在 1 000kb 的范围内，而这个范围内有许多基因，你不知道哪个基因控制你研究的性状。但通过连锁不平衡衰减的分析你就能进一步缩小这个范围。物理距离离性状控制基因越远，其连锁不平衡值越小，这样就能产生一条曲线，你就可以在这条曲线中去找和你性状控制基因位点最近的那个分子标记（这个曲线中有你研究的性状及分子标记）。如果这个区域都没什么衰减你要进一步缩小距离就比较困难了。

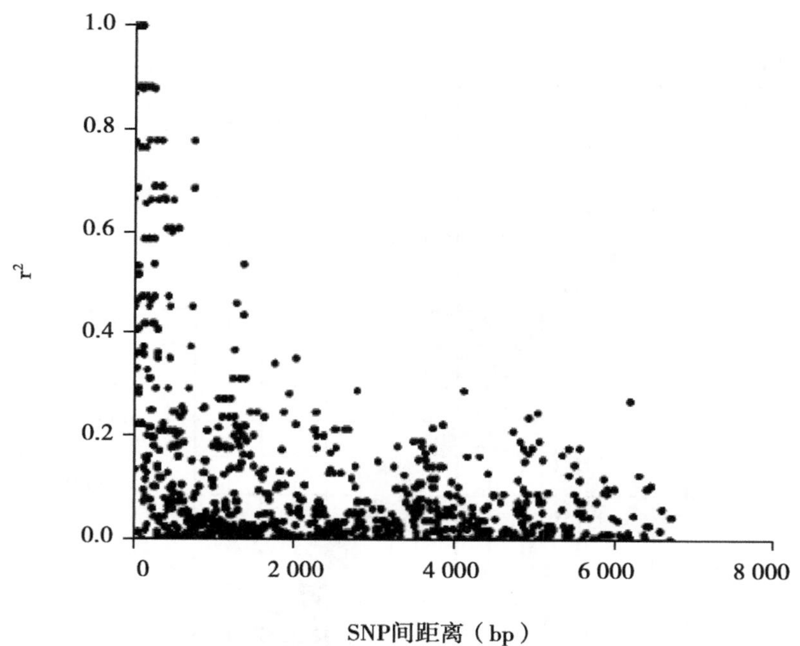

图 5－1　玉米 *shrunken* 1（*sh*1）位点连锁不平衡（LD）衰减图（Remingtom DL *et al*，2001）

四、连锁不平衡的影响因素

随机匹配群体在没有选择、突变或迁移因素的影响时，多态性位点处于连锁平衡状态（Falconer DS & Mackay TFC，1996）；相反，连锁、选择和群体混合将增加 LD 的水平。群体中的 LD 水平是许多遗传因素和非遗传因素综合作用的结果。突变可导致新的多态性产生，而重组则可通过重新组合序列变异而削弱染色体内部的 LD，LD 的程度与重组率成反比（Nachman MW，2002）。植物中影响 LD 水平的因素主要包括以下几个方面。

（一）杂交类型

不同杂交类型植物间的 LD 水平存在很大差异。在拟南芥（Shepard KA & Purugganan MD，2003；Nordborg M *et al*，2002）、水稻（Garris AJ *et al*，2003）、大麦（Caldwell KS *et al*，2006）和大豆（Zhu YL *et al*，2003）等自交物种中，个体绝大多数为纯合子，虽然重组仍然发生但不再对 LD 产生任何影响，即有效重组率较低，因此这些物种在很长的物理距离内（可达几百 kb）存在 LD（Nordborg M *et al*，2002；Morrell PL *et al*，2005）。与自交物种相比，异交物种如玉米中有效重组率高，重组导致连锁的位点彼此独立存在，从而削弱染色体内部的 LD，因此异交物种中的 LD 迅速衰减（Nordborg M，2000）（图 5－2、表 5－1）。

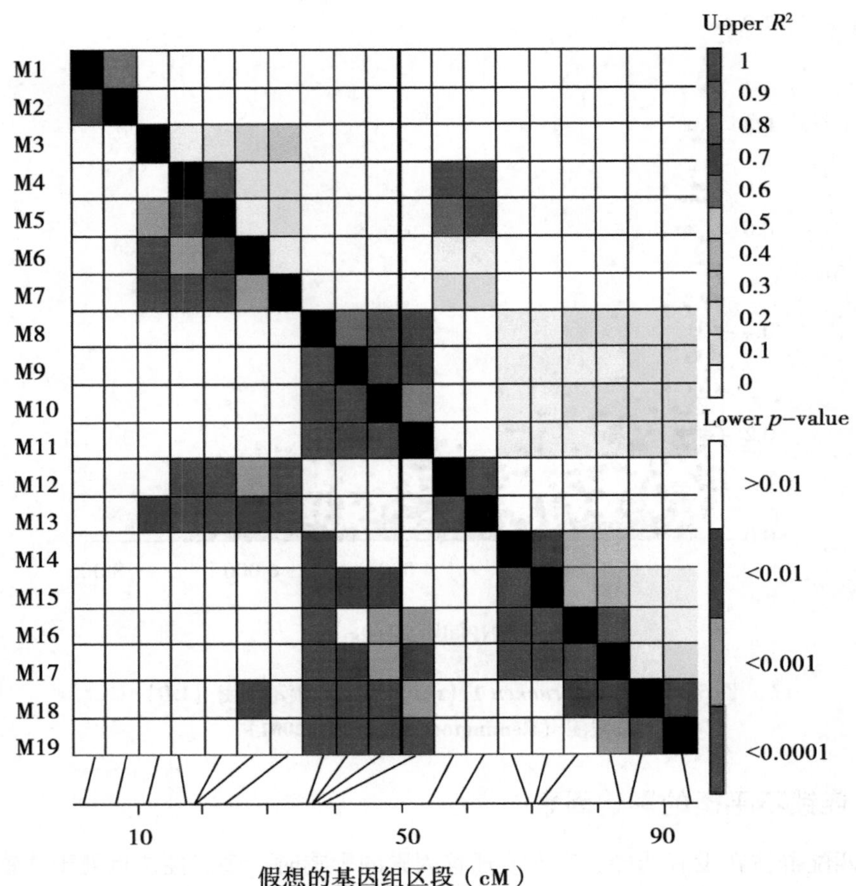

图 5-2　一个假想的基因组区段成对标记位点间 LD 三角形图

（Ibrokhim Y. Abdurakhmonov & Abdusattor Abdukarimov, 2008）

表 5-1　不同植物种的连锁不平衡

植物	LD 的范围	备　注	文献
拟南芥	250kb	*FRI*, 20 个样品	Nordborg M *et al*, 2002
	50 ~ 250kb	*PRM*1, 96 份拟南芥材料	Nordborg M *et al*, 2005
	10kb	*rps*5	Tian *et al*, 2002
	10 ~ 50kb	*CLAVATA* 2	Shepard & Purugganan, 2003
水稻	100kb		Garris *et al*, 2003
小麦	10 ~ 20cM		Maccaferri *et al*, 2004
大麦	10 ~ 20cM		Stracke *et al*, 2003; Kraakman *et al*, 2004

（续表）

植物	LD 的范围	备　注	文献
高粱	<4cM		Deu & Glaszmann，2004
	≤10kb		Hamblin *et al*，2004
大豆	>50kb		Zhu *et al*，2003
玉米	400bp	1 号染色体的 21 个位点，25 个外来地方种和美国玉米种质	Tenaillon *et al*，2001
	5 个基因为 0.2～2kb（$r^2=0.1$）；*su*1 为 10kb（$r^2=0.3\sim0.4$）	6 个基因 102 个自交系	Remington *et al*，2001

有两个值得注意的问题是：某些自交物种如大麦（Caldwell KS *et al*，2006）虽然是由同质个体组成，但在群体水平却具有很高的遗传多样性。另外，自然进化进程和人为介入可改变某物种的杂交类型。如栽培大豆的异交率为 1%，而其祖先的异交率高达 13%（Fujita R *et al*，1997）。异交率的改变将影响群体的 LD 水平。

因此，异花授粉植物的关联分析效果要普遍好于自花授粉植物。但是，在进行作图时异花授粉植物需要检测较多的分子标记位点，而自花授粉植物可以相对较少。例如，在进行关联分析时，玉米必须保证每 100～200bp 检测一个 SNP（Tenaillon *et al*，2001），而拟南芥只需每 50kb 一个多态性的标记。

（二）群体特性

LD 作图利用的是自然群体中的自然变异，即通过分析自然群体中标记与紧密连锁 QTL 间的 LD 关系来鉴定和定位 QTL，而且可以鉴定由 QTL 所代表的真正与被研究目的性状相关联的基因。LD 的一个明显特性是群体依赖性。即使来自同一物种的不同群体也可能有明显不同的 LD 特性。影响群体大小的瓶颈效应使得仅仅少数等位基因组合能够传递到后代中，而低频率多态性则丧失掉，因此，其 LD 水平大大增加。但在没有其他减轻因素（比如群体亚结构）的情况下，这种影响是短期的（Wall JD *et al*，2002）。选择的群体不同，其 LD 水平显著不同。多样性较高的群体包括更多不同来源的研究个体，因此其 LD 水平较低；而当所用群体来源有限时，其 LD 将维持在一个较高水平。如玉米中，地方品种在 600 bp 范围内存在 LD 衰减，不同育种自交系在 2kb 范围内存在 LD 衰减，而骨干自交系在 100kb 范围内存在 LD（Tenaillon MI *et al*，2001；Remington DL *et al*，2001；Nordborg M，2000）。这些结论的差异来自所用群体的差异。另外，群体混合可以通过引进不同祖先来源和等位基因频率的染色体而影响群体的 LD 水平。

（三）选择和驯化

对某物种的正向选择和驯化可增加其 LD 水平。对某特定等位基因的强烈选择（即座位特异的瓶颈效应）限制了该座位周围的遗传多样性，因此导致所选择基因周围区域的 LD 水平增加（Przeworski M，2002）。人工选择对多样性和 LD 影响的一个显著例子是玉米基因组中的 *y*1 座位（Palaisa KA *et al*，2003）。玉米胚乳有黄色和白色两种，其祖先大刍草的胚乳为白色。黄色胚乳因含有较高的类胡萝卜素，营养价值高，因此后来育种家才开始了对黄色胚乳的选择。*Y*1 是与玉米黄色胚乳有关的编码八氢番茄红素合酶的显性等位基因，其上调作用导致黄色胚乳类胡萝卜素含量大大提高。对许多黄色和白色胚乳玉米品种此座位的序列分析发现，由于选择的作用，黄色等位基因 *Y*1 比白色等位基因 *y*1 的多样性低 19 倍，且距其 500kb 的范围内均受到选择引起的多样性降低的影响。

染色体位置也会影响 LD 程度，不同染色体位置的 LD 程度不同，一般位于染色体着丝粒附近的区域，重组率低，LD 水平高；而位于染色体臂上的区域重组率相对较高，LD 程度就较低。例如位于玉米 4 号染色体着丝粒附近的 *su*1 基因的 LD 的衰减距离超过 10kb（Nordborg M *et al*，2002）。

了解生物基因组 LD 的结构和规律是有效进行关联分析的前提和基础。关联研究的成效在很大程度取决于群体中 LD 的强弱和式样。有效利用 LD 结构，研究生物基因型和表现型的关联，作出高分辨率的图谱，对于生物基因组的研究意义重大。一般来说，对于位点间连锁不平衡性较低的染色体区段，在进行关联分析时需要检测的分子标记较多，极易找到与靶基因（或 QTL 位点）紧密连锁的标记，实现关联分析的精确作图；反之，在连锁不平衡性高的基因组区段，可能检测很少的标记就能找到与目标位点相关联的标记，但是却很难找到与目标位点紧密连锁的标记，作图效果不太理想（Flint-Garcia *et al*，2003；Neale & Savolainen，2004；Yu & Buckle，2006）。

第二节　连锁作图和连锁不平衡作图比较

连锁平衡和关联分析是最常用的两种分离复杂性状的工具。

首先来看作图群体，连锁作图用 F_2、重组自交系或者近等基因系等，这类群体的共同特征是由两个亲本杂交产生的分离群体。比如品种 A：AA BB CC（假设该品种是 3 个基因位点），品种 B：aa bb cc，其分离群体也即作图群体的基因型组成为：AABBCC，AaBBCC，AaBbCC……而连锁不平衡作图的群体就完全不一样了，其群体的基因型组成为：品种 A：A_1A_1 B_1B_1 C_1C_1，品种 B：A_2A_2 B_2B_2 C_2C_2，品种 C：A_3A_3 B_3B_3 C_3C_3，等等。连锁作图群体中的等位基因 A 或 a 肯定是来自品种 A 或 B，而连锁不平衡群体中 A_1、A_2、A_3 等位基因它来自什么品种可能还不一定清楚，A_1 可能是 1000 年前产生的，A_2 可能是 500 年前产生的。所以连锁不平衡作图可以利用历史的突变及重组事件，而连锁作图中，如果群体不足够大，能检测到的重组就非常有限（表 5－2、图 5－3）。

连锁作图的理论基础是什么？两个位点的遗传距离和重组率是成比例的，遗传距离是未知的，但重组率是可以通过实验来检测的。什么是作图，也即目的性状在染色体的什么位置，这个位置可以由分子标记来定义，所以问题即变成目的性状和分子标记的遗传距离，遗传距离小到一定程度才能叫连锁，这个距离当然越小越好，小到最后性状就被图位克隆了。

连锁不平衡作图的理论基础是什么？两个位点连锁会导致两个位点产生连锁不平衡，两个位点是不是连锁是未知的，但两个位点的连锁不平衡是能检测到的，所以根据连锁不平衡，反推两个位点是连锁的，当然这样的推理有一定的缺陷。其中关键在于，即使不连锁的两个位点也可能是连锁不平衡，最常见的一个原因就是存在群体结构，或者存在家系相关。所以连锁不平衡作图需考虑这些因素的影响，排除其他因素还是连锁不平衡的，那么这两个位点就是连锁的，所以进行连锁不平衡作图需要了解位点连锁不平衡方面的知识，植物这方面的知识还比较少。

通过在群体水平上开发历史的和进化上的重组，已成为一种能将复杂性状变异解决到序列水平的手段，作为传统的连锁分析的一种替代方法，关联分析具有如下优势：①作图定位更精确——关联分析利用的是自然群体在长期进化中所积累的重组信息，具有较高的解析率，可实现数量性状基因（位点）的精细定位，甚至直接定位到基因本身，而QTL作图利用的是群体构建中配子的重组信息，解析率较低，一般只能将基因定位到10～30cM的基因组区间内；②可同时考察一个基因座的多个等位基因——关联分析可实现对其作图群体（自然群体）一个基因座上所有等位基因的考察，而QTL作图利用的群体是来自两个亲本，故此其考察的每一基因座最多只可涉及两个等位基因；③不需构建作图群体——关联分析利用的群体是自然群体，不需再人工构建，省时省力，并有较多的群体可供利用，而QTL作图至少需要花费两年以上的时间去完成群体的构建，费时费力（张学勇等，2006）。

表5-2 连锁作图与关联作图的比较（根据Buntjer *et al*，2005）

项目	连锁作图	关联作图
群体	QTL作图至少需要花费2年以上的时间构建作图群体或近等基因系，从而限制了分子标记在林木等植物中的应用	不需构建作图群体——关联分析利用的群体是自然群体，不需再人工构建，省时省力，并有较多的群体可供利用。已有品系的群体
检测功效	高	低
分辨率	分辨率有限，QTL作图利用的是群体构建中配子的重组信息，解析率较低，一般只能将基因定位到10～30cM的基因组区间内	分辨率高。关联分析利用的是自然群体在长期进化中所积累的重组信息，具有较高的解析率，可实现数量性状基因座的精细定位，甚至可能直接定位到基因本身
标记	需要标记少	需要标记多
等位基因数量	绝大部分QTL作图所利用的群体是双亲杂交、重组自交后代，每一基因座一般只能涉及两个等位基因。且不能检测到不分离的位点	关联分析可实现对其作图群体（自然群体）一个基因座上所有等位基因的考察
性状	仅检测少数性状，因为所用的两个亲本不可能在所有的性状上均存在实质性差异	可检测所有性状

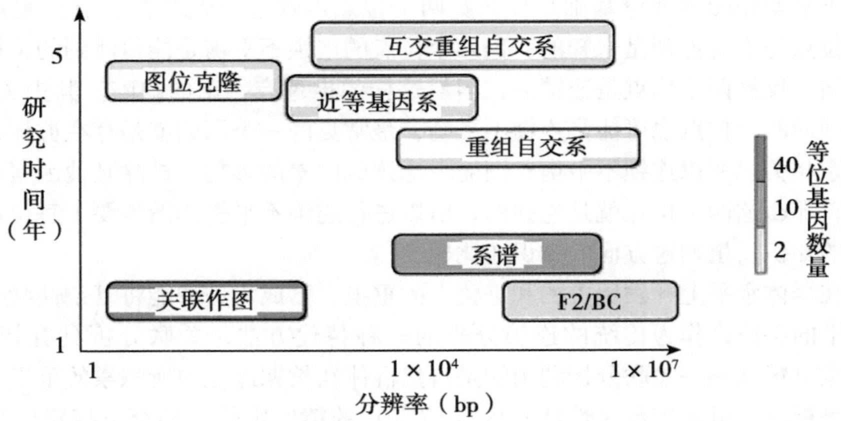

图5-3　关联分析与其他作图方法在分辨率、检测的等位变异基因数目和研究所需时间上的比较（Yu JM & Buckler ES，2006）

第三节　关联分析的步骤、策略和基本方法

一、关联分析的步骤

（一）从自然群体或种质收集材料中选择一群个体，所选材料能代表较宽的遗传多样性

种质的选择对于成功的关联分析起决定性作用（Breseghello & Sorrells，2006；Flint-Garcia *et al*，2003；Yu *et al*，2006）。遗传多样性、基因组范围LD的长度、群体内的亲缘性决定定位精度、标记密度、统计方法以及作图功效。一般而言用于关联研究的植物群体可分为5类（Yu & Buckler，2006；Yu *et al*，2006）：①具有细微群体结构和家族亲缘的理想样本；②多家系样本；③具有群体结构的样本；④具有群体结构和家族亲缘的样本；⑤具有严重群体结构和家族亲缘的样本。在许多植物种中因地区适应、选择和育种史关联研究的许多群体归于第四类。此外，还可以根据材料的来源，种质库收集品、合成群体以及优异种质进行群体分类（Breseghello & Sorrells，2006）。

关联分析的样品数相对少，在近期的关联作图研究中仅研究了100个左右的品系（表5-3）。许多植物连锁研究中的群体（F_2、BC_1、RIL等）包含250个个体，具有同质的双亲本遗传背景（Bernardo，2002），而关联作图群体内的遗传变异常常比连锁群体高。除功能性位点效应大，测试位点与该位点存在高LD外，无论是使用候选基因方法还是基因组扫描方法，小群体很难鉴定出标记-性状关联。

（二）记录或测定表型性状（如产量、品质、耐性或抗性），试验设计最好是不同的环境以及多个重复

表型鉴定的重要性还未得到如基因分型一样的重视，在精确而高通量的基因分型不

断得到改良后，获得稳健的表型数据随即成为大规模关联作图计划的障碍。因为关联作图常常包含大量不同的收集材料，收集具有不同年份、不同地点并有适当重复的表型数据是极富挑战性的工作，高效的田间试验设计——不完全区组设计（如 α - 格子）、适当的统计方法（如近邻分析和空间模型），并考虑 QTL × 环境互作以改进作图效率，特别是在大田条件不同质时（Eskridge，2003）更是如此。这类研究富有挑战性，因为大田设计直接的观察证据需要不同水平大田条件的综合研究以及遗传学家和统计学家间的强有力的合作。因为检测 QTL 的功效随着重复的测量而增加，利用基于系谱的育种种质的模拟作图研究也已证明了这点（Arbelbide *et al*，2006；Yu *et al*，2005）。表型鉴定的重要性现在已经得到了应有的关注。

因为关联作图群体的多样性特点，考虑开花时间对其他相关性状的表达的影响很重要，如果目标性状依赖于发育的转变，则有必要依据开花时间对试验材料进行分组，表型鉴定中需要考虑的其余问题包括：光周期敏感性、倒伏、对流行病害的敏感性，因为这些性状影响了大田条件下其他形态、农艺性状的测定。

（三）利用分子标记对作图群体中的个体进行基因分型

关联研究中，利用一套非连锁的、覆盖全基因组的中性背景标记即可基本描述个体的遗传组成，背景遗传标记有助于将个体分配进群体（Pritchard & Rosenberg，1999），如果存在群体结构和亲缘关系可预防伪关联（Pritchard *et al*，2000；Thornsberry *et al*，2001；Yu *et al*，2006），并估计血缘关系和自交（Lynch & Ritland，1999）。RAPD 和 AFLP 标记可用作背景标记，但几乎所有的 RAPD 和 AFLP 标记都是显性遗传，如果需要估计群体遗传参数需要特殊的统计方法（Falush *et al*，2007；Ritland，2005）。与显性标记相比，共显性的 SSRs 和 SNPs 无任何等位基因歧义，从而在估算群体结构（Q）和相对亲缘关系矩阵（K）更有效。

因为 SSR 标记是多等位基因、可重现、基于 PCR、一般为中性，成为亲缘关系和群体研究中重要的分子标记。多重检测和利用分子量内标荧光标记 PCR 产物确定其大小的半自动系统，大大提高了等位基因大小的估测精度和基因分型通量（Mitchell *et al*，1997）。初始的多态性 SSR 是 DNA 复制期间等位的串联重复的滑移链的错配而大量产生的（Levinson & Gutman，1987），理论上滑移（slippage）的高诱变过程可产生无数的 SSR，但较长的 SSR 可通过自然选择而淘汰（Li *et al*，2002）。产生高度多态 SSR 的滑移现象也是同型异源性（homoplasy）产生的基础，其 SSR 等位基因大小完全相同，但祖先不完全相同（Viard *et al*，1998）。如果等位基因具有高突变率且大小受强烈限制，因 SSR 大小的同型异源性在估算某个大群体的遗传参数时不能使用（Estoup *et al*，2002）。

由于较高的基因组密度、较低的突变率以及对于高通量检测系统所表现出的较好的易控性，SNP 很快成为复杂性状剖析研究的可选标记，在可扩展的检测板和微阵列中无论是单标记检测还是多重检测都可依赖检测 SNP，可根据 SNP 标记数和需检测的个体数而确定一种特定的基因分型技术（Kwok，2000；Syvanen，2005）。每个世代每个位点的突变率比 SSR 标记低数倍（Li *et al*，2002；Vigouroux *et al*，2002），因此，如果考虑单个位点，则由于显著的双等位基因特点，SNP 比 SSR 提供的信息量少，因为单个 SNP

预期的异质性较低。不过因为SNPs更为广泛地分布于整个基因组，且花费比SSRs标记低数倍。选择SNP作背景标记可获得大多数作物群体结构和亲缘关系的合理估测。

（四）利用分子标记数据确定所选群体基因组的LD范围

候选基因关联研究中一个重要问题是精确估计遗传关系所需的背景标记的数量，双等位SNPs所需的标记数远多于多等位SSRs标记，Zhu *et al*（2008）主张所需SSRs标记的起点数为该物种染色体数的4倍，每个染色体臂2个标记。染色体长度、物种多样性、特定样品的多样性、费用以及不同标记系统的可用性也影响研究所用背景标记的数量。

Stich *et al*（2006）利用452个AFLP和93个SSR标记检测了72个欧洲优良玉米自交系，发现用AFLP检测的平均LD为4cM，而SSR则达30～31cM。

不同类型的群体LD水平不同，Tommasini *et al*（2007）通过91个SSR和STS标记的研究，冬小麦44个品种3B染色体的LD为0.5cM，而含240家系的RIL群体则达30cM。

（五）确定群体结构（取样群体个体内类群间的遗传差异水平）和血缘关系（样品内成对个体间的亲缘系数）

理想的作图群体应是一个无群体结构或群体结构效应不明显的大群体。因而在进行关联分析时，一个首要的必需考虑和解决的问题是群体的结构问题。因为群体结构能增加染色体间的连锁不平衡性，使目的性状与不相关的位点间表现出关联，即造成了伪关联，可能会导致作图错误。解决这一问题的办法是在假设群体结构对基因组所有位点影响相同的情况下，选出一定数目的与目的位点不连锁的分子标记，去检测它们之间是否存在关联性，并予以矫正（Thornsberry *et al*，2001）。

Pritchard *et al*（2000）建议的做法是：①在候选基因位点的周围选出一定数量的分子标记（Ⅰ类标记），对目标作图群体和对照群体进行扫描，获得分子数据；②进行标记/性状的关联性分析，找到目标性状的靶位点；③选出一定数量与靶位点不连锁的分子标记（Ⅱ类标记），对群体进行检测，利用获得的分子数据也与目的性状进行关联性分析；④对所得结果进行分析，若发现性状与Ⅱ类标记间不存在关联性，则表示群体结构不存在，此次作图结果有效，否则，则需要比较两类标记的关联性分析结果，通过统计处理以消除群体结构的影响。

在进行关联分析时，应尽量使用无群体结构或群体结构效应小的群体。同时，研究也发现使用群体样品的数量应该足够大，大群体有利于减少关联分析不利因素的影响，提高其作图能力，并且可以增加可供检测等位基因的数量。Long & Langley（1999）的研究表明，利用由500个个体组成的群体，关联分析就可以检测到解释某性状5%变异的数量性状位点；模拟研究证实，增加群体样品的数量比增加检测SNP的数量更能提高关联分析的作图能力。对玉米的研究表明，在进行作物农艺性状的关联分析时，所用的群体应尽可能包含该作物的所有表现类型，应基本能代表该作物的育种基因源（Flint-Garcia *et al*，2005）。

（六）根据LD和群体结构的信息，表型与基因型/单倍型数据的关系，利用适当的统计方法揭示最接近目标性状的“标记标签”

理想情形下关联分析的基本统计学方法有线性回归、方差分析（ANOVA）、*t*测验

或 χ^2 测验。不过，因为群体结构可能会产生“伪”的基因型 - 表型关联，已经设计出不同的统计方法处理该混乱因素。对于基于系谱的样本，传递非平衡测验（transmission disequilibrium test，TDT）（Spielman *et al*，1993）用于研究人类疾病的遗传基础，而数量传递非平衡测验（QTDT）则用于剖析数量性状（Abecasis *et al*，2000；Allison，1997）。为解决基于群体样本的群体结构问题，GC（基因组控制）和 SA（结构关联）是人类和植物关联分析中两种最常用的方法。对于 GC 而言，利用一套随机标记估测测验统计量受群体结构影响的程度，假设该结构对所有位点具有同样效应（Devlin & Roeder，1999）。而 SA 分析首先利用一套随机标记估测群体结构（Q），然后将该估值并入进一步的统计分析之中（Falush *et al*，2003；Pritchard & Rosenberg，1999；Pritchard *et al*，2000），先前的研究中已用 logistic 回归对 SA 进行修饰（Thornsberry *et al*，2001；Wilson *et al*，2004），该方法的一般线性模型版本已用于软件 TASSEL 中（Bradbury *et al*，2007）（图 5 - 4）。

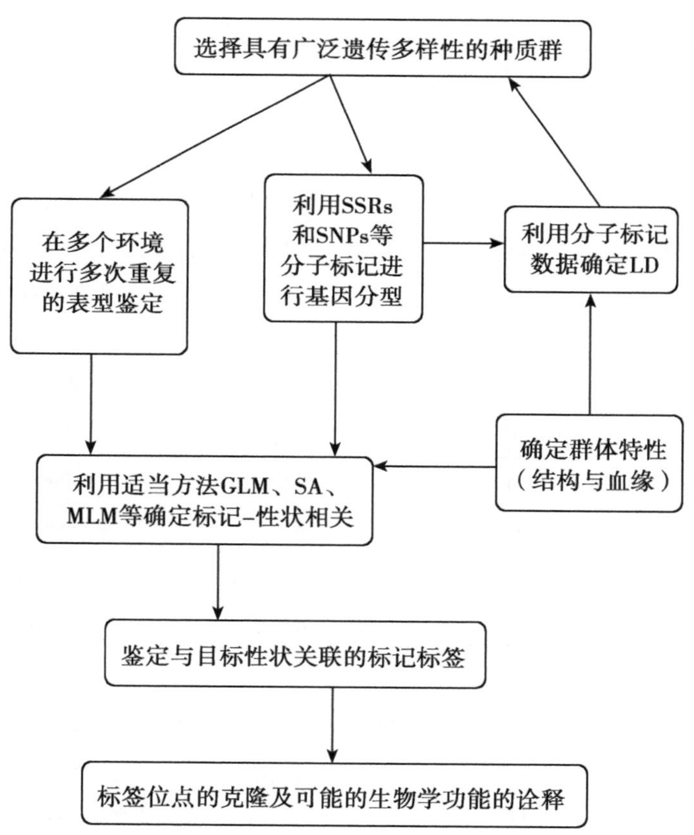

图 5 - 4　利用种质材料标记目的基因的关联作图方法图示

（Ibrokhim Y. Abdurakhmonov & Abdusattor Abdukarimov，2008）

近年研制的关联作图所用的一种统一固定模型方法可解决多种水平的亲缘关系

(Yu *et al*, 2006)，该方法利用随机标记估计 Q 和相对血缘关系矩阵（K），随后融入一种固定模型框架以测验标记－性状关联。该固定模型方法越过了基于系谱和基于群体样本的界限，为当前所用的关联作图方法提供了强大的补充（Zhao *et al*, 2007）。主成分分析方法（principal component analysis，PCA）一直用于遗传多样性分析中，近年来提出作为诊断群体结构的有效方法（Patterson *et al*, 2007；Price *et al*, 2006），PCA 分析将观察到的所有标记的变异概括为少数成分变量，这些主成分可解释为与个别的未观察的亚群体有关，数据集中的个体起源于亚群体。每个个体在每个主成分上的荷载描述了群体成员或每个个体的祖先。在固定模型中利用 PCA 取代 Q 显示出一些希望（Weber *et al*, 2008；Zhao *et al*, 2007），不过仍需研究其在作物种中应用的适合性（表 5－3）。

表 5－3　不同植物关联分析研究的例子（Zhu 等，2008）

植物种	群体	样本大小	背景标记	研究性状	文献
玉米	多样化自交系	92	141	开花时间	Thornsberry 等，2001
	优异自交系	71	55	开花时间	Andersen 等，2005
	多样化自交系和地方种	375 + 275	55	开花时间	Camus-Kulandaivelu 等，2006
	多样化自交系	95	192	开花时间	Salvi，2007
	多样化自交系	102	47	籽粒组成，淀粉糊化特性	Wilson 等，2004
	多样化自交系	86	141	玉米面球蛋白合成	Szalma 等，2005
	优异自交系	75		籽粒颜色	Palaisa 等，2004
	多样化自交系	57		甜味	Tracy 等，2006
	优异自交系	553	8950	油酸含量	Belo 等，2008
	多样化自交系	282	553	类胡萝卜素含量	Harjes 等，2008
拟南芥	多样化生态型	95	104	开花时间	Olsen 等，2004
	多样化生态型	95	2553	抗病性	Aranzana 等，2005
				开花时间	Zhao 等，2007
	多样化收集品	96		分枝	Ehrenreich 等，2007
高粱	多样化自交系	377	47		Casa 等，2008
小麦	多样化品种	95	95	籽粒大小、磨粉品质	Breseghello & Sorrells，2006
大麦	多样化大麦	148	139	抽穗天数、叶锈、黄矮病毒病、小穗轴芒长、浆片大小	Kraakman 等，2006
马铃薯	多样化品种	123	49	晚疫病	Malosetti 等，2007

（续表）

植物种	群　体	样本大小	背景标记	研究性状	文　献
水稻	多样化地方种	105		糯性	Olsen & Purugganan，2002
	多样化地方种	577	577	淀粉品质	Bao 等，2006
	多样化收集品	103	123	产量及其组分	Agrama 等，2007
火炬松	非结构化自然群体	32	21	木材比重，晚材	Gonzalez-Martinez 等，2006
	品系	435	288	微纤丝角、纤维素含量	Gonzalez-Martinez 等，2007
甘蔗	多样化无性繁殖系	154	2209	抗病性	Wei 等，2006
桉树	非结构化自然群体	290	35	微纤丝角	Thumma & Nolan，2005
	多样化自然种质	26	589	抽穗期	Skøt 等，2005
多年生黑麦草	多样化自然种质	96	506	开花时间、水溶性碳水化合物	Skøt 等，2007

多种软件包用于关联分析中的数据分析，TASSEL 是植物关联分析最常用的软件包，并随着新方法的开发而经常得到更新（Bradbury *et al*，2007）。除了关联方法（即 logistic 回归、线性模型、固定模型）外，TASSEL 也用于连锁非平衡的计算与图示，以及基因型、表型数据的浏览和输入。STRUCTURE 软件用于估计 Q（Pritchard *et al*，2000），Q 是矩阵 $n \times p$，n 为个体数，p 为定义的亚群体数。SPAGeDi 软件用于估计个体间的 K（Hardy & Vekemans，2002），K 为一种 $n \times n$ 矩阵，对角线外的元素为 Fij，这是一种基于标记的血缘同一性可能性的估值，对角线元素 e 对于自交系而言是 1，对于非自交系个体则为 $0.5 \times (1 + Fx)$，Fx 为自交系数。EINGENSTRAT 软件用于估计标记数据的 PCs，以及因群体分层而产生的校正测验统计（Price *et al*，2006）。

二、关联分析的策略

根据扫描范围，关联分析可分为全基因组途径和候选基因途径两种。前者基于标记水平，通过对引起表型变异的突变位点进行全基因组扫描来实现，一般不涉及候选基因的预测。后者基于序列水平，通过统计分析在基因水平上将那些对目标性状有正向贡献的等位基因从种质资源中挖掘出来，一般涉及候选基因的功能预测。

（一）全基因组途径

利用分布于整个基因组上的高密度的 SNP 可以在具有某种性状的群体与不具备这种性状的对照群体中进行对比研究，从而确定其相邻基因与该性状的关联。从严格意义上讲，全基因组关联分析需要成千上万个 SNP 或 SSR 标记以及尽可能多的无亲缘关系的个体。但是由于进行全基因组关联分析耗资巨大，目前仍无法完成。随着各个主要物种全基因组测序的完成，SNP 标记的大量开发，全基因组关联分析将成为研究植物数量性状的强有力工具（杨小红等，2007）。

在作物中进行全基因组扫描，重要的一步是利用高容量 DNA 测序或高密度寡核苷酸检测设备高效地鉴定 SNPs。DNA 测序平台发现 SNP 的适宜性取决于在关联分析群体中有效地进行全基因组扫描所需的 SNPs 数量，例如，在 95 个拟南芥收集材料和 102 个优异大麦自交系中大范围的 LD 仅需基于毛细管的 Sanger 测序检测较低数量且均衡分布的 SNPs 即可能进行关联测验，并达到中等水平的全基因组作图分辨率（Aranzana *et al*, 2005；Rostoks *et al*, 2006）；而对于低 LD 和高单倍型多样性的作物如玉米和向日葵，则需要数万甚至数十万个 SNPs 标记进行强大的全基因组扫描，454-GS FLX（Margulies *et al*, 2005）和 Illumina 1 G 基因组分析仪则成为鉴定几个不同个体等位基因片段借助短序列再测序鉴定 SNP 的理想平台，鉴定出 SNPs 后，利用基于阵列的不同平台对数千个标签 SNPs 进行同步基因分型。

高质量的全基因组参考序列在构建通过 454 和 Illumina 测序平台所产生的短序列的 SNP 单倍型图谱中极有价值，与从头组装相比，借助已有的基因组参考序列使得短序列易于组装。因为 454 和 Illumina 碱基读数精度比 Sanger 测序仪低，重点应放在支持多次读数的 SNPs 的读数上（≥2×覆盖/等位基因/个体）。基于 454 的转录本测序方法已用来鉴定两个玉米自交系间 36000 多个候选 SNPs（Barbazuk *et al*, 2007）。454 – SNP 是开发多样性高、LD 衰退快的作物种中许多基因组范围 SNPs 标记的有希望的步骤，不过更为主要的是基于随机基因组片段测序鉴定 SNPs 的框架。

根据参考序列设计的高密度寡核苷酸表达阵列可同时进行等位变异的发现和基因分型，其设计思路是与 25bp 寡核苷酸完全匹配的目标序列比不片配的序列具有更好的相似性（Borevitz *et al*, 2003；Winzeler *et al*, 1998）。如果在阵列上单个特性在基因型间杂交强度上显示出显著的可重复的差异，即可直接作为多态性标记或单一功能多态性（single feature polymorphism，SFP）。利用表达阵列与总的基因组 DNA 杂交可对相对较小的基因组 ~135Mb 拟南芥（Borevitzet *et al*, 2003）和 ~430Mb 水稻（Kumar *et al*, 2007）数千个 SFP 进行高精度检测。全基因组、基因组复杂性减少以及基因富集样品的制备方法可适当用于检测富含较大的逆转座子的植物基因组中的 SFPs（Gore *et al*, 2007；Rostoks *et al*, 2005）。其不足是与 SNPs 相比 SFPs 很少遗传，仅以 25bp 的分辨率定位未知的多态性，如果按很高密度和中等精确性检测，SFPs 可成为具有大范围 LD（Kim *et al*, 2006）以及相对低水平重复 DNA 的作物基因组检测关联的潜在工具。

全基因组关联分析的最早报道是对野生甜菜抽薹基因 B 的研究（Hansen M *et al*, 2001）。甜菜的生长习性由抽薹基因 *B* 决定，*B* 基因为显性时表现为一年生，B 基因为隐性时表现为两年生。通过 440 个覆盖全基因组的 AFLP 标记与 B 基因的 LD 分析，发现两个标记与 *B* 基因之间的 LD 程度很高。结合此前的连锁分析，发现其中一个标记与 *B* 基因紧密连锁，为该基因的图位克隆指明了方向。这一结果表明通过关联分析可以找到与目标基因紧密连锁的分子标记。此后，多个研究小组利用现有成熟的分子标记技术（AFLP、RFLP、SSR 等）和关联分析的方法在全基因组水平上对玉米、小麦和水稻的产量、株高和抽穗期等性状进行分析，发现检测到的 QTL 中有相当一部分与此前 QTL 定位的结果一致（Kraakman *et al*, 2004；Zhang *et al*, 2005；Parisseaux & Bernardo, 2004）。连锁分析和关联分析都可以进行 QTL 定位，但前者检测到的 QTL 数目一般少于后者；两种方法检测到的 QTL 在位置上有相当一部分具有一致性。这也表明全基因组的关联分析是数量性状分析的一条有效途径。当然，以上这些基于少量分子标记

（<200）的关联分析只是粗略意义上的全基因组关联分析。

Aranzana *et al*（2005）利用全基因组关联分析对拟南芥开花期基因 *FRI* 和抗病基因 *Rpm*、*Rps5*、*Rps2* 的研究是具有完全意义上的全基因组关联分析。拟南芥全基因组测序的完成以及大量 SNP 标记的开发无疑为拟南芥全基因组关联分析提供了技术平台。随着各个主要物种全基因组测序的完成，SNP 标记的大量开发，全基因组关联分析将成为研究植物数量性状的强有力工具。这种方法需要检测的分子标记较多，拟南芥需要检测 2 000个，玉米地方品种需要检测 750 000个，商用的主要玉米育种自交系也需要检测 50 000个（Flint-Garcia *et al*，2003）。因此，这种方法的使用受到限制。尽管随着分子生物学的发展，大量的分子标记不断被发掘，高通量基因型检测系统也日臻完善与成熟，但是这种方法后期大量的数据处理也令人望而却步。不过，这种方法对基因组连锁不平衡水平较高的群体，例如，自花授粉植物群体和瓶颈效应群体，似乎还是比较适用（Hastbacka *et al*，1992）。

（二）候选基因途径

候选基因法是一种剖析复杂性状的假说驱动方法，该方法建立在对目标性状基因有一定了解的基础上，根据模式植物和非模式植物中有关遗传学、生物化学以及生理学研究结果选择相关的候选基因（Mackay，2001；Risch & Merikangas，1996），利用关联性分析对其候选基因进行验证，这种方法在目前应用较多。作物中由多基因控制的抗病及抗逆等性状的基因研究并没有取得如单基因控制性状那样快的进展，但这方面的研究因候选基因关联分析的提出而出现新的曙光（郝岗平等，2004）。

候选基因关联作图需要鉴定品系间特定基因内的 SNPs，因此，鉴定候选基因 SNPs 最简单的方法是对关联作图大群体几个明显区别个体的扩增子进行再测序。在 SNP 发现平台中需要利用少数不同个体鉴定共同 SNPs，但需要利用较多个体鉴定稀少的 SNPs，启动子、内含子、外显子和5′/3′－非翻译区是鉴定候选基因 SNPs 的目标区，非编码区比编码区具有较高水平核苷酸多样性。特定候选基因位点 LD 衰减的速率规定了鉴定显著关联所需的单位长度（如 kb）SNPs 的数目（Whitt & Buckler，2003），因此，为充分对候选基因位点进行取样所需扩增子的数目和碱基对长度几乎完全依赖于 LD 和 SNP 分布，在相对低的 LD 和高核苷酸多样性的区段需要较高密度的 SNP 标记。

没有必要检测每个候选基因的 SNP，因为该方法的一个主要目标是鉴定引起表型变异的 SNPs，很可能改变蛋白质功能（编码 SNPs）或具有表达（调节 SNPs）的 SNPs 应首先进行基因分型（Tabor *et al*，2002），不过 SNPs 的生物学功能即使有在大多数情形下也未知或不容易辨别。在显著的 LD 内几个 SNPs 所构成的几个区段存在歧义的情况下，一种替代策略是检测少部分 SNPs（标签 SNPs）以获得候选基因区段的大多数单倍型区块结构（Johnson *et al*，2001）。标签 SNPs 的基因分型更为划算，如果设计适当就不会显著丧失统计测验的功效（Kui *et al*，2002）。在多数情形下，二倍体自交系（位点纯合）等位基因再测序可直接确定单倍型，而在杂合和多倍体（古代或现代的）个体中根据 SNP 数据再建单倍型则更具挑战，此时需要统计算法以便解决相位歧义（Simko，2004；Stephens 等，2001）以及通过传递测试以确认直系同源关系（Cogan 等，2007）。

候选基因选择对于简单的生化途径（如玉米中的淀粉合成）或通过突变位点的遗传分析研究得很清楚的途径（如拟南芥的开花时间）来说是简单的，但是对于一些复杂性状如籽粒或生物产量，应将全基因组看成候选（Yu & Buckler，2006），在作物中所进行的一种简单的途径或性状的大多数候选基因研究中，100～400 个个体的群体中进行少于100 个 SNPs 的基因分型（表5－3）（Ersoz *et al*，2008），在这些研究中，Sanger 测序和单碱基延伸（single base extension，SBE）是候选基因 SNPs 检测中的主导技术，相比 Sanger 测序 SBE 的优势是试剂成本低，增强了杂合基因型的分辨率，并较好地适合在高通量、低成本分析平台上进行多重检测（Syvanen，2001）。

候选基因关联分析最早应用于人类遗传学的研究，在植物方面的应用只是近 10 年才开始。2001 年，Thornsberry 等首次成功地将关联分析引入植物。早期研究表明 *dwarf* 8 基因是一个与赤霉素代谢有关，影响玉米株高的重要基因（Fujioka *et al*，1988），利用 92 个自交系材料对 *dwarf* 8 基因的多态性进行分析发现，该基因不但影响玉米株高，更重要的是有几个多态性位点与玉米开花期的变异显著相关。这意味着基于 LD 的关联分析可能是基因功能验证和基因挖掘的一种有效手段，为植物数量性状研究提供了新的思路。植物关联分析中最典型的是玉米代谢途径关键酶基因与代谢产物的相关分析。在研究淀粉代谢途径的 *sh*1、*sh*2、*bt*2、*wx*1、*ae*1 和 *su*1 共 6 个关键酶基因核苷酸多态性及 LD 程度（Whitt *et al*，2002）的基础上，Wilson *et al*（2004）选择各基因的几个重要区段进行关联分析，发现 6 个基因中有 4 个与籽粒各成分和淀粉糊化特性的一些指标成显著相关，同时黄烷酮醇还原酶基因 *ae*1 和查耳酮合成酶基因 *c*2、*whp*1 位于玉米可凝性球蛋白合成的 QTL 和绿原酸含量的 QTL 之内，Szalma *et al*（2005）通过关联分析发现 *ae*1 启动子区域的 2 个多态性位点和 *whp*1 启动子区域的 1 个多态性位点与玉米可凝性球蛋白的积累有关。Wilson *et al*（2004）研究的 6 个基因和 Szalma *et al*（2005）研究的 3 个基因都属于代谢途径中的关键酶基因，不同的是 Wilson *et al*（2004）利用主成分分析将表型数据归类后再进行关联分析，而 Szalma *et al*（2005）直接用表型数据进行逐个性状的关联分析。前者利用主成分分析大大减少了数据处理的过程。后者的研究还启发我们可以把候选基因的关联分析和 QTL 分析结合起来，如果某个基因位于特定的 QTL 区域之内，而该基因的功能又与表型性状相关，那么该基因很可能就是该 QTL 的一个候选基因，可以进一步利用其他途径予以验证。如果该物种的全基因组序列已经获得，则可以首先通过连锁分析把目标 QTL 限定在 3～5cM 以内（可能包括几十到上百个功能基因），然后通过生物信息学的功能预测和相应的生理生化分析可以初步排除掉大部分与目标 QTL 无关的基因，最后对少数几个候选基因进行关联分析，可以快速找到目标性状的候选基因。例如拟南芥 *GL*1 基因是表皮毛状体密度的 6 个候选基因之一，它属 R2R32MYB 转录因子家族。Hauser *et al*（2001）用关联分析发现 *GL*1 基因与表皮毛状体没有显著的相关性，它对表皮毛状体密度变异起到一定的作用，但不可能是主要因素，这也就减少了 QTL 候选基因功能鉴定的数目。这些研究表明，候选基因关联分析是鉴定候选基因功能的一个非常有效的方法。

三、关联分析的方法

（一）多亲本高代互交

在高代互交方法（Darvasi A & Soller M，1995）中，作图前 F_2 个体需互交若干代，连续数轮的重组导致 LD 的衰减以及 QTL 定位的精度增加。该方法现在已经推广应用到多亲本群体，考虑多个连锁标记的信息（Mott R *et al*，2000；Mott R & Flint J，2002），并对候选基因进行优先排序（Yalcin *et al*，2005）。多亲本高代互交方法（multi-parent advanced generation intercross，MAGIC）由 Mott R *et al*（2000）首次提出并应用于小鼠，描述为“异质家系”（heterogenous stock）。在作物和动物中，该方法的一个优势是所构建群体中的家系含有大量的基因库中可用的变异，尽管这些群体的构建需要花费数年才能用于精细定位，但构建简单，且其作图的价值随世代而增加。在植物中 MAGIC 可用于将早代衍生家系低标记密度的初定位与利用杂交较高世代衍生家系以及较高标记密度的精细定位结合起来。

（二）传递非平衡测验（TDT）及其衍生

关联作图经典的方法和设计是病例对照方法（case-control approach），该方法原先主要用于探索人类病因的一种流行病学方法。它是以某人群内一组患有某种病的人（称为病例）和同一人群内未患这种病但在与患病有关的某些已知因素方面和病例组相似的人（称为对照）作为研究对象；调查他们过去对某个或某些可疑病因（即研究因子）的暴露有无和（或）暴露程度（剂量）；通过对两组暴露史的比较，推断研究因子作为病因的可能性：如果病例组有暴露史者或严重暴露者的比例在统计学上显著高于对照组，则可认为这种暴露与患病存在统计学联系，有可能是因果联系。

病例对照研究经典的例子是英国流行病学家 A. B. Doll & R. Hill 于 1948 ~ 1952 年进行过一项有关吸烟与肺癌关系的研究。他们从伦敦 20 所医院及其他几个地区选取确诊的肺癌 1 465例。每一病例按性别、年龄组、种族、职业、社会阶层等条件匹配一个对照；对照系胃癌、肠癌及其他非癌症住院病人，也是 1 465例。由调查员根据调查表询问调查。经分析数据，得到的主要结果有：①肺癌病人中不吸烟者的比例远小于对照组：男性占 0.3%，女性占 31.7%；而对照组中男性不吸烟者占 4.2%，女性占 53.3%，差别均很显著；②肺癌病人在病前 10 年内大量吸烟者（≥25 支/日）显著多于对照组；③随着每日吸烟量的增加，肺癌的预期死亡率。（推算出的年死亡率）也升高，例如男性 45 ~ 64 岁组日吸烟 25 ~ 49 支者与不吸烟者死亡率之比为 2.94/0.14，即前者死亡率为后者的 21 倍；④肺癌病人与对照组比较，开始吸烟的年龄较早，持续的年数较多，而病例中已戒烟者的停吸年数也少于对照组中已戒烟者。

该设计需要同样数量的不相关、非结构化的“病例 - 对照”样本用于精确作图，Pearson 卡方测验、Fisher 精确测验或 Yates 连续矫正用于进行等位基因频率的比较和病表型与标记间关联的检测，从某个群体中随机取样的个体不能提供作图群体中病例和对照的同等代表性，因为群体中的比例常常很低，如此选择病例常常很费神。病例 - 对照方法受到群体结构和分层的严重影响，Falk & Rubinstein（1987）发展了单倍型相对风险（haplotype relative risk，HRR）的方法，该方法可最小化但不能消除关联作图中的群体分层问题（Spielman RS & Ewens WJ，1996）。

为有效地消除来自群体结构和分层的混乱效应，Spielman *et al*（1993）提出了传递非平衡测验（transmission disequilibrium test，TDT）方法，利用卡方测验比较等位基因的传递与非传递至受累后代，假设标记与性状间存在连锁。TDT 设计需要 3 种个体：一种异质亲本、一种同质亲本和一种受累后代进行标记的基因分型，尽管 HRR 在所用非结构原本比 TDT 表现好，因为好的试验设计在完全消除伪关联的功效，而后者在性状与双等位单标记存在连锁时，可广泛应用于性状的无偏精细作图。

尽管如此，最初的 TDT 方法在利用多等位标记、多标记、缺失亲本信息、扩展（较大）谱系以及复杂数量性状方面还存在问题。为解决这些问题，对 TDT 方法进行了大量的拓展并应用于多等位标记（GTDT、ETDT、MCTm）、多标记、缺失亲本信息（Curtis-测验、S-TDT、SDT、1-TDT、C-TDT 或 RC-TDT）。

利用育种系、地方种系以及来自自然群体的样品进行 QTL 定位很有潜力，这些群体中 LD 常常比人工杂交衰减更快。而且这些材料常常已有表型数据，从而节约了表型鉴定的时间和费用。所面对的挑战是如何将来自紧密连锁标记间 LD 所产生的 QTL－标记关联与假的背景关联区别开来，Spielman *et al*（1993）提出了 TDT 方法（transmission disequilibrium test），TDT 提供了基于连锁不平衡的连锁分析方法，单独的连锁和单独的非平衡（即非连锁标记间的）均不能产生正确的结果，TDT 是控制出现假阳性的极有用的方法。

在每个家庭选择具有极端表型的单一后代，在人类遗传学中这常常意味着他们受所研究疾病的影响，对亲代和子代进行基因分型，但仅在标记位点处异质的亲代用于分析。每个亲代有一个等位基因传递给子代，而另一个则不传递。对所有家庭计算传递和非传递的数目，在 QTL 和标记间不存在连锁时，传递对非传递的期望比率为 1∶1，而在存在连锁时则偏离该比率，其程度与标记和 QTL 间的 LD 有关。其偏离程度可利用 χ^2 测验检测。检测功效依赖于 LD 的强度以及极端子代选择的效力。

这种简洁的测验对群体结构的影响特别有效，但对因基因型错误和有偏的等位基因所引起的假阳性的增加很敏感（Mitchell AA & Chakravarti A，2003）。通过在分析中模拟基因型错误和缺失数据可减少风险（Gordon *et al*，2001，2004；Allen AS *et al*，2003），或比较极端表型与对照个体或对立极端的传递比率。TDT 已经拓展到研究单倍型传递、数量性状、利用同胞对而表示亲子代以及来自延伸系谱的信息。

在作物中亲子代系常常通过几代而不是一代分开，此时 TDT 仍然有效，但可能不再稳健：育种过程本身可能偏离分离模式，Stich（2006）提出了可用于植物育种程序的一种基于家系的关联测验方法。对于候选基因研究而言该方法比下面的一些方法更划算，无需增加对照标记。不过将丧失一些功效，因为只有来自 F_1 含杂合标记基因型的后代是富含信息的。

（三）基因组控制

由近期迁移和群体混合而产生的群体结构将产生分布于该基因组的性状和标记间的 LD。通过一套分布于全基因组的标记估算的关联测验统计量分布是否与期望的零分布存在差异而进行检测。此即基因组控制（genomic Control，GC）的基础（Devlin B &

Roeder K，1999；Reich DE & Goldstein DB，2001）。精确估计经验分布需要许多标记，不过所需的仅是估测平均测验统计量并与其期望值（1.0，自由度为1，χ^2 测验）进行比较，仅需50个标记。对于一组50个对照标记平均 χ^2 值远大于1，则表明存在群体结构。

对于任何候选标记，零假设不再表示标记与性状间缺乏关联，而是由于群体结构所产生的背景水平上不存在任何关联。对此仅需简单地依据控制标记的平均 χ^2 值对候选标记与性状间的 χ^2 值进行划分，并查看按常规方式校正 χ^2 值的 p 值。

GC对于任何单一自由度的测验均是有效的，最好是控制标记与测验标记在等位基因偏离上应松散地相配，不过这不是决定性的（Reich DE & Goldstein DB，2001）。

对于数量性状而言，每个标记组性状平均数间的差异常常用 t 测验检验，假设观察的数量相当大，t^2 分布为自由度1的 χ^2 分布，也可进行GC。研究表明进行分子自由度1、分母自由度为控制位点数的F测验可获得更高的精确性（Devlin B *et al*，2004）。

为测验大量的候选标记或基因多态性，且其中大多数并不期望真的与性状关联，此时有可用的步骤和软件，这里候选标记实际上是进行自身控制的，GC现在已经拓展到对不同来源DNA样品基因分析的精确性的偏差进行控制（Clayton DG *et al*，2005），并用于测验 $df>1$ 的情形（Zheng G *et al*，2006）。

GC也可校正品系收集材料中的未知血缘（Devlin B & Roeder K，1999），亲缘品系的存在可大大增加了假阳性的频率。对于许多作物数据集这是最大的偏离源。

利用GC进行假阳性率的校正带来了代价：检测功效降低。在极端群体细分的情形下检测功效的丧失达到最大（Setakis *et al*，2006）。此外，由于群体间在其分化过程中位点可能改变，GC的一致性调整对于一些候选多态性可能是不够的，而对另一些则校正过度（Price AL，2006）。

（四）结构关联

结构关联（structured association，SA）提供了一种检测和控制群体结构的方法（Pritchard JK *et al*，2000）。需要另外增加随机分布于全基因组的标记，就像GC一样，假设近期迁移和群体混合引起非连锁以及松散连锁标记LD完全衰减，不过，我们希望亲代群体自身处于LD。通过试错人们可将样品中的个体分配亲代群体，由此最小化群体内的非平衡。结构关联的方法首先是将个体分配到群体，然后利用该信息在关联测验中对群体成员进行控制。

必须预先知道有多少群体后才能将个体分配到群体，如果不知道可以进行估计：重复进行不同次数的分配过程，选择最适的次数。然而确定群体数目仍有难度，计算机程序STRUCTURE（Prichard JK *et al*，2000）利用强化计算的方法将个体分配到不同的群体中，许多个体或家系不属于一个特定的群体而是两个或更多祖先群体杂交而来的，STRUCTURE也可估计祖先对每个群体的贡献份额。

将个体分配到群体之后，用模型拟合的方法测验关联。其原理是首先通过利用STRUCTURE估计群体成员而获得归因于群体成员的变异，然后检验标记与表型间剩余关联的存在。例如，为测验某个数量性状与某一微卫星间的关联，该性状首先对群体成员估测系数然后对标记进行回归。结构关联对发现及调整群体结构的存在方面是有效的，但是不能处理群体内的血缘。Wright *et al*（2005）提出的方法先利用 STRUCTURE 估计群体成员，并利用另一套控制标记对品种内的血缘关系进行经验估计。该方法考虑到了群体结构以及个体间的关系，可在 TASSEL 软件中应用。

Pritchard *et al*（1999，2000）主张：①在候选基因基因座的周围选取一定数量的分子标记（I 类标记），对目标作图群体和对照群体进行扫描，获得分子数据；②进行标记－性状的关联性分析，找到目标性状的靶基因座；③选出一定数量与靶基因座不连锁的分子标记（Ⅱ类标记），对群体进行检测，利用获得的分子数据与目的性状进行关联性分析；④对所得结果进行分析，若发现性状与Ⅱ类标记间不存在关联性，则表示群体结构不存在，关联作图结果有效，否则，则需要比较两类标记的关联性分析结果，予以统计处理，以消除群体结构的影响。

（五）Logistic 回归

Setakis E *et al*（2006）的模拟研究表明多次逐步 logistic 回归对群体结构的影响是稳健的，这里病状（感与未感）用作多个 null 和候选标记进行 logistic 回归的结果变量，逐步多次 logistic 回归的假阳性率接近理想的显著水平而统计功效极少丧失。利用 null 标记作为协变量的 logistic 回归与 GC 方法相比有些保守极少产生假阴性，但对额外的标记需要比 SA 方法少。目前，该方法尚未用于作物研究，也未用于数量性状研究。不过，逐步显著的多次回归已经用于大麦以研究多个标记－性状关联的联合效应（Kraakman AT *et al*，2004）。

（六）主成分分析

Price AL（2006）提出了关联分析的主成分分析（principal component analysis，PCA）方法，该方法基于分布于全基因组的大量双等位控制标记的主成分分析进行。PCA 将所有标记所观察到的变异概括为少数基本的成分变量，这些可解释为与来自祖先个体的分离、未观察到的以及亚群体有关。每个个体在每个主成分上的荷载描述群体成员或每个个体的祖先。不过这些估值并非祖先的比例（其值可能是负的），这与根据 STRUCTURE 的祖先估值不同。利用荷载调整单个候选标记基因型（数字编码）及其祖先的表型，调整值对评估的祖先是独立的，从而调整候选标记与调整表型间统计学上的显著相关即成为性状位点与标记间紧密连锁的证据。

EIGENSTRAT 方法与 SA 类似，但几乎不依赖于祖先群体数。尽管每个主成分归因于一个分离群体，假如群体足够大能捕捉到所有真正的群体效应，该分析方法对于所分析的群体数是稳健的。

研制 EIGENSTRAT 是用于分析具有高密度基因分型和低水平群体分化的人类数据集的，而许多作物则具有高水平的群体分化，且可利用的标记密度常常较低。另外，EIGENSTRAT 不能分析亲密的血缘关系，不过可通过 EIGENSTRAT 与 GC 结合以控制残差混乱，这里 GC 的利用有可能更好地说明亲缘关系。

与 SA 不同的是 EIGENSTRAT 不容易处理多等位标记，不过含 10 个等位基因的微卫星可编码为 10 个双等位位点，均处于完全 LD。人类数据的分析显示在 >3 百万个 SNPs 中 EIGENSTRAT 很少受 LD 的影响，因此，EIGENSTRAT 可能适合适中数量适当编码的微卫星基因型，不过仍需研究其在作物中应用的可行性。

（七）单倍型分析

单倍型（haplotype）指基因组内处于 LD 状态的一组紧密连锁的等位基因，其不易受重组的影响，而是作为一个整体或一个单元遗传（Wang QH & Dooner H，2006）。LD 作图可拓展到同时考虑多个标记，对于紧密连锁的标记而言，单倍型分析比单一的标记对标记分析更具优势（Buntjer JB *et al*，2005）。LD 的一个重要应用是发掘基因内的单倍型区块和由不同等位基因组合所确定的单倍型类型。几个多态性位点可以组成特定的单倍型，并且较低的单倍型多样性有利于仅用少数的单倍型标签 SNP（htSNP）或标签 SNP（tSNP）来区分不同的单倍型。单倍型可被用来进行群体内单倍型多样性的分析、htSNP 或 tSNP 的开发及基于单倍型的 LD 作图。

有许多可行的途径和方法，且研究仍在继续。最简单的途径如下：①依次以其他所有单倍型为对照测试每个单倍型，这可将一个 n 个单倍型系统转为一种 n 个双等位位点，分析简单但需要经多次测试调整；②不顾单倍型仅联合分析组成标记及其互作，存在显著的互作即是一种单倍型效应高于单个标记效应的证据。

Olsen *et al*（2004）运用基于单倍型而非基于单个 SNP 位点的方法阐明了拟南芥中开花基因 *CRY2* 的自然等位基因变异，研究发现开花相关基因 *CRY2* 在 31 个生态型拟南芥中有 A 和 B 两种明显不同的单倍型，3 个多态性位点 HAP A^{Q}、HAP A^{S} 和 HAP B 作为单倍型标签 SNP 基本上可以将这些材料区分开来。进一步研究表明，短日照条件下较常见的 HAP A^{Q} 单倍型而言，HAP A^{S} 和 HAP B 单倍型与提早开花这一性状呈显著关联。这是首例在拟南芥中运用基于单倍型 SNP 的 LD 作图对 QTL 进行精细作图的成功运用，从而可以发掘基因。

第四节 嵌套关联作图：QTL 定位的新发展

连锁分析和关联作图是检测复杂性状遗传结构常用的两种方法，连锁分析常常利用相对低的标记覆盖鉴定较宽的目标染色体区段，而关联作图则利用候选基因信息或多标记覆盖基因组扫描进行高精度作图（Thornsberry *et al*，2001；Hirschhorn & Daly，2005）。整合作图策略应结合两者的优点无需高密度标记图谱即可改进作图精度，美国先在玉米后在大豆中进行了这一整合作图策略的研究。这种整合策略称为嵌套关联作图（nested association mapping，NAM）。

一、嵌套关联作图

NAM 作图方法是 Yu 等首先提出的（Yu *et al*，2008），其最新研究成果连续两次在《科学》杂志发表（Buckler 等，2009；McMullen 等，2009）。目前，NAM 作图方法的具体应用主要集中在玉米方面，报道的性状包括开花时间（Buckler *et al*，2009）和粒重等。大豆中的研究已经开始，目前正在构建 NAM－RIL 群体（http://www.ars.usda.gov/projects/）。主要致力于研究产量，群体限制于熟期组Ⅲ，中心亲本为 IA3023，与 IA3023 杂交的包括优异种质和外源种质。于 2008 年夏季开始配置组合，起初选择 121

个系，后来减少至40个系。预计构建40套RILs家系，每套250个RILs，共计10 000个RILs。

（一）嵌套关联作图的提出

嵌套关联作图（NAM）是一种新的QTL作图策略，该策略通过构建共同的作图资源在基础层面上进行复杂性状的剖析，成为研究者有效地进行遗传的、基因组学的以及系统生物学的研究工具。其步骤如下：①选择多样化的奠基者构建一大套作图后代，最好是RILs以便进行表型性状数据收集；②对奠基者进行全测序或高密度基因分型；③利用少量的标签标记对奠基者和后代进行基因分型以确定染色体片段的遗传，以及从奠基者到后代（RIL）映射高密度的标记信息；④对后代进行不同复杂性状的表型鉴定；⑤进行全基因组关联分析，将后代的表型性状与对应高密度标记联系起来。

根据先前基因组作图策略和方法的遗传学原理（Meuwissen *et al*，2002；Mott & Flint，2002；Darvasi & Shifman，2005），NAM在利用基因组序列或密集的标记，同时保持因多样化的奠基者而获得高的等位基因富集度方面具有如下优势：对遗传异质性的敏感性较低，以及高功效和高效率（表5－4）。先前的连锁和连锁不平衡联合研究注重在系谱的或异质原种中发掘已有的作图群体（Meuwissen *et al*，2002；Mott & Flint，2002；Blott *et al*，2003），而NAM的目标则是构建特定的整合作图群体，用于全基因组扫描，对不同效应的QTL进行高功效的定位。

表5－4　不同作图策略主要特性的比较（Darvasi & Shifman，2005；Yu *et al*，2008）

	连锁分析	混合作图	连锁和LD联合作图	嵌套关联作图	关联作图
等位基因丰度	低	低	中	高	高
从状态同一法中的标记到血源 同一法中的数量性状核苷酸推理	低	低到中	中	高	高
全基因组扫描所需SNPs	低	低	中到高	低（仅对奠基者而言高）	高
序列信息利用效率	低	低	中	高	中
作图精度	差	中	中	好	好
是否设计作图群体	是或否	是或否	通常不	是	否
对遗传异质性敏感性	低	中	高	低	高
重复表型鉴定	可能	可能	可能	是	可能
统计功效	低到中	高	中	高	高

以玉米重组自交系（RILs）以及一种参考设计为例，单个后代表现为来自多样化的奠基者和共同亲本的染色体片段的拼接体，利用共同亲本特定（common-parent-specific，CPS）的标记筛奠基者和 RILs，根据奠基者的标记或基因组序列可预测 RILs 中两个侧翼的 CPS 标记间嵌套的标记或序列信息（图 5 - 5）。通过选择多样化的奠基者，因历史/进化性重组所产生的这些染色体片段内的连锁不平衡大多数仍留存于 RILs 中，因为在侧翼 CPS 标记间短的遗传距离内重组的可能性小。通过 RIL 培育中的重组所引起亲本基因组的重新洗牌而使得特定片段外基因的潜在混淆效应在全 RIL 群体实现最小化。

NAM 奠基者的选择：根据 94 个 SSR 标记的基因型数据选择 26 个多样化的奠基者以便最大地获取世界范围内的玉米遗传多样性（Liu *et al*，2003；Flint-Garcia *et al*，2005）。从已知图谱位置的奠基者基因型数据中获取随机的一组 SNP，模拟表明 CPS SNP 随机分布于全基因组。678 个 CPS SNP 提供的平均标记覆盖率为每 2. 5cM 基因组 1 个 SNP。在 25 个群体中，21 ~ 25、16 ~ 20、11 ~ 15、6 ~ 10 和 1 ~ 5 群体分离的随机 SNP 比率平均分别为 10%、11%、18%、26% 和 35%，与先前的研究一致并显示出了奠基者的高度多样化（Liu *et al*，2003；Flint-Garcia *et al*，2005）。其中的 653 个随机 SNP 的全基因组分析显示了低的 LD 水平（Yu *et al*，2008）。

（二）玉米 NAM 群体设计

玉米 NAM 试验设计的目标是：①获取玉米的遗传多样性；②开发祖先重组；③通过遗传设计有效地利用下一代测序技术；④构建作图材料在温带地区进行农艺性状的大田鉴定；⑤构建一个作图群体有足够的功效检测大量的 QTL，其解析可达到单个基因的水平；⑥提供一种社团资源。

为达到这一目标，新近开发出一个大规模的玉米作图群体，包括 5 000个 RILs，来自一个共同亲本（B73）与 25 个多样化奠基者的杂交组合（图 5 - 6）。26 个奠基者自交系为 B73、B97、CML52、CML69、CML103、CML228、CML247、CML277、CML322、CML333、Hp301、Il14H、Ki3、Ki11、Ky21、M37W、M162W、Mo18W、MS71、NC350、NC358、Oh43、Oh7B、P39、Tx303 和 Tzi8（Maize Molecular and Functional Diversity Project，http：//www. panzea. org）。共同亲本 B73 与 25 个奠基者杂交随后自交，获得 25 个 F_2 分离群体，从每个 F_2 群体通过连续自交至 F_6、单粒传的方法衍生 200 个 RILs（图 5 - 6），理论上选择这些多样化的奠基者以最大地获取玉米的遗传多样性（Liu *et al*，2003；Flint-Garcia，2005）。在选择奠基者时有 2 个约束：必须包括 2 个重要的美国公共自交系（B73 和 Oh43），自交系在美国夏季能够生产种子。后一个约束限制了从所有可用的种质中对遗传多样性进行抽样，等位基因丰度仅降低 1% ~ 2%，而材料的创建变得更为容易。奠基者的选择在理论和实用性上体现了很好的平衡性。利用 B73 选作参考设计中的一个共同亲本，在产生遗传信息方面不是最有效，主要基于农艺和生理学的考虑。重要的是多样化的奠基者与最适应系间的杂交使得该套大群体的培育与性状鉴定必须在温带环境进行（Hallauer *et al*，1988）。而且，玉米自交系 B73 是玉米育种史上一个最重要而广泛使用的自交系，且已进行了广泛的遗传、分子和基因组研究（Stuber *et al*，1992；Morgante *et al*，2005）。且 B73 已被选作参考基因型实施玉米基因组测序计划。在植物遗传学中常用多样化的材料与有限数量的优系进行杂交以便从非改良种质向优良育种材料渐渗有利基因。同样的原理可推广至其他不同的遗传设计

(Rebai & Goffinet，1993，2000；Verhoeven *et al*，2006)。不过应小心因为其他设计如双列杂交或循环杂交设计（round robin）可能产生一系列后代，其在开花时间上有巨大的变异，熟期的掩盖效应使得所有其他性状的比较变得很困难。

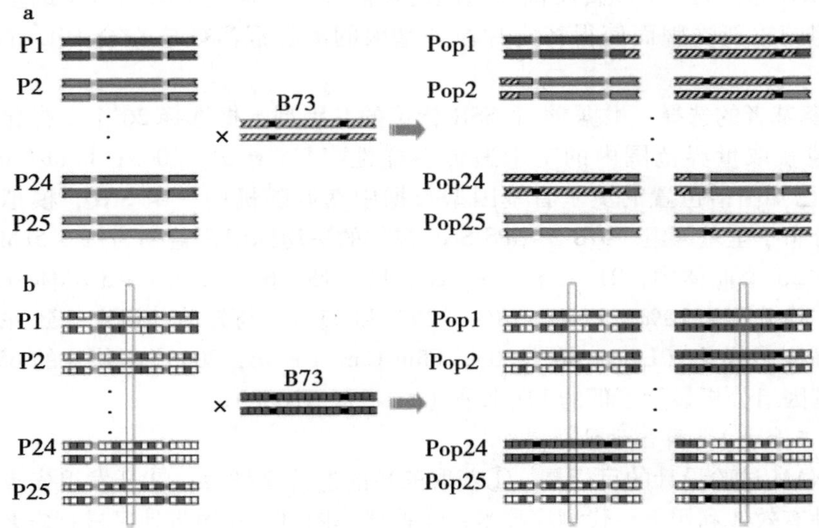

图 5-5　基于一对 CPS 标记内的多态性进行 NAM 的精细作图（Yu *et al*，2008）

（a）利用 CPS 标记进行奠基者和 RILs 的基因分型，以便追踪 RIL 培育过程中因重组所引起的染色体片段的遗传；（b）利用高密度 SNPs 对奠基者进行基因分型，从奠基者到 RILs 映射序列多样性信息（双等位基因），利用近期和古老的重组而进行高分辨力作图。（a）图和（b）图中的黑/灰小方块为 CPS 标记等位基因，深灰/白方块为在随机 SNP 处与 B73 具有相同或不同的等位基因，有色片段为来自每个亲本的单倍型信息，竖棍所示位点表示功能多态性。

利用 25 套家系的 4 699个 RILs 构建的玉米 NAM 图谱含 1 106个位点，其中，单个家系的 SNP 标记占 63% ~74%，标记密度为平均每个标记 1.3cM。在 RILs 中 48.7% 的标记来自 B73，47.6% 的标记来自 25 个 DL（diverse lines）亲本，杂合的占 3.6%。NAM 群体经历了 136 000次交换事件，平均每个基因 3 次。25 套家系的重组存在很大的不同，与复合图谱相比，单个家系图谱的遗传距离从 B73 × Mo18W 的 -104.3cM（-7.4%）到 B73 × CML288 的 +269.4cM（+19.2%）。

（三）玉米作为模式植物剖析复杂性状

玉米的许多特性使其成为研究广泛生物学现象的优良体系，玉米比其他模式遗传体系具有更多的遗传多样性，事实上两个玉米自交系相互间的区别就像人类和黑猩猩那样（Buckler *et al*，2006）。作为异交物种其等位基因变异可追溯到 200 万年前，许多等位基因经历了自更新世（Pleistocene Epoch）以来的气候变化，其多样性可用于阐明从作物改良到理解复杂性状遗传构造的植物发育、生物化学和生理学机制中的诸多问题。玉米拥有巨大的表型多样性和可塑性，从株高1m产生许多分蘖的品种到株高近5m，适应从热带沙漠到安第斯高山、潮湿的热带、极端生长季节的加拿大的加斯佩半岛，这样的适应范围也可以来详细了解植物的遗传构造如何于环境互作。另外，因为玉米的遗传构造以异交体系演化，从而可以作为研究极难驯服的异交脊椎动物和树种的优秀模式物种。

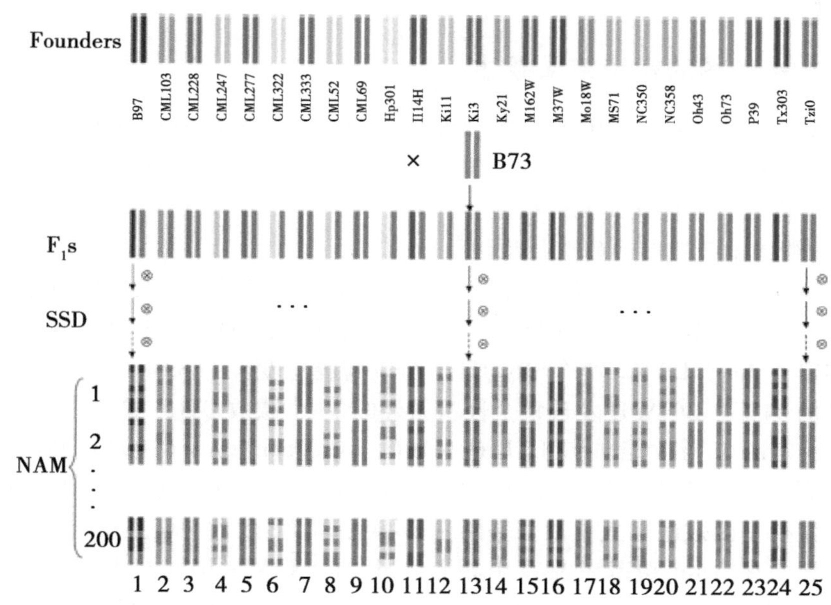

图 5－6　25 个多样化奠基者与 1 个共同亲本间基因组重新洗牌产生 5 000个永久基因型图示

（Yu *et al*，2008）

尽管有相当大的玉米研究团体，却很少一致使用共同的遗传资源，而且大量的玉米遗传性状剖析集中于来自美国和欧洲的优异玉米种质，另外所用公共永久作图群体仅有400 个家系，这限制了作图功效以及多样性的等位基因覆盖范围，玉米互交群体（B73-by-Mo17，IBM）已成为公共作图资源（Coe *et al*，2002；Leed *et al*，2002；Fu *et al*，2006），但是该群体仅可用玉米多样性中的小部分（Flint-Garcia et al，2005），因为遗传上的异质性，在单一的双亲本群体定位的 QTL 与其他群体中的 QTL 分离关联极小，这限制了 QTL 研究推论的范围以及作物中标记辅助选择的应用（Holland，2007），现在已研制出玉米关联分析的平台（Flint-Garcia *et al*，2005），且为许多研究者所使用，但缺乏一些传统作图群体的优良特性。重要的是未来的生物学将包括系统生物学，这需要从生物化学到全株生理学到生态系统的多个尺度生物学的整合，一大套玉米 RILs 可让大批的研究者将其研究整合进公众的努力以及公众数据库（如 PANZEA、MAIZEGDB 和 GRAMENE）中。

在玉米这样的大基因组物种中，基因区段 LD 衰减在 2000bp 内，从而需要数百万个标记以便完全覆盖所有的功能多样性，因而基因组范围的关联研究需要基因组测序或一大套多样化种质的高密度标记，其费用可能让人望而却步。此外，当玉米亚群内具有

低 F_{st}值时，因地理亚群和育种程序还存在可观的表型差异（Flint-Garcia *et al*，2005）。这一差异可能是适度数量的关键性适应基因所引起的。对多样化材料进行结构关联作图将丧失定位基因过程中的统计学功效，其效应受群体结构的影响。我们的假设是当多样化自交系通过杂交构建多个分离群体时，适应性复合体被打破，从而可很好地剖析这些适应性复合体。

二、NAM 作图的初步结果概述

目前 NAM 作图方法主要用于玉米和大豆的研究，玉米已有开花时间（Buckler *et al*，2009）和叶片构造（Tian F *et al*，2011）等性状的报道，而大豆方面目前正处于群体构建阶段，尚无具体性状研究的报道。

（一）控制玉米开花时间的遗传结构

25 套家系分别进行 QTL 定位（逐步回归和完备区间作图）、联合整套家系的信息进行的联合分析（联合逐步回归和联合完备区间作图，JICIM），多家系联合逐步回归方法分别鉴定了 36 个 DA 和 39 个 DS QTL，分别解释总变异的 89%，29 个 ASI QTL 可解释总变异的 64%。JICIM 还发现每个性状另外的 20 个微效 QTL。这些发现与 Laurie *et al*（2004）鉴定的 50 多个含油量 QTL 是一致的。Chardon *et al*（2004）利用元分析方法鉴定出控制玉米开花的 6 个主效 QTL 区段与上面的结果是一致的。利用 NAM 进行 QTL 作图可获得基因效应、上位性、基因 – 环境互作和多效性等有关遗传效应的估计。

吐丝的天数在 NAM 奠基者品系中相差 32d，在 NAM – RILs 中相差 28d。相对于 B73，最大效应的 DS QTL 等位基因加性效应仅为 1.7d，而最大的 ASI 效应仅为 0.4d。98% 以上的 DS QTL 等位基因效应低于 1d。在拟南芥中开花时间相同的品系间的杂交其 QTL 的分离有 3 ~ 18d 的效应（Alonso-Blanco *et al*，1998），自花授粉物种水稻和大麦开花时间的变异中也存在较大的加性效应（Yano *et al*，1997；Turner *et al*，2005）；高粱中的主效光周期敏感位点 *Ma*1 在一个近缘种间杂交 *Sorghum bicolor* × *S. propinquum* 作图家系中加性效应为 40.3d，可解释表型变异的 85.7%（Lin 等，1995）。这些结果表明，玉米自交系开花时间的差异不是由少数大效应的基因引起的，而是大量 QTL 的累加效应，每个对性状的影响很小。最迟开花时间在 24 个 QTLs 上具有显著的等位基因效应，其中 75% 的 QTLs 延迟开花；最早开花时间在 18 个 QTLs 上具有显著的等位基因效应，其中 66% 的 QTLs 加快开花。

在异交物种中，群体内单个植株的开花必须同步以确保交配成功。选择可能促成了加性小效应 QTLs 的遗传构造，因而大多数后代的开花期部分同步以确保适应。50 ~ 100 个这样的小效应 QTLs 可遗传效应的传递可通过增加或减少开花时间等位基因的积累而适应广泛的环境。

每套家系的独立分析仅在 2 套家系中检测到了 DS 和 DA 的上位性互作，全套家系的联合分析检测到了 2 对标记的 ASI 有互作，共解释表型变异的 2%。因为植物的开花时间由交互的分子途径所引起，这些性状的低检出颇为意外。在拟南芥（El-Lithy *et al*，2006）和水稻（Uwatoko *et al*，2008）中的研究却得到了上位性的结果。

大多数开花 QTLs 在不同环境中表现得相当稳定，尽管 59% 的 QTLs 具有显著的环境互作，但遗传方差比比 QTL×E 互作方差大很多倍。这表明总的说来不同环境下具有稳定的遗传结构，ASI 比其他开花表型对于基因型 - 环境互作更敏感。测试环境在温度和雨量具有实质性差异，但是日长比短日玉米的临界光周期更长。预期如果在短日和长日两类环境下测试则 G×E 互作可能更强。

该研究还用于研究基因多效性，Buckler *et al*（2009）观察到 100% 的 DS 和 DA 的 QTLs 对父、母本开花时间具有相关效应（所有位点平均 $r=0.90$），而 70% 的 ASI QTLs 对 DS 具有相关效应，仅有 14% ~21% 的 ASI QTLs 对 DA 具有相关效应。总之，父、母本开花时间的遗传控制含有一组相同的基因，尽管效应的大小不同。不过 DA - ASI 和 DS - ASI 间相关的不对称来自较高的 DS 表型变异。

利用显著的 NAM QTL 加性效应估值预测 NAM 奠基者品系的开花时间，并能精确地预测亲本开花时间（$R^2=87\%$ ~91%，图 5 - 7）。这表明 NAM QTL 结果比单个家系 QTL 效应的估值更可信，进一步的证据表明上位性效应并不重要。如加上不显著的加性效应估值其预测能力增加（$R^2=95\%$）。尽管因为标记密度尚显不足而不能由此预测非相关品系，加性 QTL 模型可精确地预测表型。玉米奠基者品系具有广泛的纬度变异（热带↔温带马齿玉米↔北美硬质种玉米），Liu *et al*（2003）测试了每个奠基者等位基因的 QTL 效应估值与其起源家系关系的数量估值间的相关以便确定群体结构是否可由任何单个 QTL 的等位基因效应确定。26% 位点的 QTL 效应与热带 - 温带 cline 有关（$P<0.05$），10 号染色体大效应 QTL 与热带起源有关，热带起源的 16 个家系中仅有 3 个携带的等位基因增加开花时间超过 0.4d，总之许多位点的等位基因效应与群体结构存在弱相关，但是热带起源并非由特定 QTL 等位基因确定，而是许多位点一起产生纬度适应性。

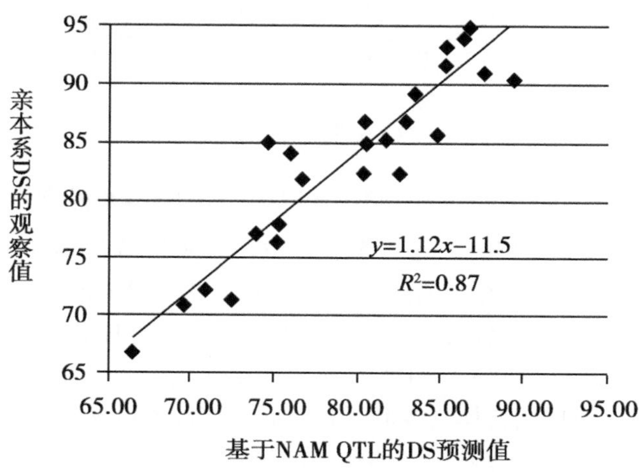

图 5 - 7　根据 NAM QTL 估值预测的亲本开花时间
（Buckler *et al.* 2009）

借助 NAM 研究控制开花时间的 QTLs 可获得适应性状遗传结果方面的知识。研究表明对于异交物种玉米，开花时间的遗传结构受小的加性 QTLs 支配，很少存在遗传和环境互作。人类身高也具有类似的遗传结构（Visscher *et al*，2008），就开花时间而言，这与自交物种拟南芥和水稻存在明显的区别。在自交物种中，开花时间的变异受少数大效应基因、上位性和环境互作的控制（Izawa *et al*，2003；Yano *et al*，2005；Cockram *et al*，2007；El-lithy *et al*，2006）。这表明交配系统特征影响适应性状的遗传结构。

（二）QTL 与等位基因频率

玉米中 30% 的多态性对于单个的奠基者家系是独特的，表明稀少的序列变体在多样化玉米中是常见的。Buckler *et al*（2009）测试了变体家系所观察到的表型变异主要归因于许多稀少的变体（仅在一个家系中分离），或在多个家系中少数引起变异的位点。由于每个奠基者系产生 200 个后代 RILs 包括约 40 000 植株，NAM 设计具有足够的功效检测稀少 QTL。大多数 QTLs 为多个家系所共有，许多 QTLs 在 7 ~ 8 个家系表现出效应（占 30%），这些数据部分支持了开花时间遗传结构的共同具有假说，即共同位点的变异引起不同家系的表型变异。不同家系间拥有的 QTLs 与玉米中高频率的稀少 SNPs 形成鲜明的对照（图 5 – 8）。

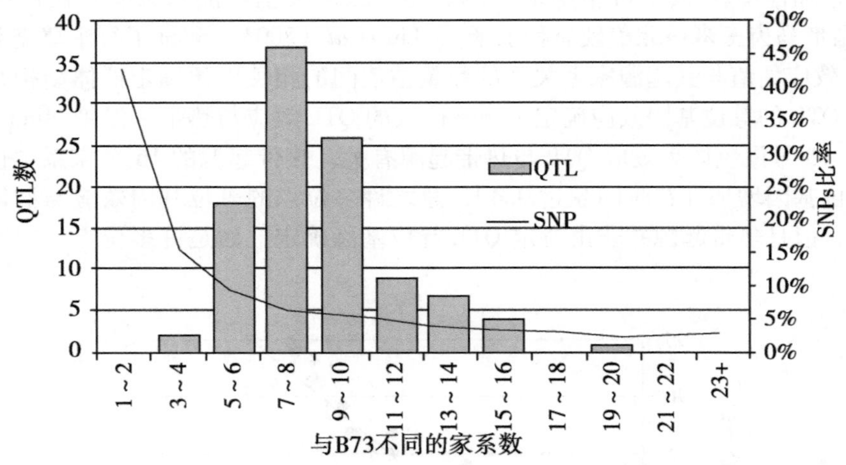

图 5 – 8　QTLs 和 SNPs 在家系中的分布（Buckler *et al.* 2009）

许多 QTL 为不同家系所拥有，在大多数位点也发现了等位基因系列。因为奠基者与一个共同的参考系杂交，研究者测试并观察到了 67% ~ 72% 的 QTLs 的相同位点的等位基因系列，既有正效应又有负效应。这样的等位基因系列 Harjes *et al*（2008）在玉米中也观察到。Buckler *et al*（2009）研究了 *vgt*1 位点开花时间效应的等位基因系列（图 5 – 9），结果表明具有不同的变体以控制开花时间，该模型可揭示观察到的少数的 QTLs（如 < 100），每个位点含有许多功能变体的等位基因，每个出现的频率低。

（三）控制开花时间遗传结构的基因

为评估 NAM 的功效和可靠性，测试了先前已经定位的影响玉米开花时间的 1 个 QTL。*vgt*1 位点含有一个类 AP2 基因 *rap*2.7，位于离该基因 70kb 处一个增强子区域（Salvi 等，2007）。在 *vgt*1 区段存在一个 QTL（DA：$P = 4 \times 10^{-44}$；DS：$P = 7 \times 10^{-40}$）。先前的 QTL 作图（Salvi *et al*，2002）在离 *vgt*1 位点约 5cM 处定位的一个早开

花 QTL，对该区段进行标记饱和获得了 2 个连锁的 QTL，通过对基因组其余部分的控制并估算 *vgt*1 奠基者等位基因的效应，在该位点出观察到了完全变体的等位基因系列。

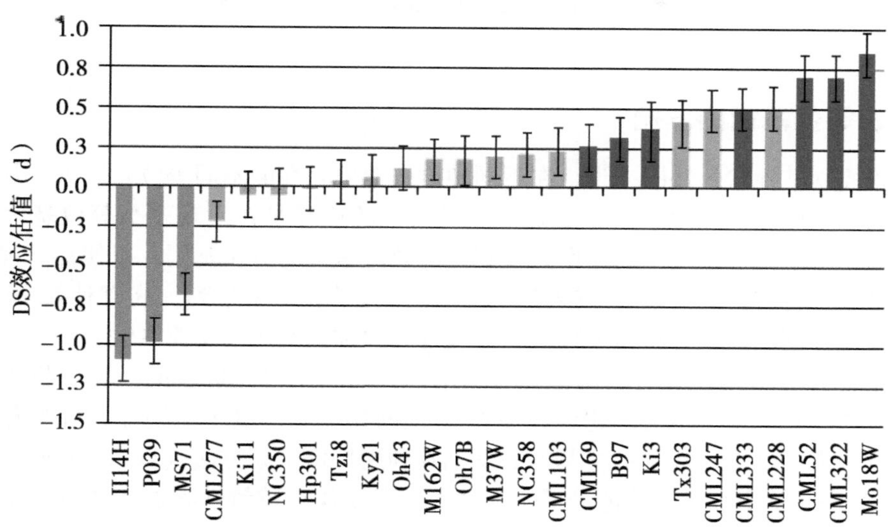

图 5-9 玉米 8 号染色体的 *vgt*1 区段的 DS 效应及其标准差（Buckler *et al.* 2009）

先前鉴定的来自北方种质的 *vgt*1 等位基因与一个小转座子（MITE）有关（Salvi *et al*，2007），在 4 个 NAM 家系（与 Il14H、P39、MS71 和 Mo17 杂交）中出现分离，为确认先前的结果，该等位基因在 NAM 中的早开花有关，并未表现为迟开花 *vgt*1 等位基因，但是奠基者家系该区段的测序在 *rap*2.7 基因鉴定出的 SNP 与迟开花效应有关。在上游调节区（*vgt*1）的 MITE 和 *rap*2.7 基因内的 SNPs 与开花时间关联在另一个独立的关联分析中得到了确认（MITE：$P=6\times10^{-4}$；*rap*2.7 SNP：$P=0.01$）。

*zfl*2 位点的自然变异也显著影响开花时间（Bomblies et al，2006），尽管在自然群体中观察到的该基因的无义突变在这些 NAM 中不分离，我们仍然在 *zfl*2 位点处发现一个 QTL（DA：$P=3\times10^{-10}$；DS：$P=1\times10^{-15}$）。家系 Ky21 的表现与该蛋白富含脯氨酸结构域中的 16 个氨基酸的缺失有关，另外具有大效应的其他家系在 *zfl*2 的 ATG 启动子前 1bp 有 7bp 的缺失。

在 1 号染色体最大效应 QTL 附近含有重组区块的 RILs 的标记饱和将该 QTL 分解获得了与最近从水稻中克隆 *Ghd*7 基因（Xue 等，2008）同源的区段。在 1 号染色体上，包含于生长激素的运输之中 *bif*2 基因（McSteen *et al*，2007）与 ASI 的一个 QTL 重叠，非亲缘家系的关联分析表明 *bif* 2 与开花时间有关（Pressoir *et al*，2009）。另外，玉米开花时间突变体 *id*1 和大麦光周期基因（*Ppd-H*1，Turner *et al*，2005）的同源基因位于 QTLs 区间内。由于在玉米中含有 1 000个拟南芥开花时间基因的同源物，从而可将玉米 QTL 与候选基因建立可靠的关联。

第五节　关联分析的应用

一、等位基因的发掘

对于控制某性状的基因来说，在不同种质资源中存在的不同等位基因可能是造成表型差异的真正原因。高效利用种质资源，最根本的途径是在发现多个等位基因的基础上，深入了解不同等位基因的作用并找到正向效应最大的等位基因，以便在常规育种或分子育种中进行有目的的聚合或转移，甚至通过分子设计来达到提高育种效率的目的。目前，连锁作图和关联分析是发现优异等位基因并加以利用的主要方法，但是，基于有限亲本材料的 QTL 定位有可能找不到目标基因，而利用自然群体的关联分析为优异基因的大规模挖掘提供了机会。它们在 QTL 定位的精度和广度上有明显的互补作用，所以，结合两者的优点对优异等位基因的发掘及利用提供了新方法（Flint-Garcia SA *et al*，2005），对深入认识数量性状的分子生物学基础以及作物数量性状遗传改良提供了新的思路。

二、关联分析与功能基因的验证

Frary *et al*（2000）通过 NIL 的方法克隆了控制番茄果重的 QTL，随后进一步把 *fw*2.2 基因候选克隆转移到栽培种，得到和期望一样果重减少的后代，从而得到直接而准确的克隆该基因的证据。Doebley（2000）在同期 Science 上发表评述称，对克隆基因的转化确认已经成为许多遗传学研究领域的"黄金标准"。但随着研究的深入，发现许多基因，尤其数量性状基因都是复杂代谢过程的一个环节，很难利用转化的方法予以验证。比如，类胡萝卜素（维生素 A 前体）的合成是由一个代谢途径中 4 个基因共同作用的结果，只有把这些基因同时转入水稻，才使得本身并不合成胡萝卜素的水稻的类胡萝卜素含量显著升高，这也就是著名"金色水稻"的来源（Ye *et al*，2000）。但如果我们对这个代谢途径不了解，只把其中某一个基因转入水稻，就不会引起水稻类胡萝卜素含量的变化。在对候选基因的网络代谢调控系统不是很清楚的情况下，可以利用关联分析来验证其功能，比如 Palaisa *et al*（2003）对维生素 A 合成途径第一个限速酶基因 *Y*1 和另外一个同源基因 *PSY*2 在 75 个白色和黄色玉米自交系中进行了分析，结果表明，*Y*1 基因在白色和黄色玉米自交系的变异相差 19 倍（黄色玉米籽粒中含有类胡萝卜素，且含量有变化；白色籽粒中几乎不含有胡萝卜素），而 *PSY*2 则没有什么变化。从而验证了 *Y*1 是与类胡萝卜素合成有关的基因，而 *PSY*2 则可能是没有功能的假基因。

在水稻中克隆了一个与籽粒脱落性有关的 QTL *qSH*1，发现水稻籽粒的脱落性仅和 *qSH*1 基因一个 SNP 的变化有关，进一步在不同的水稻材料中分析发现，在 *japonica* 亚种中都存在这个 SNP，而 *indica* 亚种中则不存在，不但进一步验证了该基因的功能，还为下一步水稻籽粒的脱落性这个重要性状的遗传改良指明了方向（Konishi *et al*，2006）。在植物 QTL 克隆中，如控制玉米分枝数的 QTL *tb*1（Wang *et al*，1999），控制玉米果壳进化的 QTL *tga*1（Wang *et al*，2005），控制玉米雌穗发育的 QTL *ra*1（Vollbrecht *et al*，2005）等最后都用到关联分析来进一步验证基因的功能。这些研究表明关联分析在阐明候选基因与目标性状的关系方面具有巨大的应用价值。

三、关联分析与功能性标记的开发

分子标记辅助选择是分子育种的主要内容，传统的分子标记辅助选择都是基于特定的分离群体基因或 QTL 定位的结果，通过选择与目标性状紧密连锁的分子标记来实现的。这里有两个问题值得考虑，一是基于连锁的分子标记进行辅助选择，因为重组事件的发生或遗传漂移，有可能丢掉目标基因；二是仅基于特定分离群体的定位结果，选择的可能不是最优等位基因，从而不能达到最好的选择效果。

功能标记概念的引入和应用为解决这两个问题提供了新的思路。功能标记最早由 Andersen & Lübberstedt（2003）提出来，是指从影响性状变异基因的功能域开发出来的多态性标记。功能标记的开发必须满足以下两个条件：①有确定功能的候选基因并已知等位基因的序列信息；②在多个材料中对目标性状进行调查，对目标基因进行序列分析，结合性状和基因序列信息进行基于连锁不平衡的关联分析（Lübberstedt *et al*，2005）。针对 *Dwarf* 8 基因发现的与开花期显著相关的 9 个 SNP 和 InDel 位点（Thornsberry *et al*，2001），Andersen *et al*（2005）在更大群体中进行了分析，并尝试开发与开花期有关的功能分子标记进行玉米开花期的分子育种研究。针对青储玉米的消化问题，对相关的一个基因 *bm*3 进行类似分析，并开发相关的功能标记用于青储玉米的分子育种（Lübberstedt *et al*，2005）。国际玉米小麦改良中心（CIMMYT）也正对玉米抗旱有关的候选基因进行关联分析，并在此基础上开发功能标记进行玉米抗旱的分子育种研究。利用功能标记进行分子标记辅助选择，一方面选择的就是基因本身，可以保证选择的准确性和提高选择的效率，另一方面利用关联分析，可以针对特定的影响性状变异的功能域进行选择，保证了选择的效果，这也是下一步分子育种发展的方向之一。

四、关联分析与数量性状的研究

克隆和利用控制重要经济和产量性状的基因或 QTL 一直是分子生物学家和遗传育种家共同关注的热点。目前主要有基于分离群体进行 QTL 定位、克隆的正向遗传学和基于序列信息的反向遗传学两种思路。最终目的都是为了发现优异等位基因的信息，以便加以有效利用。但是，基于有限亲本材料所构建的分离群体的 QTL 定位有可能找不到目标等位基因。比如，常规的 QTL 分析的方法不能鉴定出在分离群体的两个亲本中都存在但没有差异的等位基因。这也是该法定位到的 QTL 数目少于关联分析结果的重要原因之一。

以玉米为例，玉米属于异花授粉作物，其基因组之间的差异巨大，数据表明玉米基因组中每 100bp 就存在一个 SNP（Tenaillon *et al*，2001），这为在自然群体进行优异基因的大规模挖掘提供了机会。基于这一事实，美国科学基金会（NSF）于 2004 年启动了一个大型研究项目“玉米基因组的结构和功能多样性研究”，试图从两方面来弥补其不足，一是筛选最有代表性的玉米自交系材料，并组配了 25 个 RIL 群体，对自交系和

RIL 群体进行多年多点的田间试验和性状评估，通过全基因组的标记分析以便发现更多的 QTL；二是对大量候选基因进行基于连锁不平衡的关联分析，以确定基因的功能并寻找最优等位基因。

最近该研究已经取得显著进展（Flint-Garcia *et al*，2005；Yamasaki *et al*，2005；Wright *et al*，2005）。连锁分析和关联分析在数量性状研究上都具有重要的作用，它们在 QTL 定位的精度和广度、提供的信息量、统计分析方法等方面具有明显的互补性，连锁分析可以初步定位控制目标性状等位基因的位置；而关联分析则可快速对目标基因进行精细定位，并针对特定候选基因提供大量信息，验证候选基因功能。结合连锁分析和关联分析的优点，分别从纵向和横向对数量性状进行剖分，将加快数量性状基因的鉴定和分离克隆，为深入认识数量性状的遗传学和分子生物学基础以及作物数量性状的遗传改良提供新的契机。

关联分析方法利用潜力很大，但不能由此而否定 QTL 作图技术。首先，关联分析还有一些理论性问题，譬如如何排除群体结构的影响；其次，关联分析中需要处理大量的数据，急需进一步地发展统计处理的方法；最后，关联分析也存在其作图“盲区”，对遗传多样性低的物种群体的作图，其效果并不如 QTL 作图。因此，在实际作图时，我们应该把关联分析与 QTL 作图以及选择牵连作用作图法结合起来，相互补充、取长补短，只有这样才能更好地实现对目标性状的精细作图。最后需要强调的是关联通常反映了分子标记与性状功能突变之间在统计学上的非独立性（连锁不平衡），并不一定意味着因果关系。

第六章　分子标记辅助选择

第一节　标记辅助选择概述

在分离后代中选择含有适当的基因组合的植株是植物育种的重要内容，而且植物育种者常常面对成百甚至数千植株的群体。与常规育种方法相比，“标记辅助选择”（marker-assisted selection）也称“标记辅助育种”，可大大提高植物育种的效率和有效性。一旦鉴定出了与目的基因或 QTL 紧密连锁的标记，在进行大量植株田间鉴定前育种者即可利用特定的 DNA 标记等位基因作为一种诊断工具鉴定携带该基因或 QTL 的植株（图 6－1）（Michelmore，1995；Ribaut *et al*，1997；Young，1996）。

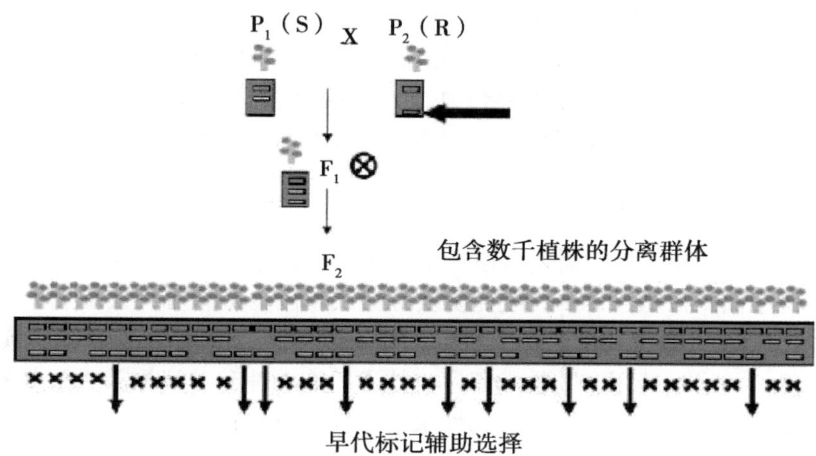

图 6－1　典型的抗病育种程序早代选择的 MAS 体系

（引自 Ribaut & Hoisington，1998；Ribaut & Betran，1999）

一、MAS 的优点

选择是指在一个群体中选择符合需要的基因型，它是育种中最重要的环节之一。要提高选择的效率，最理想的方法是能够直接对基因型进行选择。传统的选择方法有多方面的不足：首先是时间上的限制，许多重要性状必须在个体发育后期或成熟期才得以表现（如果实的产量和品质），因而对这些性状的选择因在苗期无法进行，所以只能等到后期进行，这对于生活周期长的植物（如树木）显然是不利的；其次是空间上的限制，有些性状的表现需要特定的环境条件，如抗病性的鉴定需要人工接种以及合适的温度和湿度，若条件不满足，则性状不能充分表现，从而影响选择的可靠性；最后是技术上的限制，有些性状（如生理生化性状）的表型测量难度大、成本高，而且往往误差较大。有的还可能会对生物体造成很大伤害，甚至死亡。因此，对这些性状的表型选择非常困难，甚至无法进行。另外，尽管表型选择对质量性状一般是有效的，但对于数量性状而言，由于其表现型与基因型之间没有明确的对应关系，因此表型选择的效率通常较低。

与传统的表型选择相比 MAS 的优点如下：①比表型筛选简单，节约时间、资源和精力，经典例子是一些测定困难和费力的性状，如小麦中的禾谷类胞囊线虫病和根结线虫病（Eastwood *et al*，1991；Eagles *et al*，2001；Zwart *et al*，2004）；以及测定费用昂贵的品质性状；②苗期即可选择，这对发育后期表达的性状尤其有益，由此非理想的基因型可很快剔除。③可选择单株，利用传统方法鉴定许多性状时，需种植家系或小区，因为受环境因素的干扰单株选择不可靠。而借助 MAS，可基于基因型选择单株。对于大多数性状，通过传统的表型鉴定不能区别纯合和杂合的植株。④基因聚合（gene "pyramiding"）或同时组合多个基因；⑤避免了不利或有害基因的转移（连锁累赘 "linkage drag"，在进行野生物种的基因渐渗时尤其如此）；⑥低遗传力性状的选择；⑦不能进行表型鉴定时的特定性状的测试（如检疫限制可阻止外来病原体用于筛选）。

植物育种中的 MAS 的研究和应用主要有四个方面（Xu & Crouch，2008）：①通过传统表型选择难以处理的性状，这些性状鉴定过程较为复杂、代价较高，外显度低或遗传行为复杂；②目标表型的表达依赖于特定的环境或发育阶段的性状；③在回交过程中或为加快回交育种而需要保持隐性等位基因；④聚合多个单基因性状（如抗病虫性或品质性状）或遗传复杂的单个目标性状的多个 QTL（如耐旱性或其他适应性状）。

二、MAS 中的标记

在 MAS 中利用 DNA 标记需要考虑 5 个主要方面：①可靠性，标记应与目标位点紧密连锁，遗传距离最好低于 5cM，利用侧翼标记或基因内标记可大大增加标记预测表型的可靠性；②DNA 的数量和质量，一些标记技术需要大量高质量的 DNA，实践中有时显得难以获得，并增加费用；③技术程序，技术的简单性和时间是需要重点考虑的，需要高通量的简单而快速的方法；④多态性水平，标记应在育种材料尤其是核心育种材料中表现出高度多态性，能区别不同的基因型；⑤费用，标记检测必须划算以便用于 MAS。

MAS 的成败取决于与目的基因有关的标记的位置，标记与相关的基因间存在 3 种关系（Dekkkers *et al*，2004）：①分子标记位于目的基因内，这是 MAS 的最佳情形，此时可理想地称为基因辅助选择。不过这类标记很难发现，例如，根据玉米 *opaque*2 等位基因的 DNA 序列设计的微卫星或简单序列重复 SSR 标记，因为标记位于基因序列内，与目标基因共分离，从而可在育种中追踪目标基因；②标记与目标基因在整个群体中处于连锁不平衡（LD），LD 是特定的等位基因一起遗传的趋势，利用这些目标基因选择称为 LD-MAS；③标记与目标基因在整个群体中处于连锁平衡（LE），这是 MAS 最困难和最具挑战的情形。

一般而言，基于标记的育种体系的成败与下面几个主要因素有关（Babu R 等，

2004)：①定位目标 QTL 或主基因的多态性标记数目适当且分布均匀的遗传图谱；②目标 QTL 或主基因与相邻的标记紧密连锁；③标记与基因组的其余部分存在适当的重组；④能在短时间内以较低的费用分析大量的植株。

不过大多数情形尤其是多基因性状，QTL 内的目标基因还未在分子水平阐述，因此在多基因性状的情形下用于 MAS 的基因组区段常常是携带 QTL 染色体片断，最好是利用目标基因（或 QTL）两侧的多态性 DNA 标记，或 QTL 内的一个标记（如果染色体片断超过 20cM)，以消除侧翼标记间双交换的可能性。

三、MAS 费用/效率分析

育种程序中工具的使用成本是应重点考虑的，与常规植物育种相比使用 MAS 的费用在不同研究间差异很大。Dreher *et al*（2003）指出成本 - 收益需要根据具体情形而定，影响利用标记成本的因素包括性状的遗传、表型鉴定的方法、大田/温室和劳力费用以及资源的费用。因为表型鉴定的成本在性状和物种间差异很大，而基因分型的成本与所用标记和所需分型个体的数量有关，单位成本的增益难以比较。

温带地区一年生作物一年仅能做一次田间试验，一年生作物单位时间的增益主要通过在温室或反季圃进行多轮标记辅助选择而增加。玉米、大豆、向日葵中所进行的 MARS 方法阐明了标记是如何增加单位时间增益的（Eathington *et al*，2007)，玉米中的 MARS 程序包括两步：①第一年（如 2008 年 5 ~ 10 月）循环 0 测交的大田试验鉴定与目标性状关联的标记，利用与性状有关的标记构建标记性状指数，最优家系进行再重组（2008 年 11 月至 2009 年 2 月）形成循环 1；②第二年在 Hawaii 或 Puerto Rico 根据标记评分（marker scores）进行多达 3 轮的选择（循环 1 到 2 从 2009 年 3 ~ 6 月，循环 2 到 3 从 2009 年 7 ~ 10 月，循环 3 到 4 从 2009 年 11 月至 2010 年 2 月)，三轮选择的的基因分型在苗期进行，以便在开花前鉴定出最优株，互交后进入下一轮，即选择和重组在同一世代进行。

根据数量遗传理论，如果：①在高遗传力环境中鉴定选择所用的标记；②随后的选择则是在低 h^2 的环境下进行，则相对于表型选择而言基于标记的选择很有效（Dudley，1993)。标记 - 性状关联在年份 1 进行，利用多个环境以便获得可靠的表型测定结果。标记辅助选择在年份 2 进行，实际遗传力很低或接近 0，因为在 Hawaii 或 Puerto 单株的表现不能代表植物在目标环境美国玉米带的基因型值。

模拟和实验结果表明 MARS 基于标记选择每轮所获得的增益实际上低于基于测交表现的表型选择。玉米中所进行的模拟试验表明 MARS 二轮基于标记的选择的累加增益为 25% ~50%，低于一轮表型选择的增益（Bernardo & Yu，2007)。6 个 F_2 群体玉米籽粒产量的实验结果表明，一轮基于标记选择的增益约为 50%，低于一轮基于表型和标记数据的选择（Johnson，2004)。因为玉米进行一轮测交选择需要 2 年，而每年可进行多轮基于标记的选择（可多达每年 3 轮)，这样即可补偿较低的每轮增益。总体上每年玉米籽粒产量的增益 MARS 大于表型选择。

有时表型筛选比标记辅助选择便宜（Bohn *et al*，2001；Dreher *et al*，2003)，不过如果表型筛选是费时、昂贵的检测，标记的利用则更为可取。抗病性标记的一些研究表明，一旦开发出 MAS 的标记，即比常规方法便宜（Yu *et al*，2000）。而在其表型鉴定费时或困难时，使用标记则变得便宜而可取（Dreher *et al*，2003；Young，1999；Yu *et al*，2000）。MAS 的一个重要的考虑是标记使用成本低，但其初期开发成本高。

标记辅助选择可增加单位时间、单位成本的增益，尤其是目标性状表型鉴定费时、昂贵和不稳定的时候。例如，小麦抗赤霉病的筛选常常在大田或温室进行，但结果常常不稳定（Campbell & Lipps，1998）。一次测试对于淘汰高度敏感个体已经足够，而抗赤霉病的可靠鉴定则需要在不同地点进行多次的田间测试（Fuentes-Granados *et al*，2005）。尽管最初鉴定 *Fhb*1 QTL 需要大量的筛选和确认，随后利用 *Fhb*1 则只需在 F_2 植株和 F_3 家系中进行简单的标记辅助选择。大豆中通过 MAS 选择抗 SCN 所需的费用和时间比表型选择低（Concibido *et al*，2004），标记辅助筛选需要 1 ~ 2d，每个样品 $（0.25 ~ 1.00），而 SCN 温室鉴定则需要 30d，每个样品 $（1.50 ~ 5.00）。一些作物进行 MAS 的成本估值见表 6 – 1。

表 6 – 1　MAS 中标记基因分型每个数据点的成本（易耗品和劳力）估值

研究机构	国家	作物种	成本估值[a]（US $）	文献
IRRI[b]	菲律宾	水稻	0.30[c]，1.00	Bertrand CY *et al*，2008
Guelph 大学	加拿大	菜豆	2.74	Yu *et al*，2000
CIMMYT[d]	墨西哥	玉米	1.24 ~ 2.26	Dreher *et al*，2003
Adelaide 大学	澳大利亚	小麦	1.46	Kuchel *et al*，2005
NSW 农业部	澳大利亚	小麦	4.16	Brennan *et al*，2005
4 所大学[e]、USDA – ARS	美国	小麦、大麦	0.50 ~ 5.00	Van Sanford *et al*，2001

注：[a] 成本不包括取样费用和资本成本；[b] 保守估值，常用的标记分型方法，1 个标记 96 个样品，成本不包括手套、纸巾、送货费、水电费和废弃物处理；[c] $0.30—标记基因分型由一名研究技术人员完成，$1.00—标记基因分型由一名博士后研究人员完成；[d] $2.26—每个 SSR 标记 100 个样品所估计的每个数据点的费用；$1.24 – 200 个以上标记至少 250 个样品所估计的每个数据点的费用。[e]4 所大学包括肯塔基大学、明尼苏达大学、俄勒冈大学、密歇根州立大学

第二节　标记辅助选择中标记的开发

标记辅助选择（marker-assisted selection，MAS）是一种凭借标记基因型选择一种表现型的方法。不过在初步遗传作图研究中所鉴定出的标记不进行进一步的测试或进一步的开发就很难适合于标记辅助选择。在用于 MAS 程序前不充分测试标记就不能可靠地预测基因型，因而是无效的。一般而言，用于 MAS 标记的开发包括：高精度作图、标记的确认以及标记的转换（图 6 – 2）。Bohn *et al*（2001）提出用 CV（cross validation）和 IV（validation with an independent sample）分析方法对 QTL 效应和标记 QTL 的遗传方差进行无偏估计。

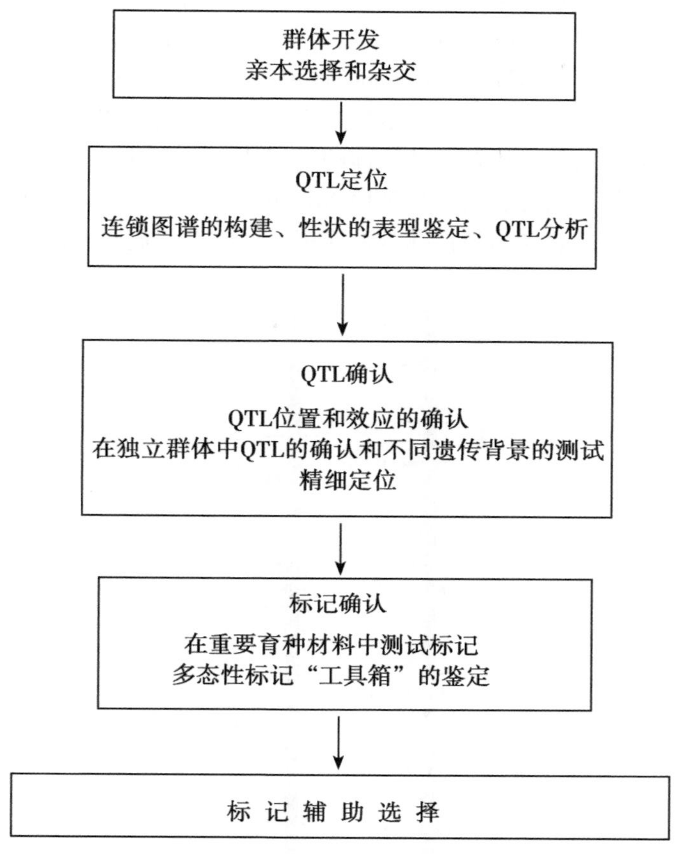

图6－2　标记开发路线图（Bertrand C. Y Collard & David J Mackill，2008）

一、QTL 的精细定位

QTL 定位的初步目标是产生均匀覆盖整个染色体的综合的“框架”，以鉴定控制性状的那些 QTL 两侧的标记。不过还需要另外的几个步骤，因为即使一个 QTL 两侧最近的标记也不一定与感兴趣的基因紧密连锁（Michelmore，1995），这意味着标记与 QTL 间发生了重组，从而降低了标记的可靠性与有效性。利用较大的群体和较多的标记，可鉴定更紧密连锁的标记。该过程称为“高精度定位”（也称为精细定位）。因此，QTL 的高精度定位可用于开发 MAS 的可靠标记（标记与基因间至少 <5cM，理想的为 <1cM），也用于区别单个的基因或几个连锁的基因（Michelmore，1995；Mohan *et al*，1997）。

高精度定位所需的最适群体大小并无通用的量值，不过，已经用于高精度定位的群体大小至少由 1 000个个体组成，从而保证 QTL 与两侧标记间的距离 <1cM（Blair *et al*，2003；Chunwongse *et al*，1997；Li *et al*，2003）。

附加标记的作图可饱和框架图谱。每个引物组合产生多个位点的高通量技术（如AFLP）常为增加标记密度的首选（图6－3）。BSA也可用于鉴定与特定染色体区段连锁的标记（Campbell *et al*，2001；Giovannoni *et al*，1991），不过，框架图谱的范围可根据构建图谱的群体大小进行饱和。在许多情形下，所用分离群体的大小太小，不能进行高精度定位，因为较小的群体比较大的群体的重组体少（Tanksley，1993）。

特定染色体区段的高精度图谱也可利用NIL构建（（Blair *et al*，2003）。NIL与轮回亲本间表现多态性的标记表现为与目标基因连锁，可整合进高精度图谱。

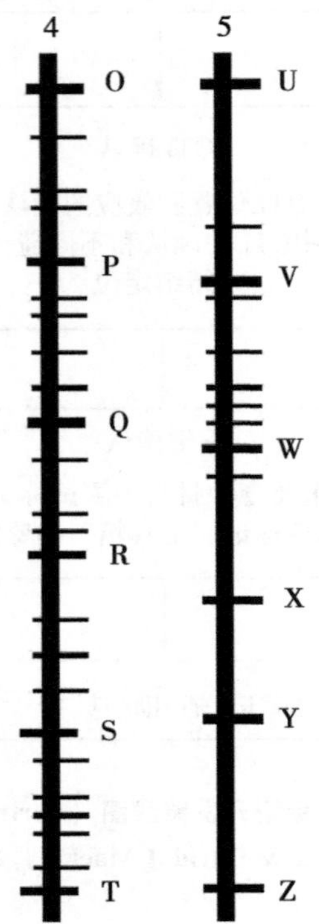

图6－3　高精度连锁作图

（Collard *et al*，2005）

利用另外的标记填补锚定标记间的缺口，在QTL附近（如4号染色体Q、R之间）鉴定另外的标记可用于MAS。BAS法也可用于靶标特定的染色体区段（5号染色体的V、W间）

二、QTL定位的确认

由于各种因素的影响（见第四章），加上标记－性状关联（MTA）的大多数研究是基于两个自交系产生的分离群体。在这样的作图群体中检测到的遗传变异（尤其是在目标基因区域的重组模式）可能由于等位基因的多样性，在其他作图群体或育种群体中并不存在。因此，如果没有分子标记的进一步确认或精细定位，在单个作图群体中鉴定的QTL并不能自动地应用到与其并不相关的其他群体中（Nicholas，2006）。

QTL 定位研究应进行独立的确认或证实（Lander & Kruglyak，1995），这样的确认研究（即重复研究）使用 QTL 初步定位研究中所用的同样的亲本或近缘的亲本基因型构建独立的群体，有时使用更大的群体，而且最近的研究已经提出应在独立的群体中鉴定 QTL 的位置和效应，因为基于典型大小群体的 QTL 定位研究检测 QTL 的功效低，QTL 的效应存在较大的偏离（Melchinger *et al*，1998；Utz *et al*，2000）。可惜由于缺少研究经费以及时间方面的限制，对需要确认结果可能缺少理解，QTL 定位研究很少进行确认。有些 QTL 如大豆抗根结线虫（Li *et al*，2001）和芽枯病（Fasoula *et al*，2003）有关的 QTL 得到了确认。

用于确认 QTL 的另一种方法是利用近等基因系（NILs）这种特殊类型的群体，NILs 通过供体亲本（如含有特定性状的野生亲本）与轮回亲本（如优良品种）杂交而获得，F_1 杂种与轮回亲本回交产生回交一代（BC_1），随后 BC_1 多次（如 6 次）与轮回亲本重复回交，最终 BC_7 除了包含感兴趣的基因或 QTL 的染色体区段外，实际上含有所有的轮回亲本基因组。通过 BC_7 植株的自交而获得纯合的 F_2 家系，注意为获得含目标基因的一个 NIL，在每个回交世代必须对其进行选择。利用标记对 NILs 进行基因分型，比较特定 NIL 家系与轮回亲本的性状均值，QTLs 的效应即可得到确认。番茄中的农艺性状（Bernacchi *et al*，1998）、大麦抗叶锈病（Van Berloo *et al*，2001）、大豆对线虫的抗性（Glover *et al*，2004）以及水稻中的磷吸收（Wissuwa & Ae，2001）等均用 NILs 对 QTL 进行了确认。

NIL 作图的基本思路是鉴别位于导入的目标基因附近连锁区内的分子标记，借助于分子标记定位目标基因。利用这样的品系可在不需要完整遗传图谱的情况下，先用一对近等基因系筛选与目标基因连锁的分子标记，再用近等基因系间的杂交分离群体进行标记与目的基因连锁的验证，从而筛选出与目标基因连锁的分子标记。近等基因系的基因作图效率很高，但一个近等基因系的培育耗费时间长，另外，许多植物很难构建其近等基因系，如一些林木植物既无可利用的遗传图谱，又对其系谱了解很少，几乎不可能产生近等基因系。

QTL 本质上是一个统计意义上的座位，是以概率标准推测在基因组的哪些区段可能存在影响哪些数量性状的位点。而从遗传意义上阐明这些 QTL 包含那些基因，如何影响有关的数量性状仍有待验证。通常采用遗传互补测验或等位性测验来验证 QTL。若候选基因的不同基因型与相关 QTL 的表型共分离则可认为该候选基因就是该 QTL 的组分。例如蔗糖酶基因 *Lin5* 与影响番茄果实中葡萄糖和果糖含量的一个 QTL *Brix*925 共分离，从而证实 *Brix*925 即 *Lin5*。另外，若候选基因的突变等位基因与相关 QTL 在功能上或数量上互补，则可推断其为非等位，而不能互补则为等位。如将携带 *ORFX* 基因的柯斯载体导入大果栽培番茄，转基因植株的果实重量显著降低，表明 *ORFX* 即番茄果重的 QTL *fw*2. 2。以近年来不断涌现的模式生物单基因敲除系为测验种或直接分析其表型，可为对应于 QTL 的候选基因或新基因提供较严格的遗传学证明。利用基因表达序列标签提供的信息也将有力地促进候选基因的发现和 QTL 的遗传鉴定。

目前 QTL 定位的主要方法主要适用于遗传基础狭窄的作图群体，例如由 2 个近交系杂交而得的 F_2、BC、RI 和 DH 等群体。这类群体的每一座位上只可能有 2 种等位基因，遗传结构最为简单，但所得结果的局限性也最大，只可能发现双亲等位基因不同的QTL。为了较全面地了解数量性状的遗传变异，必须扩大作图群体的遗传基础，例如利用四向杂交（Xu SZ，1996）、多系杂交（Xie C *et al*，1998；Yi NJ & Xu SZ，2002）构建作图群体和考虑复等位基因情形等。近年来，这些复杂群体的QTL定位方法，已有较大的发展。

三、标记的确认

以前曾假设通过初步定位研究所获得的与QTL有关的标记可直接用于MAS，现在已经广泛接受需要进行QTL确认或精细作图（Langridge *et al*，2001），尽管也有QTL初步定位数据通过随后的QTL定位研究后认为具有很高的精确性（Price，2006）。

一般而言，标记应通过测试其在具有不同遗传背景的另外的群体中决定目标表现型的有效性而确认，该过程称为标记确认（Cakir *et al*，2003；Collins *et al*，2003；Jung *et al*，1999；Langridge *et al*，2001；Li *et al*，2001；Sharp *et al*，2001）。即标记确认包括测试标记预测表现型的可靠性。这决定了一个标记是否可以用于MAS常规筛选（Ogbonnaya *et al*，2001；Sharp *et al*，2001）。

在大范围的品种和其他重要基因型中测试标记的存在而进行标记的确认（Sharp *et al*，2001；Spielmeyer *et al*，2003），一些研究已经注意到假设在不同的遗传背景或不同的测试环境中存在标记—QTL连锁的危险性，尤其是对于产量这样的复杂性状（Reyna & Sneller，2001）。即使是一个单一的基因控制某一特定的性状，也不能保证在一个群体中鉴定的DNA标记可用于不同的群体，尤其是当群体来自远缘的种质（Yu *et al*，2000）。对于在育种程序中最有用的标记，它们应能揭示大范围不同基因型亲本所衍生的不同群体中的多态性（Langridge *et al*，2001）。

四、标记转换

有两种情形其标记需要转换为其他类型的标记：再现有问题（如RAPDs），标记技术复杂、费时或花费高（如RFLPs或AFLPs）。再现问题可通过特定RAPD的克隆和测序而开发序列特异扩增区段（SCAR）或序列标签位点（STS）（Jung *et al*，1999；Paran & Michelmore，1993）。SCAR标记是稳健而可靠的，它们可检测单一的位点，有时表现为共显性（Paran & Michelmore，1993）。RFLP和AFLP也可转换为SCAR或STS标记（Lehmensiek *et al*，2001；Shan *et al*，1999），利用由RFLP或AFLP标记转换而来的基于PCR的标记技术简单、花费时间少而便宜。STS标记也可在近缘物种间转换（Brondani *et al*，2003；Lem & Lallemand，2003）。

第三节　标记辅助选择在作物育种中的应用

标记辅助选择在作物育种中的应用包括以下几个方面：育种材料的标记辅助鉴定、标记辅助回交、聚合、早代选择以及综合MAS。对于品系培育而言，DNA标记一般已经整合进传统的体系，或者代替了传统的表型选择。

一、育种材料的标记辅助鉴定

在杂交和品系培育前，DNA 标记的数据即可用于育种，如品种一致性、遗传多样性评定、亲本选择、杂交种的确认。这些工作在经典的育种中是通过观察选择以及形态性状的数据分析而完成的。

（一）品种一致性/纯度评定

品种鉴定主要指对供测品种的真实性进行鉴定或对现有品种或自交系材料进行特征分析；纯度检测主要是针对某一品种的一致性进行分析。常规的以形态学特性为基础的鉴定方法易受时间长与准确性差等因素制约；而且品种数量激增，品种间表型差异越来越小，形态鉴定难以奏效（Crock *et al*，2000；Lombard *et al*，2000）。

DNA 分子标记技术的出现，为作物品种鉴定与纯度分析提供了更为准确、可靠、方便的方法，与大田形态鉴定法、生化标记相比具有独到之处：①植株的任何组织在任何发育时期均可用于分析；②DNA 分子标记不受任何环境因素的影响，因为环境只影响基因表达（转录与翻译），而不改变基因结构即 DNA 的核苷酸序列；③分离出的样品 DNA 在适宜条件下可长期保存，这对于进行追溯性或仲裁性鉴定是非常有利的；④由于探针数目与内切酶种类组合方式在理论上不可计数，因而其潜在的鉴别能力是不可估量的；⑤每一位点总存在多态性，遗传稳定，既能探索品种间染色体组孟德尔遗传因子方面的差异，又能揭示母体细胞质方面的非孟德尔遗传因子的影响。

品种纯度测定的最适抽样数量取决于所要求的概率水平和品种的实际纯度。表 6－2 列出了取决于测定用种子数量在 95% 的概率下至少能测出一粒非真实种子的样品中种子纯度的百分率。如果测不出非真实种子，就可以认为其真实种子纯度等于或高于各自对应给定的百分率。从统计学上讲，一般抽样的样品数量越多，统计数与总体参数之差就越小。在实际工作中，只要误差在允许范围内，抽样数量要尽可能缩小，否则工作量太大，所需费用太高。分子标记检验作物种子纯度时，进行两次重复较为合适，每次重复检测用种子数量相同，且以 40～60 粒为宜（殷秋秒等，1999）。

表 6－2　不同种子纯度所需测定的种子样品数量（殷秋秒等，1999）

种子数量	种子纯度（%）	种子数量	种子纯度（%）
3 000	99.9	80	96.3
600	99.5	60	95.1
300	99.0	40	92.7
160	98.1	20	86.0
100	97.0		

（二）遗传多样性评价和亲本选择

育种计划依赖于高水平的遗传多样性而取得选择的进展。拓宽核心育种材料的遗传基础需要鉴定多样化的品系用于与优异品种杂交（Xu *et al*，2004；Reif *et al*，2005）。DNA 标记已成为鉴定遗传资源不可缺少的工具，为育种家选择亲本提供更为详细的信息。有时有关育种材料内特定位点的信息（如某个特定的抗性基因或 QTL）则是非常有用。例如，通过比较标记的单倍型就可预测世界性的小麦主要病害——镰刀型赤霉病的抗源（Liu & Anderson，2003；McCartney *et al*，2004）。

（三）杂种优势研究

对于杂交种作物的生产，尤其在玉米和高粱中，DNA 标记已经用于定义杂种优势群以开发利用杂种优势，用于生产优良杂交种的自交系的培育是个花钱费时的过程，尽管已有报告将亲本系归类为合适的杂种优势群，遗憾的是还不能根据 DNA 标记数据精确地预测杂种优势水平（Lee *et al*，1989；Reif *et al*，2003），不过有人提出利用少量的 DNA 标记数据结合表型数据以选择优势杂交种（Jordan *et al*，2003）。

（四）选择条件下基因组区段的鉴定

鉴定基因组内等位基因频率的改变可给育种家提供主要的信息，因为这些信息提醒他们检测特定的等位基因或单倍型（haplotype），并用来设计适当的育种策略（Steele *et al*，2004）。选择条件下基因组区间的鉴定可用于 QTL 定位：选择所影响的区段可作为 QTL 分析的目标或用于证实先前已检测到的标记－性状关联（Jordan *et al*，2004）。另外，选择所影响区段的数据还可用于新品种培育，利用 MAS 体系如标记辅助回交或早代选择组合特定的等位基因（Ribaut 等，2001；Steele 等，2004）。

二、标记辅助回交

回交在植物育种中作为一种广泛利用的技术已有近一个世纪的历史，常用于将一个或少数几个基因导入到某个适应的或优良的品种中。在大多数情形下，用于回交的亲本含有大量的优良性状，仅在一个或少数几个性状存在不足（Allard，1999），该方法于 1922 年首次提出，在 20 世纪 30 年代至 60 年代间广泛使用（Stoskopf *et al*，1993）。使用常规育种方法，常常需要 6～8 代的回交完全覆盖轮回亲本基因组，回交 n 代后轮回亲本基因组的理论比例由下式给出：$(2n+1-1)/2n+1$（n = 回交次数，假设群体无穷大）。每个回交世代轮回亲本回复率见表 6－3，表中列出的百分率仅为大群体下获得，在实际育种的小群体中其回复率常常较低。

表 6－3　回交后轮回亲本基因组的比率

回交世代	BC_1	BC_2	BC_3	BC_4	BC_5	BC_6
亲本基因组（%）	75.0	87.5	93.8	96.9	98.4	99.2

尽管 BC_1 群体轮回亲本基因组的平均回复率为 75%，但其中的一些个体比其他个体拥有更多的轮回亲本基因组。因此，如果 QTL 两侧紧密连锁的标记以及其他染色体上均匀分布的标记（即与 QTL 不连锁）用于选择，则 QTL 的渐渗及轮回亲本的回复率可以加快。该过程称为标记辅助回交。分子标记越来越多地用于追踪目标基因的存在，并用于加快回交程序中轮回亲本基因组的回复，前者称为前景选择（foreground selection），后者称为背景选择（background selection）。

利用模拟减数分裂期间重组的计算机程序 PLABSIM 的模拟研究表明利用标记的轮回亲本回复率比常规回交高（图6－4）（Frisch *et al*，1999，2000）。因此，利用标记可比常规回交节省大量的时间，尽管标记辅助回交比常规育种的初始成本高，但因节约时间而产生经济利益。这是育种家的一种重要的考虑，因为一个重要品种的快速发放可比中、长期发放一个新品种能产生更多的利润（Morris *et al*，2003）。

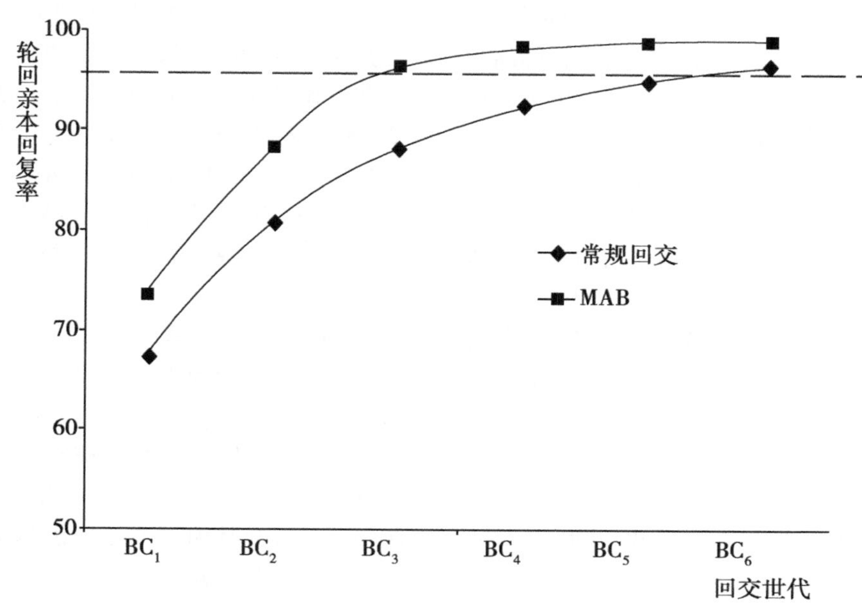

图6－4　标记辅助回交（MAB）与常规回交的轮回亲本基因组回复率的模拟
（Frisch *et al*，2000）

有3个层次的标记辅助回交（marker assisted backcross，MAB；Holland，2004；图6－5），第一个层次是利用标记进行与目标基因或 QTL 结合或取代的筛选，这称为前景选择。这对于那些费时、费力进行表型鉴定的性状特别有用，也用于在苗期选择生殖阶段的性状，鉴定出最好的植株用于回交。此外，还可利用标记选择隐性等位基因，而利用传统方法选择隐性等位基因则很困难。

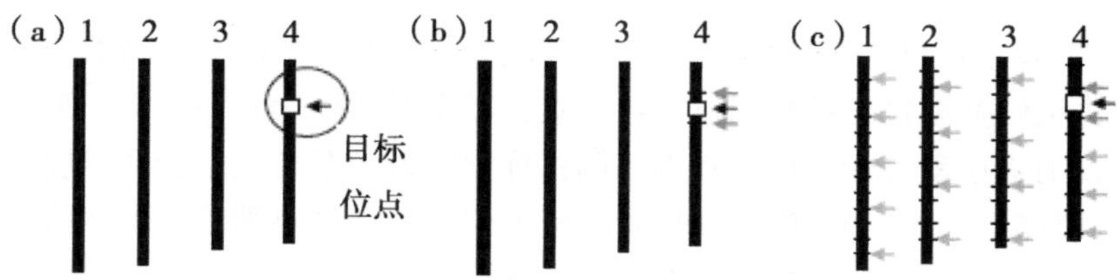

图6－5　标记辅助回交的3个层次（Collard & Mackill，2008）

通过常规育种转移隐性基因每次回交后均需自交，标记辅助前景选择可有效地用于抗性基因的渐渗，Melchinger（1990）即提出了轮回回交所需的个体和家系的最小数量，不过由于缺少等位基因特异性标记，该方法在育种中的实例是有限的，范例之一是利用等位基因特异性的标记转移隐性突变等位基因 *opaque*2，普通玉米通过标记辅助回交转变为优质蛋白玉米。

第二个层次的 MAB 是选择含有目标基因以及目标位点与连锁的侧翼标记发生重组的 BC 后代，即重组体选择（recombinant selection）。重组体选择的目的在于减少含有目标位点的供体染色体片段的大小，即渐渗片段的大小，因为减少供体片段的速率慢于非连锁区段的速率，对作物表现产生负效应的许多非理想的基因可能与供体亲本的目标基因连锁，即连锁累赘（linkage drag；Hospital，2005）。利用传统的育种方法其供体片段可能很大并延续至很多回交世代，甚至超过 10 代（Ribaut & Hoisington，1998；Salina *et al*，2003）。利用目标基因侧翼的标记（位于目标基因两侧遗传距离小于 5cM），可降低连锁累赘。因为在目标基因两侧发生双重组的可能性极小，重组体的选择至少要利用 2 个 BC 世代进行（Frisch *et al*，1999）。

第三个层次的 MAB 是利用与目标位点不连锁的标记，选择含有最大比例轮回亲本基因组的 BC 后代，即进行背景选择。有些文献中背景选择指利用紧密连锁的侧翼标记进行重组体选择，以及利用非连锁标记进行背景选择（Hospital & Charcosset，1997；Frisch *et al*，1999）。背景标记位于其他染色体上，与目标基因/QTL 不连锁，即利用这些标记对供体基因组进行逆选择，从而大大加快轮回亲本的回复。利用传统的回交，回复轮回亲本至少需要 6 个 BC 世代，不过还含有几个与目标基因不连锁的供体染色体片段。而利用标记在 BC_4、BC_3 甚至在 BC_2 即可回复轮回亲本（Visscher *et al*，1996；Hospital & Charcosset，1997；Frisch *et al*，1999），少用了 2～4 个 BC 世代。MAB 中的背景选择加快了导入外源基因的轮回亲本的培育，称为“完全系转换”（complete line conversion）（Ribaut *et al*，2002）。

Young & Tanksley（1989）提出的图示基因型（graphical genotype）分析方法可以进行全基因组选择，即在基因组每一条染色体上选取多个标记，检测后代各标记的基因型（受体和供体亲本纯合基因型和杂合基因型，纯合的供体亲本基因型在高代回交群体 F_1 代中检测不到），然后结合图示基因型分析软件 GGT（http：//www. spg. wau. nl/pv/），分析检测后代各株系或单株的整个基因型结构，为下一步回交选择具有最佳组合的单株。根据图示基因型，又可以同时对前景和背景进行选择。

“标记辅助背景选择”的策略已经被广泛地用于商业玉米育种计划中，特别是用于耐除草剂和抗虫转基因自交系的选择，在背景选择中需要优化几个参数，需要目标基因的侧翼标记以消除连锁累赘，目标基因与侧翼标记的最佳距离决定选择强度。

当目标性状的表达受一个单基因控制，或者说一个基因贡献了一个性状的高比例的表型变异时，从供体向受体转移单个的基因组区段，即可获得该性状的显著改良。MAS 已越来越多地用于回交计划中加快轮回亲本的回复，与常规回交相比利用分子标记至少可在 3 个方面提高回交育种的效率（Hospital *et al*，1992；Hospital & Charcosset，1997；Visscher *et al*，1996；Frisch *et al*，1999）：①对于难以进行表型鉴定的性状，选择目标基因附近来自供体的等位标记基因可提高选择的效率和精确性；②利用标记选择回交世代，目标区段外的基因组中供体亲本种质少，选择目标基因附近发生重组的后代，使得连锁累赘最小化；③通过常规育种转移隐性基因，每次回交后需自交，导致育种效率低下。

Hospital F（2001）检验了标记辅助选择对减少侧翼供体片段大小的效率，认为在回交程序中减少连锁累赘的选择效率与群体大小、回交代数以及供体基因与侧翼标记间的距离有关，紧密连锁的标记对减少连锁累赘最为理想，但这需要更大的群体和更多的回交代数。

禾谷类作物中一些 MAB 的例子见表 6－4，MAB 有可能成为一种大众化的方法（Mackill，2006），其中，有种植者以及加工、市场方面对现有品种的熟悉和认可，即使在遗传工程技术和植物组织培养取得新进展，遗传转化还存在基因型特异性，因此，必须利用 MAB 通过回交将转基因导入优良品种中。

表 6－4 禾谷类作物标记辅助回交实例（Collard & Mackill，2008）

作物	性状	基因/QTLs	前景选择	背景选择	参考文献
大麦	大麦黄矮病	Yd2	STS	未做	Jefferies *et al*，2003
	叶锈病	Rphq6	AFLP	AFLP	van Berloo *et al*，2001
	条锈病	4H 和 5H QTLs	RFLP	未做	Toojinda *et al*，1998
	产量	2HL 和 3HL QTLs	RFLP	RFLP	Schmierer *et al*，2004
玉米	抗玉米螟	染色体 7、9 和 10 上 QTLs	RFLP	RFLP	Willcox *et al*，2002
	早熟性和产量	染色体 5、8 和 10 上 QTLs	RFLP	RFLP	Bouchez *et al*，2002
水稻	纹枯病	Xa21	STSa	RFLP	Chen *et al*，2000
	纹枯病	Xa21	STSa	AFLP	Chen *et al*，2001
	纹枯病	xa5，xa13 和 Xa21	STS，CAPS	未做	Sanchez *et al*，2000
	纹枯病	xa5，xa13 和 Xa21	STS	未做	Singh *et al*，2001
	纹枯病＋品质	xa13，Xa21	STS，SSR	AFLP	Joseph *et al*，2004
	稻瘟病	Pi1	SSR	ISSRb	Liu *et al*，2003
	深根	染色体 1、2、7 和 9 上 QTLs	RFLP，SSR	SSR	Shen *et al*，2001
	品质	waxy	RFLPa	AFLP	Zhou *et al*，2003a
	根性状和香味	染色体 2、7、8、9 和 11 上的 QTLs	RFLP，SSR	RFLP，SSR	Steele *et al*，2006
	耐涝	Sub1 QTL	表型，SSR[a]	SSR	Mackill *et al*，2006
	耐涝、抗病、品质	*Subchr9* QTL，Xa21，Bph 和抗稻瘟病 QTL，品质	SSR，STS	未做	Toojinda *et al*，2005
小麦	白粉病	22 个 Pm 基因	表型鉴定	AFLP	Zhou *et al*，2005

注：[a] 表示性状重组体以降低目标位点附近的连锁累赘

三、标记辅助聚合

聚合（pyramiding）是将数个基因共同导入某一基因型的过程，通过常规育种方法也可进行基因聚合，不过在超过一个基因后不易进行植株的鉴定。利用传统的表型选择必须进行单株所有性状的鉴定，因而从某些群体类型（如 F_2）或需进行破坏性生物测定的性状来评定植株就显得很困难。DNA 标记非常便于选择，因为 DNA 标记检验是非破坏性的，利用单一的 DNA 样品就可检测多个基因的标记而无需进行表型鉴定（图 6－6）。

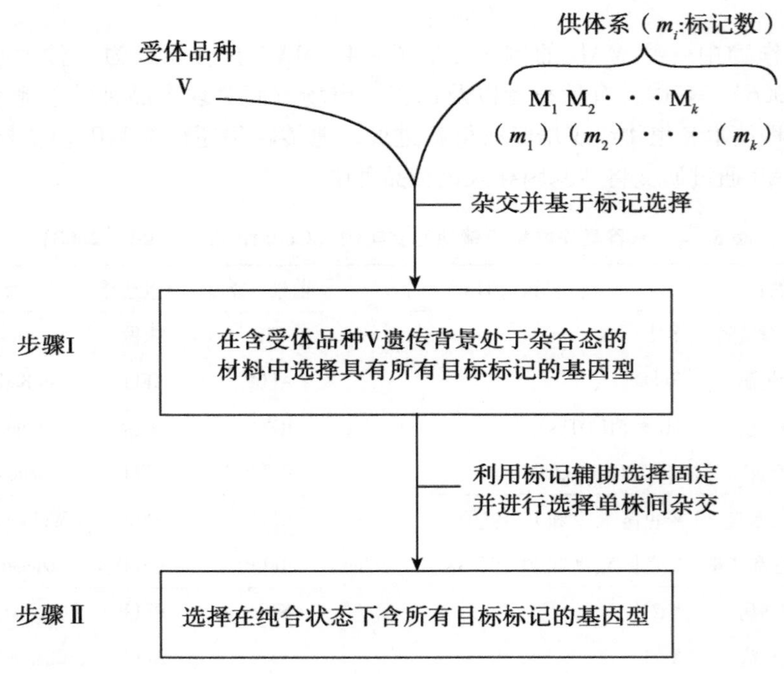

图 6－6　来自 *k* 个供体系基于标记的基因聚合程序（Ishii & Yonezawa，2007）

基因聚合广泛应用于聚合多个抗病基因，其目的在于培育作物的持久抗性，因为病原菌常常由于新的小种的出现而战胜寄主的单基因抗性。有证据表明多基因的聚集可提供持久广谱的抗性（Kloppers & Pretorius，1997；Shanti *et al*，2001；Singh *et al*，2001），与单基因控制的抗性相比，病原菌通过突变而克服 2 个或更多个基因的能力较低。过去聚合多个抗性基因相当困难，因为尽管基因不同，表型却一般相同。由此需要后代测试以确定哪个植株拥有更多的抗性基因。而借助 DNA 标记，则很容易确定任何植株中抗性基因的数量。而同时聚合由 QTLs 所控制的数量抗性则是开发持久抗病性的又一理想策略。Castro *et al*（2003）指出数量抗性可以作为质量抗性打破后的一种保险策略，结合数量抗性的例子之一是抗条锈病的单一基因与 2 个 QTLs 的聚合。

聚合也可以结合 2 个以上亲本的基因，如 Hittalmani *et al*（2000）和 Castro *et al*（2003）分别聚合了 3 个亲本的抗水稻稻瘟病基因和大麦条锈病基因。有人提出利用

MAS 聚合方法生产禾谷类作物具有持久抗性的三重 F_1 杂交种（Witcombe & Hash，2000）。Servin *et al*（2004）评价了连锁目标基因的 MAS 聚合策略，对于多个连锁的目标位点连续多个世代的聚合对最小化标记基因分型而言更适合。

理论上，MAS 可用于聚合来自多个亲本的基因，禾谷类作物中的一些 MAS 聚合的例子见表 6-5。将来可用 MAS 聚合结合耐逆 QTL，尤其是在不同生长期均有效的 QTL。另一个应用是聚合与其他 QTL 存在互作效应的单个 QTL，这在水稻黄斑病毒病的 2 个互作抗性 QTL 已得到实验证实（Ahmadi *et al*，2001）。

表 6-5　禾谷类作物中基因/QTLs 聚合实例

作物	性状	亲本 1 基因	亲本 2 基因	选择时期	DNA 标记	参考文献
大麦	黄花叶病毒病	*rym1*	*rym5*	F_2	RFLP，CAPS	Okada *et al*，2004
	黄花叶病毒病	rym4，rym9，rym11	rym4，rym9，rym11	F_1 衍生的双单倍体	RAPD，SSR	Werner *et al*，2005
	条锈病	Rspx Rspx	QTLs 4，7 QTL 5	F_1 衍生的双单倍体	SSR	Castro *et al*，2003
水稻	白叶枯病	xa5，xa13	Xa4，Xa21	F_2	RFLP，STS	Huang *et al*，1997
	白叶枯病，三化螟，螟虫，纹枯病	Xa21，Bt	RC7，几丁质酶基因，Bt	F_2	STS	Datta *et al*，2002
	稻瘟病	Pi1，Piz-5	Pi1，Pita	F_2	RFLP，STS	Hittalmani *et al*，2000
	褐飞虱	Bph1	Bph2	F_4	STS	Sharma *et al*，2004
	抗虫性和白叶枯病	Xa21	Bt	F_2	STS	Jiang *et al*，2004
小麦	白粉病	Pm2	Pm4a	F_2	RFLP	Liu *et al*，2000

四、早代标记辅助选择

在典型的植物育种过程中，尽管标记可在任何时期使用，早代 MAS 却具有很大的优势，因为非优良基因组合的植株在早代即可淘汰，育种家便可将注意力集中于随后世代的少数重点品系。当标记与所选 QTL 间连锁不太紧密时，由于增加了标记与 QTL 间重组的可能性，MAS 的最大效率在早代。

对于自花授粉作物而言，选择的一个重要目标是尽可能早的在其纯合时固定等位基因。例如在混选（bulk）和单粒传育种方法中，筛选常常在 F_5 或 F_6 代进行，此时大多数位点均已纯合。利用共显性 DNA 标记，最早可在 F_2 代固定特定的等位基因至纯合态，不过这需要很大的群体，而实际上每个世代仅能固定少量的位点（Koebner & Summers，2003）。有一个替代的策略是丰富而不是固定等位基因，即在一个群体内通过选择目标位点的纯合体和杂合体—减少所需育种群体的大小（Bonnett *et al*，2005）。

由于高的选择压，群体规模很快就可以变得很小，从而在非目标位点存在遗传漂变的机会，因而建议使用大群体（Ribaut & Betran，1999）。利用 F_3 群体时这种机会降低，因为 F_3 群体可选的部分高于 F_2 群体（对于单一位点 F_3 群体为38%，而 F_2 群体为25%），Ribaut & Betran（1999）也提出使用目标 QTLs 附近额外的侧翼标记在理论上可使连锁累赘最小化，标记辅助回交中更是如此。

早代应用 MAS 的主要不足是鉴定大量植株基因型的成本高。Ribaut & Betran（1999）提出了一个在早代进行 MAS 的策略称为一步大规模 MAS（single large-scale MAS，SLS - MAS），在优异亲本衍生的 F_2 或 F_3 群体中进行一次 MAS。基本原理是在一个随机杂交的混合大群体中，尽可能保证选择群体足够大，保证中选的植株在目标位点纯合，而在目标位点以外的其他基因位点上保持大的遗传多样性，最好仍呈孟德尔式分离。这样，分子标记筛选后，仍有很大遗传变异供育种家通过传统育种方法选择，产生新的品种和杂交种。这种方法对于质量性状或数量性状基因的 MAS 均适用。本方法可分为以下 4 步。

第 1 步：利用传统育种方法结合 DNA 指纹图谱选择用于 MAS 的优异亲本，特别对于数量性状而言，不同亲本针对同一目标性状要具有不同的重要的 QTL，即具有更多的等位基因多样性。

第 2 步：确定该重要农艺性状 QTL 标记。利用中选亲本与测验系杂交，将 F_1 自交产生分离群体，一般 200 ~ 300 株，结合 $F_{2:3}$ 单株株行田间调查结果，以确定主要 QTL 的分子标记。

表型数据必须是在不同地区种植获得，以消除环境互作对目标基因表达的影响。标记的 QTL 不受环境改变的影响，且占表型方差的最大值（即要求该数量性状位点必须对该目标性状贡献值大）。确定 QTL 标记的同时进行中选的亲本间杂交，其后代再自交 1 ~ 2 次产生一个很大分离群体。

第 3 步：结合 QTL 标记的筛选，对上述分离群体中单株进行 SLS—MAS。

第 4 步：根据中选位点选择目标材料，由于连锁累赘，除中选 QTL 标记附近外，其他位点保持很大的遗传多样性，通过中选单株自交，基于本地生态需要进行系统选择，育成新的优异品系，或将此与测验系杂交产生新杂种。若目标性状位点两边均有 QTL 标记，则可降低连锁累赘。

五、联合 MAS

有几种情形的表型筛选可与 MAS 进行策略性联合。首先，联合 MAS（Moreau 等 2004 年提出）优于单一的表型筛选或 MAS 并使得遗传增益最大化（Lande & Thompson，1990），当控制某一性状额外的 QTL 尚未鉴定或需要操纵大量的 QTL 时，可采用这种方法。模拟研究表明这种方法比单独的表型筛选更有效，尤其使用大群体以及性状遗传力低的时候更是如此（Hospital *et al*，1997）。Bohn *et al*（2001）研究了 MAS 改良热带玉米抗虫性的前景，发现单一的 MAS 比传统的表型选择效率低，不过在联合使用 MAS 与表型筛选后相对效率有轻微的增加。对于位于小麦 3BS 染色体上的抗赤霉病的一个主效 QTL 而言，MAS 与表型筛选联合后比单一的表型筛选更有效（Zhou *et al*，2003）。实际上所用的 MAS 体系均包括不同时期的表型筛选，因为有必要确认 MAS 的结果，以及性状或图谱位置尚未知的基因的选择结果。

第二种情形是如果不利用 QTL 两侧的标记，则标记和 QTL 间存在低水平的重组（Sanchez *et al*，2000；Sharp *et al*，2001）。这样标记检测就不能 100% 可靠地预测表型，不过利用这样的标记进行植株选择对育种家仍有用，因为通过标记选择后可减少表型鉴定的植株数量。在标记分型的成本较表型筛选便宜时，如品质性状的选择，其优势更为明显（Han *et al*，1997）。这种选择称为串联选择（tandem selection，Han *et al*，1997）或分步选择（stepwise selection，Langridge & Chalmers，2005）。

除了作为传统育种的补充，重要性状的 QTL 定位在传统育种程序中还有间接的好处，对于曾经认为是复杂遗传控制的性状，现在发现仅受一个或少数主效 QTL 的影响。例如，抗谷子霜霉病受主效基因控制（Jones *et al*，1995），同样水稻耐淹性受主效 QTL *Sub*1 控制，从而有助于简化该性状的培育（Mackill *et al*，2006）。

第四节　MAS 用于改良质量性状

当目标性状的表达受一个单一基因控制，或者该性状的表型方差的大部分由某一基因提供，则该基因从供体到受体的转移即可显著地改良该性状。对于由单个显性或隐性基因控制的质量性状如病原特异性的抗病性或特定的品质性状的渐渗，回交育种已经使用了很长时间。

传统的回交育种程序基于轮回亲本基因组回复率的公式：$1-(1/2)^{t+1}$（t 为回交世代），如回交 4 代后可回复 $1-(1/2)^{4+1}=96.9\%$ 的轮回全本基因组，不过每个特定的 BC 世代均偏离该期望值，原因在于选作供体亲本的基因与邻近基因间的连锁。Young & Tanksley（1989）对几个番茄品种的 *Tm*2 抗病基因所在的染色体进行了基因分型，这些品种的 *Tm*2 基因来自野生种 *Lycopersicon peruvianum*，通过回交育种渐渗而来。他们发现回交 20 代的品种还含有 4cM 的渐渗片断，经过 11 代回交培育而成的品种还含有携带该供体亲本基因的整个染色体臂。此外，转移单个显性基因至少需回交 6 个世代才能回复 99% 的轮回亲本基因组。这个程序太费时间了，尤其在现代杂交种育种强烈竞争的条件下，新品系和杂交种更新的速度在加快。

当抗病表现由隐性或不完全显性基因控制时，分子标记则是诊断抗病基因更有价值的一种方法。番茄对软根腐病和白粉病的抗性分别由隐性基因 *py*-1（Doganlar *et al*，1998）和不完全显性基因 *Ol*-1（Huang *et al*，2000）控制，利用与 *py*-1 有关的共显性 CAPS 标记以及在相引相和相斥相与 *Ol*-1 有关的显性 SCAR 可将这些基因整合进现代番茄品种，加快抗病性育种进程（表 6－6）。

表 6－6　质量性状与数量性状的比较（Mackill *et al*，2001）

性状	分离	可解释的表型表异（%）	举 例	分类
质量	不连续	100	水稻的紫叶色、稻瘟病抗性，玉米的花青素和 opaque 不透明胚乳	主基因
半数量	不连续	100	水稻的半矮生性 *sd*1 等	主基因
数量	连续	>50	水稻耐淹性基因 *sub*1，大多数生化性状 QTL，等	主基因
数量	连续	25～50	水稻抗茎腐病，等	主效 QTL
数量	连续	<25	大多数农艺与生理性状 QTL	QTL

一、MAS 用于大豆 SCN 的抗性选择

自然界中抗病性表现型常常是简单的寡基因控制的，然而，建立可靠的接种鉴定方法即使对于最优秀的植物病理学家和育种家也是一种挑战，大豆胞囊线虫病（SCN，*Heterodera glycines*）的抗性即是一例。采用表型鉴定费时 5 周，昂贵的温室空间以及每 100 株样品需要 5～10h。从而需要开发与抗大豆 SCN 主效基因紧密连锁的标记，SSR 标记 satt309 距 SCN 抗性基因 *rhg*1 仅 1～2cM（Cregan *et al*，2000）。单独利用该标记即能有效鉴定育种群体，利用 satt309 进行基因型选择在随后的温室鉴定中预测精度达 99%。

二、MAS 培育 QPM 基因型

正常的玉米蛋白缺乏两种重要的氨基酸：赖氨酸和色氨酸。QPM 玉米基因型含 *opaque*2 基因和胚乳修饰基因，籽粒质地硬，透明，赖氨酸和色氨酸含量是普通玉米的两倍。*opaque*2 等位基因为隐性，而胚乳修饰基因（决定硬质胚乳）则是多基因的，*opaque*2 与胚乳修饰基因渐渗进优良自交系却因 3 个限制而变得复杂起来：①每个常规的 BC 世代需要自交以鉴定 *opaque*2 隐性基因，至少需要 6 个 BC 世代以回复到满意水平的轮回亲本基因组；②除了保持纯合的 *opaque*2 基因，还必需选择多个胚乳修饰基因；③需要严格的生化测试以确保在每个育种世代选择材料中强化了赖氨酸和色氨酸含量，这需要更多的人力、时间和资源。尽管传统的育种程序已经成功地将商用品系转换为 QPM 形式，但该程序是笨重而费时的。

CIMMYT 的科学家通过研制出 *opaque*2 等位基因的 SSR 标记和表型选择透明胚乳的方法而将常规玉米自交系转换成 QPM 材料。根据 *opaque*2 基因内的重复序列而开发的 3 个 SSR 标记，*umc*1066，*phi*057 和 *phi*112 用于检测携带 *opaque*2 基因的单株，由此所需时间降至一半。通过标记辅助背景选择仅需 3 个回交世代即可回复到常规选择 6 个世代所回复的轮回亲本基因组水平。另外，由于这些 SSR 标记位于目标基因内，可消除目

标基因和侧翼标记间的重组所产生的选择错误，并可省去常规的生化测试。这样基于SSR标记的MAS将常规玉米系转换为PQM就变得简单、快速、精确、高效而节省费用，并与现有育种程序互补。

三、标记辅助聚合水稻抗白叶枯病和稻瘟病基因

与水稻白叶枯病斗争的最有效的方法是利用抗病品种，至1995年已鉴定了25个抗性基因（Kinoshita T，1995），其中一些已通过常规育种转进现代水稻品种中。*Xa*4基因的转育已经培育出许多抗白叶枯病水稻品种，这在许多国家维持水稻产量中已经发挥了重要的作用。然而，携带*Xa*4的水稻品种大范围长期的种植引起主要白叶枯病原的明显转移，带有单个*Xa*4的水稻品种在印尼、印度、中国和菲律宾的许多地区已经变得感白叶枯病。延迟丧失抗性的一个途径就是在水稻品种中聚合多个抗性基因，这对于传统育种方法而言由于基因的上位性而显得很难或几乎是不可能的，尤其是当一个育种系已经带有一个基因，如*Xa*21在品种育成的时候对大多数白叶枯病小种均具有抗性，带有*Xa*21的育种系与带有*Xa*21+其他基因的育种系不能通过传统的方法而加以区别，IRRI和Punjab农业大学已经成功地利用MAS聚合抗白叶枯病的基因，利用STS标记已经聚合了四个抗性基因*Xa*4、*Xa*5、*Xa*13和*Xa*21的所有可能的组合，聚合系显示出对白叶枯病原较宽的抗性谱和较高水平的抗性。

由真菌病原所引起的稻瘟病是世界性的另一个重要病害，稻瘟病菌毒力的动态演化，以及寄主植株不同抗性基因的上位性效应，使得稻瘟病抗性育种一直面临着挑战。分子育种方法正在广泛地用于许多高产水稻品种的抗稻瘟病改良，利用RFLP和基于PCR的标记，已将三个抗性基因*Pi*1、*Piz*5和*Pita*聚合进感病的水稻品种CO39中，并获得对稻瘟病的持久抗性（Hittalmani S *et al*，2000）。

第五节　MAS改良数量性状

大多数重要的农艺性状都是复杂的，受若干个基因控制，与受一个或少数几个主效基因控制的简单遗传的性状不同，通过MAS改良多基因性状是一种复杂的努力。操纵数量性状的困难与其遗传的复杂性有关，主要是基因的数量以及基因间的互作（上位性），因为数量性状的表达有几个基因，这些基因对表现型的单个效应较小，而单个基因的效应又不易鉴定，这就要求在田间试验中设置重复以精确地鉴定QTL的效应并评价在不同环境下的稳定性，QTL与环境互作的鉴定一直是MAS效率的一个限制因素。此外，基因组不同区段间的上位性互作可导致对QTL效应作出偏离的鉴定，如果在选择体系中不考虑存在互作的基因组区段，它们将使选择过程产生偏离。

在通过MAS进行植物育种时有效地利用QTL信息存在许多限制：①控制特定性状有限的主效QTL的鉴定；②利用额外的种质时才需鉴定QTL；③QTL分析中的不充分或缺乏试验导致QTL的数目和效应的高估或低估；④缺乏不同育种材料间统一有效的QTL-标记关系；⑤强烈的QTL-环境互作；⑥在精确鉴定上位性效应方面存在困难。

一、发现并开发少数主效 QTL

某些性状有时表现为其数量变异由少数具有较大效应的基因控制，此时 QTL 定位的目标即可明确地定义为发现少数主效 QTL。而其育种策略则是通过标准的育种程序将这些 QTL 引进或聚合进有益种质中以培育改良品种，开发少数主效 QTL 包括基因发现（QTL 定位）和选择。

现举 2 个例子来说明该方法，分别是小麦由 *Fusarium graminearum* Schwabe 引起的赤霉病抗性 QTL – *Fhb*1（Anderson *et al*, 2008），以及抗大豆胞囊线虫病（SCN, *Heterodera glycines* Ichinohe）QTL（Concibido 等，2004）。这两个病的抗性均为数量抗性（Waldron *et al*, 1999；Concibido *et al*, 1994），*Fhb*1 QTL 最早由 Waldron *et al*（1999）报道，Anderson *et al*（2001）首次在另一个群体中确认了 *Fhb*1 的效应，通过使用侧翼标记，*Fbh*1 QTL 随后被导入而形成 19 对不同的近等基因系，抗病效应稳定，感染籽粒下降约 27%（Pumphrey *et al*, 2007）。对于 SCN 抗性，发现抗性 QTL 靠近已知的 *rhg*1 和 *Rhg*4 抗性基因（Concibido *et al*, 1994, 2004；Webb *et al*, 1995），与这些 QTL 连锁的分子标记已经用于将 SCN 抗性导入优异大豆品系中（Cahill & Schmidt, 2004）。

小麦中的 *Fhb*1 和大豆中的 *rhg*1、*Rhg*4 相关 QTL 依赖于：①鉴定可作为有益 QTL 等位基因的合适的种质；②发现与少数主效 QTL 紧密连锁的标记；③在不同的遗传背景中确认主效 QTL 的效应；④在育种程序中广泛开发利用该 QTL 等位基因。*Fhb*1 QTL 等位基因来源于中国小麦苏麦 3（Wang & Miller, 1988），而抗 SCN 的 QTL 等位基因则主要在“Peking”中发现，此外还在 5 份植物引进材料中发现（Concibido *et al*, 2004）。有了这些特异的种质资源，侧翼标记与 QTL 间的连锁相在所有的受体系和给定的供体是一致的，不过，如果供体和受体系在原先的标记位点没有多态，则还需要利用不同的标记位点标记 QTL。在 *Fhb*1、*rhg*1 和 *Rhg*4 的候选基因最终被克隆并被确认后，即可避免这一不足（Hauge *et al*, 2006；Liu *et al*, 2006），可利用代表基因本身的功能性标记进行选择。

除了 QTL，还可利用其他的方法发现主效 QTL。通过比较作图，可开发利用亲缘物种内的共线性（Gale & Devos, 1998）。高粱中负责丧失落粒性的基因已定位在与水稻和玉米相同的染色体位置上（Paterson *et al*, 1995），通过对 600 份马铃薯品种基因库的关联作图，发现 *R*1 候选基因的标记与抗由 *Phytophthora infestans* 引起的晚疫病有关（Gebhardt *et al*, 2004），与增强抗性有关的标记等位基因可用于追踪从野生种渐渗该抗性。

二、开发利用复杂性状的多个 QTL

大多数数量变异由效应较小的许多基因所控制，如禾谷类作物的籽粒产量。长时期的育种史表明如果我们面对的是少数主效 QTL，则这些主效 QTL 的有益等位基因就会在驯化过程中固定下来（Doebley, 2006），或通过先前的性状育成高产品种而构成现在的种质基础。而当大多数变异由许多效应很小的 QTL 控制时，前面所讲的发现并渐渗 QTL 的方法就显得难以应用，原因有两个方面：①微效 QTL 的效应常常不稳定；②即使大量的微效 QTL 的效应是稳定的，将有益 QTL 等位基因聚合进单一品种则随着 QTL 数量的增加而变得越来越困难。而且，育种家有时常常选择几个性状，即使每个性状由少数几个主效 QTL 控制，多个性状的选择即变成了更为困难的同时选择许多 QTL 的过程。

下面对此加以说明，假设目标是聚合 4 个主效 QTL 的有益等位基因，第 *i* 个 QTL 的有益等位基因取名为 *Qi*，非有益等位基因为 *qi*，一个自交系亲本在两个 QTL 位点上含 *Qi* 等位基因，另一互补的自交系亲本则在另外 2 个 QTL 处含 *Qi*，如果 QTL 相互间不连锁，在每个 QTL 位点上均含有 *QiQi* 基因型的重组自交系则为每 $2^4=16$ 重组自交系中有一个。如果育种目标是聚合 10 个非连锁 QTL 的有益等位基因，一个自交系亲本在 5 个 QTL 处含 *Qi* 等位基因，互补亲本在另外 5 个 QTL 处含有 *Qi* 等位基因，则在每 $2^{10}=1024$ 个重组自交系中会出现一个在 10 个 QTL 位点均为 *QiQi* 的基因型。

不利的连锁以及有益 QTL 等位基因存在多个来源将会降低在所有 QTL 位点均含有优良等位基因的自交系出现的频率，假设每个自交系仅在 10 个非连锁的 QTL 处含有一个 *Qi* 等位基因，从而需要进行 10 个自交系亲本的杂交构建分离群体并从中培育重组自交系，因为 *Qi* 频率从双亲本 F_2 群体的 0. 50 降至 10 亲本群体的 0. 10，则在每 $10^{10}=100$ 亿个重组自交系中才会出现 1 个在 10 个 QTL 处均为 *QiQi* 的基因型。

当许多 QTL 控制某个性状，我们便无法控制基因在减数分裂中是如何分离和组合的，以及在受精过程中有是如何组合在一起的，这严重限制了我们在许多 QTL 处合成理想基因型的能力。在过去 20 年中，人们已开发出多个 QTL 增加群体中有益标记等位基因的频率的有效策略，从而获得优良基因型或理想基因型的可能性增加了。假设通过选择每个 QTL 处 *Qi* 的频率从 F_2 群体的 0. 50 增加到改良群体的 0. 75，则在所有的 10 个 QTL 均含有 *QiQi* 基因型的频率从每 1024 个重组自交系中含 1 个增加到每 $1/(0.75^{10})=18$ 个重组自交系中含 1 个。

增加有益等位基因的频率也是传统的基于表型的轮回选择的依据，在培育重组自交系前增加等位基因频率的概念在 20 世纪 50 年代表型轮回选择和现在的标记辅助选择间兜了一圈，标记辅助选择增加 QTL 等位基因的频率无需培育改良群体所需的额外时间，仅需较小的群体即可获得优良基因型。

三、F_2增强和标记辅助轮回选择

现已提出 2 个相关的方法用于增加多个位点上有益 QTL 等位基因的频率：①F_2 增强（F_2 enrichment）随后自交（Howes *et al*，1998；Bonnett *et al*，2005；Wang *et al*，2007）；②标记辅助轮回选择（MARS；Edwards & Johnson，1994；Hospital 等，1997；Koebner，2003；Johnson，2004；Bernardo & Charcosset，2006）。这两种方法的基础世代常常是 2 个自交系杂交的 F_2 群体，也可利用回交、三交或双交。其目标是培育自花授粉作物实际表现优异或杂交种作物测交表现优异的重组自交系，F_2 增强常常仅仅需一个世代的标记辅助选择，而 MARS 则需进行几轮的标记辅助选择。

在 F_2 增强中，在 1 个或更多 QTL 位点剔除 *qiqi* 基因型的 F_2 植株，保留的植株则是所有目标 QTL 均含优良等位基因（*QiQi* 或 *Qiqi* 基因型）（Howes *et al*，1998；Bonnett *et* al，2005）。假设通过 QTL 定位程序在 F_2 群体中已经鉴定了 10 个 QTL，每个 QTL 均有可用的标记。对于特定的 QTL 而言 F_2 植株含有 *QiQi* 或 *Qiqi* 基因型的概率为 0.75，如果 10 个 QTL 相互间不连锁，则在所有 10 个 QTL 上 F_2 植株含有 *QiQi* 或 *Qiqi* 基因型的期望频率为 $0.75^{10}=0.056$，即每 18 株可选到 1 株。对每个 QTL 彻底进行 *qiqi* 纯合体的反选择，则每个位点 *Qi* 的期望频率从 0.50 增加到 0.67（Howes *et al*，1998）。如果从剔除后保留的 F_2 中培育重组自交系（Bonnett *et al*，2005），则在所有 10 个 QTL 处均含有 *QiQi* 基因型的期望频率为 $0.67^{10}=0.018$，即 55 株中有 1 株。而在没有进行 F_2 强化的情形下，所有 10 个 QTL 处均含有 *QiQi* 基因型的期望频率为 1 024株中有 1 株。

通过 F_2 强化将 *Qi* 的频率从 0.50 增加到 0.67，进而增加了重组自交系在所有 QTL 位点回复为 *QiQi* 基因型的概率。但是，如果目标 QTL 的数量很大（如 15 或更多的 QTL），则 0.67 的 *Qi* 频率仍不够高。不考虑目标 QTL 的数量，*Qi* 频率的进一步增加将增加重组自交系回复为理想的 *QiQi* 基因型的概率。在较后的自交世代进行第二轮的强化可进一步增加 *Qi* 的频率，但已经表明在任何 QTL 处剔除 *qiqi* 基因型的 F_3 或 F_4 植株优势甚微（Wang *et al*，2007）。

F_2 强化的局限性可在 MARS 中克服，MARS 可基于标记进行多轮的选择（Edwards & Johnson，1994；Johnson，2004；Eathington *et al*，2007）。MARS 包括：①在大多数（如果不能鉴定所有的）目标 QTL 鉴定含有 *Qi* 等位基因的 F_2 植株或 F_2 衍生的后代；②选择单株的重组自交后代；③重复①和②2 ~ 3 轮。表型轮回选择是自交期间进行表型选择的变型，MARS 是 F_2 强化中剔除 - 自交过程的变型。不过 MARS 的明显不足是需要多余的世代进行基于标记的选择。

目前，还未见有关 F_2 强化和 MARS 比较的报道，不过已经表明，每个程序在增加有益 QTL 或标记等位基因的频率方面均是有效的。在小麦 BC_1 群体强化随后进行单倍体内标记辅助选择，*Lr*34/*Yr*18 抗锈病基因的频率从 0.25 增加到 0.60（Kuchel *et al*，2007），但是通过田间的抗性鉴定，*Lr*46/*Yr*29 抗锈病基因的频率从 0.25 仅增加到 0.27。该结果很可能是因为实际的 *Lr*46/*Yr*29 与筛选 BC1 植株的标记间存在松散的连锁（Kuchel 等，2007）。在甜玉米 F_2 群体中，在所用于选择的 31 个标记的 18 个标记位点上，通过 MARS 有益标记等位基因的频率从 0.50 增加到≥0.80（Edwards & Johnson，1994），而在另一个甜玉米 F_2 群体中，用于选择的 35 个标记的 11 个标记位点上，有益标记等位基因的频率增加到≥0.80。在第一个 F_2 群体的 5 个标记位点以及第二个 F_2 群体的 1 个标记位点优良等位基因已经固定，不过，在第一个群体的 5 个位点以及第二个群体的 4 个位点上优良等位基因的频率已减少或维持在 0.50。

上面列出的标记等位基因频率变化的差异归因于标记间不利的连锁以及在 MARS 选择候选基因时给每个标记所赋的权重不同（Edwards & Johnson，1994），特别是 MARS 方法利用一种选择指数，并根据对性状的效应估值给标记赋权重（Lande & Thompson，1990；Edwards & Johnson，1994），典型的选择指数是：$M_j=\Sigma\ b_iX_{ij}$，（其中，M_j是第 j 个体的标记值，b_i是第 i 个标记位点的权重，第 j 个体在第 i 标记位点纯合且具有有益效应时 X_{ij}为 1，而在非有益效应 X_{ij}为 -1）。权重 b_i可通过性状值对 X_{ij}的多元回归获得（Lande & Thompson，1990；Hospital *et al*，1997）。

四、聚合优良 QTL 等位基因与预测表现

在 MARS 中不同标记权重的利用强调培育复杂性状的优异种质，该方法专注于将优良 QTL 等位基因结合于种质，而在 F_2 强化随后自交的目标则是育成在大多数目标 QTL 位点含 *QiQi* 基因型的重组自交系，所有的目标 QTL 被看出同等重要，选择携带尽可能多的优良标记等位基因的个体（Bonnett *et al*，2005；Wang *et al*，2007）。F_2 强化并非集中于某一特定个体所含的优良标记等位基因的数量，而是利用标记预测个体的表现以选择预测表现最好的个体。

在所有 QTL 效应相同时，这两种方法是相当的。此时 MARS 中标记的权重均为 bi = 1.0，选择指数即等于优良标记等位基因纯合的标记位点的数量，即 $M_j = \sum X_{ij}$，不过大量的 QTL 定位的文献均表明每个性状 QTL 的估测效应均不相同（Kearsey & Farquhar，1998；Bernardo，2002），但是即使不同 QTL 的权重不同，如果目标 QTL 少且群体大，两种方法还是一致的。假设在 150 个重组自交系中筛选 4 个非连锁的 QTL，平均在 2^4 = 16 个重组自交系中有 1 个在所有 4 个 QTL 位点均含 *QiQi* 基因型。如果育种家在 150 个重组自交系中选择 5 个最好的，则 5 个最好的即可能含有理想的 *QiQi* 基因型，此时无需考虑用于计算 M_j 的 b_i 值即可有最高的选择指数值。

假设在 150 个重组自交系中筛选 10 个非连锁的目标 QTL，很难在 150 个中发现 1 个重组自交系在所有 10 个 QTL 处均含有 Q_iQ_i 基因型（概率是 1024 中有 1 个），根据二项式分布 150 个最好的 5 个重组自交系将有可能在 10 个 QTL 中有 8 个固定为 Q_iQ_i 基因型。如果一些 QTL 比其他的重要，则 b_i 在 10 个 QTL 中不同，含有同样数量 QTL 重组自交系其表现也不一样，而且含有较多 Q_i 等位基因的重组自交系实际上可能次于含有较少 Q_i 等位基因的重组自交系。假如根据其等位基因效应的大小给 QTL 编号，如 Q_1 具有最大的效应，Q_2 具有次大的效应，Q_{10} 效应最小。假如利用非权重指数的分子标记辅助选择产生的重组自交系固定了 Q_3、Q_4、Q_5、…、Q_{10}（含有最小效应的 8 个 QTL 等位基因），而根据权重指数的标记辅助选择则产生的重组自交系固定了 Q_1、Q_2、Q_3、… Q_6（效应最大的 6 个 QTL），根据 QTL 效应的分布，固定了 8 个优良 QTL 等位基因的重组自交系可能逆于固定了 6 个优良 QTL 等位基因的重组自交系。

在种质中聚合优良 QTL 等位基因时，目标 QTL 的数目是可处理的，或者育种家起先的目标是大量的 QTL，并准备接受在重组自交系中固定少数几个 QTL 等位基因。研究表明对于小麦育种中典型群体大小而言，聚合优良标记等位基因的数量不能超过 9 ~ 12 个非连锁的 QTL（Howes *et al*，1998；Wang *et al*，2007）。假设改良的目标是有限数量的 QTL，则育种家有足够的自信目标 QTL 无假阳性。这也暗示严格的显著水平（如 $P \leqslant 0.0001$）应首先用于鉴定 QTL，不过严格的显著性水平令人遗憾地导致高估 QTL 效应（Beavis，1994；Xu，2003），并引起对标记选择期望响应的过分乐观。

然而，对于 MARS 而言实验（观察）和模拟的研究表明如果放宽显著水平（P = 0.20 ~ 0.40）鉴定具有显著性效应的标记继而用于选择即可增加选择响应（Edwards & Johnson，1994；Hospital *et al*，1997；Koebner，2003）。MARS 中放宽显著性水平可选择较小效应的 QTL，包括比补偿高频率假阳性多的微效 QTL。因为 MARS 不直接控制 QTL

等位基因频率的变化（Edwards & Johnson，1994），在 MARS 中标记位点的数量可以很大，通过 MARS 改良的种质在选择指数中包括的所有 QTL 不一定均含优良等位基因。

如果目的是在重组自交系中聚合几个 QTL 等位基因、少数主效 QTL 的渐渗、或基因发现，则在 MARS 中放宽显著性水平与鉴定 QTL 需要严格的显著性水平是相反的。而且，预测基因型表现（MARS）与聚合优良 QTL 等位基因相比在确定 QTL 位置所要求的精确度低，后者应使用 QTL 自身的标记，通过一个紧密连锁的标记或两个侧翼标记以避免因双重组而丢失 QTL。如果目标是在一个重组自交系中聚合优良标记等位基因，则需要使用一个高密度遗传图谱，在 MARS 中，计算标记值所用的多个标记可以解释一个或更多相邻 QTL 的效应，玉米中所进行的模拟研究表明，144 个 F_2 单株的群体 MARS 的响应在使用 128 个标记时是最大的（Bernardo & Charcosset，2006）。该结果表明在 MARS 中所用的标记相距 10 ~ 15cM，而预测表型无需高密度遗传图谱。总之，检测 QTL 所需的标记密度和显著性水平的差异又需要明确定义 QTL 研究的目的。

第六节　影响分子标记辅助选择的因素

借助分子标记对目标性状基因型的进行选择包括对目标基因跟踪即前景选择或正向选择，以及对遗传背景进行的选择，也称负向选择。背景选择可加快遗传背景恢复速度，缩短育种年限和减轻连锁累赘的作用。

理论和实践表明，影响 MAS 效率的因素非常复杂。标记基因与其连锁 QTL 间的距离、选用的分子标记数及其效应大小、群体性质和大小、性状的遗传率等是影响 MAS 效率的主要因素。

一、标记基因与其连锁 QTL 间的连锁程度

前景选择的准确性主要取决于标记与目标基因的连锁强度，标记与基因连锁得愈紧密，依据标记进行选择的可靠性就愈高。若只用一个标记对目标基因进行选择，则标记与目标基因连锁必须非常紧密，才能达到较高正确率。在理论上，在 F_2 代通过标记基因型 MM 选择目标基因型 QQ 的正确概率 P 与标记的基因间重组率 r 有如下关系：$P=(1-r)^2$，若要求选择 P 达到 95% 以上，则 r 不能超过 2.5%，当 r 超过 10% 时，则 P 降至 81% 以下。如果用两侧相邻标记对目标基因进行跟踪选择，可大大提高选择正确率。在单交换间无干扰的情况下，在 F_2 代通过标记基因型 M1M1 和 M2M2 选择目标基因型 QQ 的 P 值和 r，有如下关系：

$$P=(1-r_1)^2(1-r_2)^2/[(1-r_1)(1-r_2)+r_1r_2]^2$$

即使 r_1、r_2 均达 20% 时，同时使用两个标记 P 值仍然有 88.5%。潘海军等（2003）在水稻 *Xa*23 的 MAS 中，使用单标记 RpdH5 和 RpdS1184 的准确率分别为 91.10% 和 87.13%，同时使用这两个标记 MAS 准确率则达 99.0%。可见双标记选择效率比单标记高。当标记与 QTL 松散连锁时，两侧标记比单侧标记效率提高 38%，当标记与 QTL 紧密连锁时，两侧标记的优势明显下降（Edwards，1994）。

如果 M_1 是与有利 QTL 等位基因 T_1 连锁的标记等位基因，那么，在回交过程中，用 MAS 可使群体中 M_1m_1 染色体频率始终保持 0.5，但与 M_1 连锁的 T_1 的频率将随 M_1 与 T_1 间连锁程度的不同而不同。$r=0.5$ 时，具 M_1 标记的 BC1 群体中，具 T_1 等位基因的个体比率只占 50%；$r=0.01$ 时，此比率上升到 99%。回交次数越多，r 值就显得更为重要（图 6-7）。

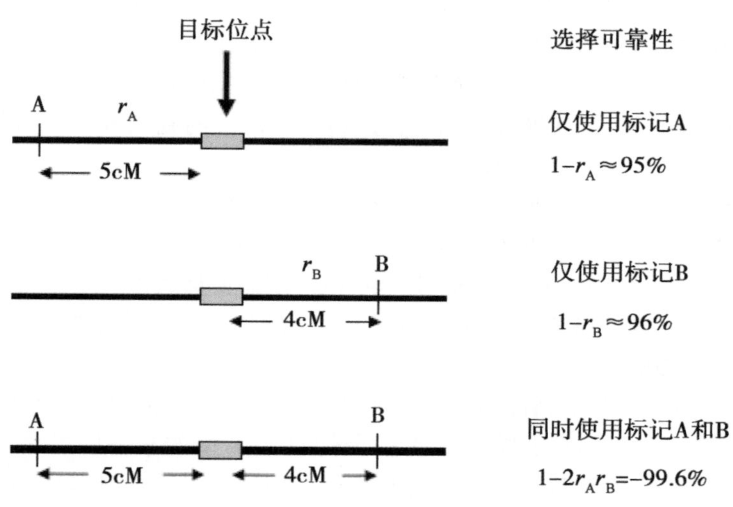

图 6-7　利用单一标记和侧翼标记选择的可靠性（Liu B，1998）

另外，r 值也影响到由该标记位点等位基因分离产生的遗传方差的大小。据推算，$M_1M_1T_1T_1\times m_1m_1t_1t_1$ F_2 群体与 t_1t_1 群体测交，后代由标记等位基因分离产生的遗传方差为 $V_{BC}=4\ (a+d)^2\ [0.25\ (1-2r)]^2$（a、d 分别为 T_1T_1 和 t_1t_1 的基因型值，r 为重组率）。V_{BC}越大，利用该标记（M_1）选择的效率就越高；此式还表明，V_{BC}随 r 值的减小而增大。因此，缩小 r 值有利于 MAS 效率的提高（Dudley，1993）。随着分子标记技术的发展及 QTL 作图技术的改进，相信可以找到与数量性状每一 QTL 等位基因均紧密连锁的标记基因，这样对标记的选择就可与对 QTL 本身的选择相等价了（Zhang *et al*，1992）。

二、分于标记总数和选用的分于标记数

理论上，标记数越多，从中筛选出对目标性状有显著效应的标记的机会就越大，因而有利于 MAS。事实上，MAS 的效率随标记数的增加表现为先增后减（Gimelfarb *et al*，1994）。由于 MAS 的效率主要取决于对目标性状有显著效应的标记，因而，选择时所用的标记数并非越多越好。Gimelfarb *et al*（1994）的研究表明，利用 6 个标记时的 MAS 效率明显高于 3 个标记时，但利用 12 个甚至更多个标记时，MAS 的效率或降低（低世代时），或增幅很小（高世代时）。由此可见，为节约成本、减轻工作量和提高选择效率，首先应筛选出效应显著的标记．并且在计算选择指数时各标记还应根据其对目标性

状的作用大小给予不同的权重。Zehr *et al*（1992）利用15个RFLP标记对玉米BS1167×FRM17群体的选择结果证实了这一点。

三、群体性质和大小

这主要取决于群体的连锁不平衡性，群体的连锁不平衡性越大，MAS的效果就越好（Landt *et al*，1990）。由于两个自交系杂交产生的F_2群体，其连锁不平衡性往往最大，因而对其实施MAS的效率就较高；同样，MAS对用其他杂交方法产生的低世代也有较好的效果（Lande，1992）。但连锁不平衡性较大的群体对检测和筛选“优良”标记是不利的（Gimelfarb *et al*，1994）。同时，连锁不平衡性的利用效果还有赖于标记与QTL间的连锁程度（Zhang *et al*，1993）。

群体大小是制约MAS选择效率的重要因素之一。一般情况下，MAS群体大小不应小于200个。选择效率随着群体增加而加大，特别是在低世代，遗传率较低的情况下尤为明显（Hospital *et al*，1997；Moreau *et al*，1998）。所需群体数的大小随QTL数目的增加呈指数上升。计算机模拟表明：遗传率为0.1时，转移5个QTL较2个所需群体将增加8倍（Zhou *et al*，2003）。

在QTL位置和效应固定的情况下，MAS的重要优势之一是能显著降低群体的大小。Knapp（1998）分析了用MAS选择一个或多个优良基因型的概率，并将其用于推断MAS与PS（表型选择）的相对效益，指出如欲获得相同数目的优良基因型，表型选择测验的后裔个体数比MAS增加1~16倍。

四、性状的遗传率

性状的遗传率极大地影响MAS的效率。遗传率较高的性状，根据表型就可较有把握地对其实施选择，此时分子标记提供信息量较少，MAS效率随性状遗传率增加而显著降低。Lande *et al*（1990）指出，MAS的最大理论效率为1/h。在群体大小有限的情况下，低遗传率的性状MAS相对效率较高，但存在一个最适大小，在此限之下MAS效率会降低，如在0.1~0.2时，MAS效率会更高，但出现负面试验频率也高一些（QTL检测能力下降等）。因此利用MAS技术所选性状的遗传率应在中等（0.3~0.4）会更好（Moreau *et al*，1998；Berloo *et al*，1999）。

五、世代的影响

在早代（BC_1）变异方差大，重组个体多，中选几率大，因此，背景选择时间应在育种早期世代进行，随着世代的增加，背景选择效率会逐渐下降（Chen *et al*，2000）。在早期世代，分子标记与QTL的连锁非平衡性较大；随着世代的增加，效应较大的QTL被固定下来，MAS效率随之降低（Hospital *et al*，1997；Luo *et al*，1998）。

六、控制性状的基因（QTL）数目

既然数量性状至少由数个QTL控制，则选择多少个QTL进行MAS？理论上讲，与QTL紧密连锁的所有标记都可用于MAS。然而，由于选择数个QTL的费用问题，使用的与 QTL 紧密连锁的标记数不超过 3 个（Ribaut & Betran，1999）。模拟研究发现随着 QTL 增加，MAS 效率降低。当目标性状由少数几个基因（1～3）控制时，用标记选择对发掘遗传潜力非常有效；然而当目标性状由多个基因控制时，由于需要选择世代较多，加剧了标记与 QTL 位点重组，降低了标记选择效果，在少数 QTL 可解释大部分变异的情况下，MAS 效率更高（吴为人等，2002）。

尽管也有报道通过 MAS 将 5 个 QTL 渐渗进番茄中（Lecomte *et al*，2004）。不过选择一个单一的 QTL 进行 MAS 也能使植物育种收益，该 QTL 应对该性状贡献最大比例的表型变异（Ribaut & Betran，1999；Tanksley，1993）。而且，用于 MAS 的所有 QTL 应在所有的环境中表现出稳定性（Hittalmani *et al*，2002；Ribaut & Betran，1999）。

七、选择强度和 QTLs 的遗传方式和相位

在高选择强度下，常规选择更易丢失有利基因，MAS 效率随着选择强度升高而增加（Berloo 等，1998）。显性作用随着世代增加而降低，因此，显性遗传 QTLs 的 MAS 效率高。当对多个 QTL 进行选择时，相引连锁比相斥连锁 MAS 效率高（吴为人等，2002）。此外，Chen *et al*（2000）发现用标记消除连锁累赘时，两代单交换选择效率比一代双交换高，成本小。在低遗传率（0.3），一类错误（假阳性）提高对 MAS 效率反而有利（Hospital *et al*，1997）。在中等或较低选择强度下，目标基因/QTL 周围染色体区段由较远端标记控制更有效（Hospital *et al*，1992）。

Haley *et al*（1994）研究菜豆（*Phaseolus vulgaris*）普通花叶病毒（BCMV）隐性抗性基因（*bc*-3）两 RAPD 标记一个相引（M1，1.9cM）、另一个相斥连锁（M2，7.1cM）时，用 M1 选择到纯合抗病、杂合体、纯合感病比例分别是 26.3%、72.5%、1.2%，而用 M2 分别是 81.8%、18.2%、0，据此提出相斥相显性 RAPD 标记不论对显性还是隐性基因均可极大提高选择效率。由此可预见用相斥相的显性 SCAR 标记跟踪目标基因比相引相更有效。

第七章　作物育种目标性状的标记辅助选择

作物品种改良的目标性状如产量、品质、抗性等有些受单基因或主效 QTL 控制，而更多的则受许多基因控制，称为数量性状（也称为多基因、多因子或复杂性状）。数量性状选择 QTL 的一个重要突破是20 世纪 80 年代开发出 DNA 标记或分子标记。与重要的目标性状基因紧密连锁的 DNA 标记（称为基因标签）在植物育种中可用作标记辅助选择的分子工具（Ribaut & Hoisington，1998），MAS 利用一种标记的有无替代或辅助传统的表型选择，与常规植物育种技术相比显得更为有效、可靠而划算。植物（动物）育种中 DNA 标记的应用开创了农业中“分子育种”的新领域（Rafalski & Tingey，1993）。

对于作物育种者而言，MAS 利用得最多的是使用基于 DNA 的标记达到如下 3 个目的：①在世代间追踪优良等位基因（显性的或隐性的）以积累优良等位基因；②根据基因组的部分或全部等位基因组成在分离世代中鉴定最适合的个体；③打破优良等位基因与不良位点间的不利连锁。在水稻（Mackill *et al*，1999；McCouch & Doerge，1995）、小麦（Eagles *et al*，2001；Koebner & Summers，2003；Van Sanford *et al*，2001）、玉米（Stuber *et al*，1999；Tuberosa *et al*，2003）、大麦（Thomas，2003；Williams，2003）、块茎植物（Barone，2004；Fregene *et al*，2001；Gebhardt & Valkonen，2001）、豆类（Kelly *et al*，2003；Muehlbauer *et al*，1994；Svetleva *et al*，2003；Weeden *et al*，1994）、油籽植物（Snowdon & Friedt，2004）、牧草（Jahufer *et al*，2002）中 DNA 标记已被广泛地接受作为作物遗传改良中潜在的有价值的工具。尽管最初研究所提出的 DNA 标记技术的结果不像起初想象的有效，但一些研究表明 DNA 标记在改进常规植物育种程序的效率、强化全球食物生产中将发挥重要作用（Kasha，1999；Ortiz，1998）。

第一节　产量 MAS

尽管一些研究已提供了通过 MAS 的应用增加产量的例子，然而人们已经越来越清楚地认识到应将传统的农业改良方法与结合后的作物建模和 QTL 定位（Yin *et al*，2003）进行整合以选择特定环境的作物理想型。下面介绍 MAS 在玉米、水稻、大麦、大豆等重要作物产量改良中的成功应用。

一、玉米

用于玉米的标记辅助回交是一种检测 QTL 优良等位基因转移（前景选择）并加快基因组其他区段受体基因型回复（背景选择）的一种选择体系（Bouchez *et al*，2002）。

类似的标记辅助回交方法也已用于培育来自优良受体系与外源供体系 NILs 系列（Stuber *et al*，1999）。标记辅助回交和标记辅助自交已用于前景和背景选择，至少 2 次回交和 1 次自交（固定渐渗片断）世代就足以产生不同的 NILs，每个 NIL 带有不同的渐渗基因组片断。当与测验系杂交后在重复的田间试验鉴定后，不同的 NILs 获得了增加或减少其产量表现的供体片断。该育种体系不仅创造优系，而且提供了产量 QTL 鉴定和定位的材料，其不足在于这种方法不能鉴定 QTL 间优良的上位性效应。

利用标记数据以及联合利用标记和表型数据，开发一种无需产生并测试成百数千个单交组合即可预测玉米杂交种表现的可靠方法是许多研究的目标。为研究杂种优势和 G×E 互作，Stuber *et al*（1992）利用 2 个广泛使用的优异自交系 B73 和 Mo17 配置组合，定位了经预测可增加杂交种产量的 QTL 等位基因，利用标记将 QTL 渐渗入自交系，来自强化的自交系的杂交种产量优于未进行标记渐渗 QTL 的自交系所配置杂交种的产量（Stuber，1994）。只要鉴定出一个籽粒产量 QTL，其杂合体的表型就优于对应的纯合体表型（仅有一个例外）表明不仅超显性（或假超显性）而且这些检测出的 QTL 也在杂种优势中发挥重要作用。该结论通过籽粒产量与杂合标记所占的比例间高度相关而得到进一步证实。不过主要由加性基因效应所控制的性状，杂合的 QTL 基因型不应是最好的，基于此仅通过标记有效地预测杂交种表现还需要与标记连锁的 QTL 方面的知识。

二、水稻

近十多年利用 BC 群体对来自野生稻 *Oryza rufipogon* 产量组成性状的 QTL 等位基因进行了广泛的研究（AB-QTL；Tanksley & Nelson，1996）。在这些研究中，不管其表现多差，来自 *O. rufipogon* 的 53%（Thomson *et al*，2003）和 33%（Septiningsih *et al*，2003）的 QTL 等位基因在受体水稻优良品种的产量和产量构成因素中产生了有益的效应。在后一个研究中所报道的较低的比例可解释为优良品系与 *O. rufipogon* 间在产量 QTL 等位基因上具有较高的遗传相似性，或者该组合在大多数鉴定的位点上带有更多的优良等位基因。所鉴定的一些 *O. rufipogon* 产量 QTL 与任何有害的负向 QTL 不存在连锁，可直接用于培育育种材料。在不同情形下，*O. rufipogon* 等位基因在不同的遗传背景和环境下表现出相同的效应，表明这些 QTL 具有稳定性。

Ishimaru（2003）利用高产粳稻品种 Nipponbare 和低产籼稻品种 Kasalath 组合的 BC 自交系在第 6 条染色体上鉴定出一个千粒重 QTL。增加千粒重的 QTL 来自低产品种，通过 MAS 渐渗进 Nipponbare 的 NIL，该 QTL 分别增加 10% 和 15% 的千粒重和单株产量，而对株型无任何不利影响。该产量 QTL 所在的基因组区段可用几个分子标记进行标识，并用于渐渗该 QTL 以增加高产水稻品种的产量。

三、大麦和大豆

通过标记辅助选择已经将来自广适性品种 Baronesse 的 2 号、3 号染色体上高籽粒产量 QTL 等位基因转移至高麦芽品质的品种 Harrington 中（Schmierer *et al*，2004），一些 BC_3 代 Harrington 等基因系的产量在不同的地点和年份的表现与 Baronesse 不相上下，且在大多数情形下 Harrington 的麦芽品质得到了保持或改良，3 号染色体上的 QTL 似乎比 2 号染色体上的 QTL 对产量更有效。

Wang *et al*（2004）将 *G. soja* 作为大豆改良潜在的遗传变异来源，他们利用一个 *G. soja* 系作为供体亲本，大豆品种作为轮回亲本构建 BC 群体在多个环境中定位到 4 个产量 QTL，对于这些产量 QTL *G. max* 品种的标记等位基因比来自 *G. soja* 的标记等位基因产生更高的产量。

第二节　抗病虫性 MAS

MAS 在植物育种中的成功应用主要是抗病（R）基因，R 基因通过常规育种渐渗到优良育种系需要 10～15 年，需要费时、费力的人工接种试验以检测抗病表现型，这需要将病原菌或害虫保持在寄主上。与 R 基因紧密连锁的分子标记无需抗性测试即可在抗性分离的育种群体早代鉴定出抗性个体，表型检测评定抗大豆胞囊线虫病（SCN）或大麦叶斑病（leaf stripe）至少需要 5 周以及较多的温室空间，基于 PCR 标记的抗病表型的 MAS 可对大豆（Cregan *et al*，2000）和大麦（Arru *et al*，2003）病害的抗病育种程序进行有效的改进。此外，MAS 在抗病育种中还有特殊的优势，对抗病性衰退能更快地应对，快速渐渗来自不同种质的多个基因，聚合并选择紧密连锁的抗性基因间的稀有重组体（Michelmore，2003）。

一、开发分子标记

通过分离体分组混合分析法（BSA，Michelmore *et al*，1991）或利用作图群体已获得与特定 R 基因连锁的标记，尽管 BSA 方法在大麦中发现一个连锁的标记其成本仅有利用作图群体的 1/3，但 BSA 方法局限于一个或两个主基因控制的性状（Barr *et al*，2000）。

新工具可帮助确定 R 基因在图谱上的位置，叠联的基因组细菌人工染色体（BAC）克隆正在水稻、玉米和大豆中使用，与这样的重叠群杂交可快速而精确地定位克隆序列，并可取代分离分析，这种方法无需作图群体的亲本间存在多态性（Michelmore，2000）。该方法已用于定位水稻中的瘿蚊（gall midge）R 基因 *Gm7*：与 *Gm7* 有关的 AFLP 片断用作探针筛选水稻的 BAC 和 YAC 基因组文库，对鉴定出的一个 YAC 克隆进行了 R 基因的遗传和物理定位（Sardesai *et al*，2002）。

现在已从许多作物中克隆出抗许多不同病原菌的 R 基因（Baker *et al*，1997；Hammond-Kosack & Parker，2003），大多数 R 基因已通过借助标记的图位克隆分离（map-based or positional cloning）。该方法依赖于：①构建所研究性状的分离大群体；②利用目标基因两侧的标记筛选群体，以鉴定在特定区间存在交换的稀有个体；③在特定的区段内分析这些个体与所有标记的关系，鉴定出与目标基因紧密连锁或共分离的标记。

这些标记适合于筛选大的插入基因组文库（BAC、PAC 或 YAC），在理论上理想的标记离目标基因的物理距离小于基因组文库的平均插入大小，据此人们可期望分离该基因。鉴定这样的标记可通过重叠的克隆避免染色体步移（chromosome walking）这一漫长而有疑问的过程，而直接着陆到含有目标基因的大的插入基因组克隆（Tanksley *et al*，1995），通过 BAC 或 YAC 克隆末端的测序而衍生的新的分子标记的研制和定位将确保所鉴定的克隆是否含有目标基因。通过该方法的修饰和优化已从不同的植物种中分离出几个 R 基因（如 Büschges *et al*，1997；Zhou *et al*，2001；Feuillet *et al*，2003；Song *et al*，2003）。

二、抗性辅助育种

已对若干个作物抗性基因利用分子标记进行标记（表 7－1），MAS 的实际利用现在已有若干报道。水稻的 2 个毁灭性病害：白叶枯病和稻瘟病已被定位（Mohan *et al*，1997）。利用 MAS 辅助回交程序已将抗所有小种的 3 个白叶枯病抗性基因（*Xa*21、*xa*13 和 *xa*5）聚合到水稻高产品种 PR106 中（Singh *et al*，2001）。水稻中的广谱稻瘟病抗性基因 *Pi*5（*t*）来自非洲品种 Moroberekan，已进行了遗传和物理定位（Jeon *et al*，2003）。BAC 末端序列分析共约 70kb，表明在 *Pi*5（*t*）位点有一簇 NBS-LRR 序列，可能是具有广谱抗性的抗性基因的“自然聚合”。基于 RFLP 和 PCR 标记的标记辅助方法已成功地聚合了 3 个主要的稻瘟病抗性基因（*Pi*1、*Piz*5 和 *Pita*），利用对一个单一的 R 基因有毒性的病原菌分离物进行测试时，聚合的品系表现出抗性增强，表明 3 个 R 基因聚合在一起时具有互补效应（Hittalmani *et al*，2000）。

对于易于产生新的致病型的病原菌如锈病和霉病而言，高而持久的抗性水平可通过 MAS 而获得。在几乎 50 个小麦叶锈病抗性基因 *Lr* 中，慢锈基因 *Lr*34 和 *Lr*46 在不同的环境以及对不同的病原菌表现为长期有效（Kolmer，1996；Singh *et al*，1998）。几个研究均表明 *Lr*34 与其他 *Lr* 基因如表现为敏感抗性的 *Lr*2、*Lr*12、*Lr*13 和 *Lr*16 的组合抗性效应得到了增强（Kolmer，1996；Kloppers & Pretorius，1997），已鉴定出与 *Lr*34 连锁的微卫星标记（Suenaga *et al*，2003），也开发出其他叶锈病基因如 *Lr*1、*Lr*9、*Lr*19、*Lr*24、*Lr*25、*Lr*28、*Lr*29、*Lr*32 以及高效介导抗性敏感应答的 *Lr*35 基因的分子标记（Seyfarth *et al*，1999；Huang & Gill，2001），从而有可能使得慢锈基因与其他敏感应答基因进行组合。小麦白粉病的抗性受种系特异性抗性基因和成株抗性（APR）基因共同控制，APR 在成株而不是幼苗延迟了病原菌的感染、生长和繁殖。3 个成株白粉病抗性 QTL 发挥效应已达 20 多年，已在小麦品种 Massey 中进行了定位（Liu *et al*，2001），在这 3 个位点含有 Massey 等位基因的重组自交系平均病率 3.4%，而在 3 个位点含有易感亲本等位基因的 RI 家系平均病率为 22.3%。鉴定出的与这 3 个 QTL 有关的微卫星标记可用于白粉病成株抗性的 MAS，并同时或不同时选择种系特异性的白粉病抗性基因。与主要小麦白粉病抗性基因连锁的分子标记适合于进行 MAS 的有 *Pm4a*（Ma *et al*，2004）、*Pm5e*（Huang *et al*，2003）以及其他的一些 *Pm* 基因（Ma *et al*，2004；Huang *et al*，2003）。

表 7-1 不同作物中与抗病性有关的基因标记举例

病虫害	R 基因	分子标记	备注	文献
小麦				
叶锈病	*Lr*34（*T. aestivum*）	SSR	*Lr*34 以数量方式表达抗性	Suenaga 等，2003
	Lr 35（*T. speltoides*）	STS 和 CAPS	成株叶锈 R 基因	Seyfarth 等，1999
	*Lr*47（*T. speltoides*）	CAPS	抗广谱的叶锈菌系	Helguera 等，2000
秆锈	*Sr*31	STS	广谱 R 基因	Mago 等，2002
白粉病	Qpm. vt-1A Qpm. vt-2A Qpm. vt-2B	SSRs	来自 T. aestivum 品种 Massey，数量抗性，1981 年后使用	Liu 等，2001
	Pm4a	CAPS		Ma 等，2004
	Pm5e	SSR		Huang 等，2003
赤霉病	Qfhs. ndsu-3BS 来自苏麦 3 号	RFLPs	苏麦 3 号是主要的赤霉病抗源	Anderson 等，2001
条锈病	Yr15	RAPD 和 SSR	对条锈病菌系存在广谱抗性	Chaguè 等，1999
	YrMoro	STS		Smith 等，2002
水稻				
白叶枯病	xa5	STS	3 个白叶枯病抗性基因已聚合到高产感病品种 PR106 中	Singh 等，2001
	xa13	STS		
	Xa21	STS		
稻瘟病	Pi5（t）	CAPS	广谱抗性	Jeon 等，2003
	Pi1，Piz5，Pita	RFLP 和 SAP	聚合了三个抗性基因	Hittalmani 等，2000
	Piz，Pizt	基于 PCR 的 SNP		Hayashi 等，2004
	Pi-b，Pi-k，Pita2	SSRs		Fjellstrom 等，2004
瘿蚊病	Gm7	SA598 SCAR		Sardesai 等，2002
褐飞虱	bph2	STS		Murai 等，2001
大麦				
大麦黄色花叶病毒病	rym4/rym5	SSR	3H 染色体上的 rym4 和 rym5 对于 BaMMV 而言是等位的	Graner 等，1999；Williams，2003
	rym4，rym9，rym11	SSRs		Werner 等，2003

（续表）

病虫害	R 基因	分子标记	备注	文献
叶锈	Rph7	CAPS	欧洲使用	Graner 等，2000
	Rph15	CAPS	广泛使用	Weerasena 等，2004
玉米				
甘蔗花叶病毒病（SCMV）	Scm1 和 Scm2	SCAR 和 CAPS	精细定位于玉米的 6 号（Scm1）和 3 号（Scm2）染色体上	Dussle 等，2002
糖用甜菜				
Rhizomania（BYNVV）	Rr1 从 Beta maritima 渐渗而来	SCAR F6 SCAR N9	F6 等位基因与 Rr1 相引连锁，N9 等位基因与 Rr1 相斥连锁	Barzen 等，1997
番茄				
黑霉病	从 L. cheesmanii 渐渗的 QTL	CAPS 和 RFLP	2 号染色体上的 QTL 最有效	Robert 等，2001
软根腐病	py-1 从 L. peruvianum 渐渗而来	CAPS	抗一种土传真菌病害的隐性基因	Doganlar 等，1998
白粉病	Ol-1 从 L. hirsutum 渐渗而来	SCAR	不完全显性基因	Huang 等，2000
根结线虫病	Mi 从 L. peruvianum 渐渗而来	RAPD		Williamson 等，1994
	Mi3 从 L. peruvianum 渐渗而来	RAPD 和 RFLP		Yaghoobi 等，1995
苹果				
疮痂病	Vf3 从 Malus Floribunda 821 渐渗而来	AL07-SCAR 与 M19-CAPS 和 M18-CAPS 共分离	有效地抗大多数病原菌种系	Tartarini 等，1999 King 等，1999
	Vm 从 M. micromalus 渐渗而来	STS		Cheng 等，1998
霉病	Pl1	SCAR		Kellerhals 等，2000
葡萄				
白粉病	Run1 从 *Muscardinia Rotundifolia* 渐渗而来	AFLP，CAPS，SCAR	在 Bordeaux 和 Montpellier 可有效地抗大多数病原菌基因型	Pauquet 等，2001 Donald 等，2002

一些病原菌的抗源常常不在栽培物种而在近缘的野生种质中。抑制与渐渗片断的重组可导致基因的“连锁累赘”产生不希望的表型效应，从而需进行多次的回交。利用分子标记选择使渐渗片断最小化以减少或排除连锁累赘所引起的不利影响。例如，选择的 *Malus* 材料含有来自 *M. floribunda* 抗疮痂病基因 *Vf* 的最小染色体片断（King *et al*, 1999）。同样，MAS 也用于进行小麦－黑麦重组系的选择，这些重组系既含有来自黑麦的抗锈基因（*Lr*26、*Sr*31/*SrR*、*Yr*9）和抗白粉病基因（*Pm*8），不存在与黑麦 *Sec*-1 位点紧密连锁的有害的籽粒品质性状（Mago *et al*, 2002）。在葡萄（*Vitis vinifera*）中，单显性白粉病抗性基因 *Run*1 已从野生圆叶葡萄 *Muscadina rotundifolia* 导入。利用 RFLP 标记对 *Run*1 所在的区段进行了定位（Pauquet *et al*, 2001），筛选出的标记适合于选择优质基因型，而来自 *M. rotundifolia* 基因组的小区段含有 *Run*1，3 个 AFLP 标记适合于随后对葡萄品种的 *Run*1 进行 MAS。在马铃薯中，抗性的引入也大多依赖于野生种质，从而常常与连锁累赘有关。从 *Solanum bulbocastaneum* 中引入抗晚疫病的渐渗过程中，从 BC_2 群体鉴定出几个抗性个体在 6 条或更多的染色体上的分子标记表现为轮回亲本的等位基因，这些系选作优良的亲本材料用于随后 BC 世代（Naess *et al*, 2000）。马铃薯主要病害的抗性基因已经定位，已经筛选出辅助选择抗性基因型的分子标记（Gebhardt & Valkonen, 2001）。

在抗性表现型由 QTL 控制时连锁累赘问题更大。在栽培番茄（*L. esculetum*）中未报道过对黑霉病存在抗性，利用抗黑霉病的 QTL 所在染色体区段的两侧或内在的 RFLP 和基于 PCR 的标记已将抗性 QTL 从野生种 *Lycopersicon cheesmanii* 渐渗到栽培番茄中（Robert 等，2001），2 号染色体上的一个 QTL 对黑霉病的抗性存在正效应，其他 2 个与提高抗性水平有关的 QTL 则与不利的农艺性状相关联。

当抗病表现由隐性或不完全显性基因控制时分子标记则是诊断抗病基因更有价值的一种方法。番茄对软根腐病和白粉病的抗性分别由隐性基因 *py*-1（Doganlar *et al*, 1998）和不完全显性基因 *Ol*-1（Huang *et al*, 2000）控制，利用与 *py*-1 有关的共显性 CAPS 标记以及在相引相和相斥相与 *Ol*-1 有关的显性 SCAR 可将这些基因整合进现代番茄品种，加快抗病性育种进程。

利用分子标记选择长世代栽培的树木物种具有更多的优势，对那些自交不亲和的或树苗期长的更是如此。真菌 *Venturia inaequalis* 是苹果最大病害疮痂病的病原菌，抗性基因 *Vf* 两侧的共显性 PCR 标记可鉴定苗期纯合的抗性基因，从而不必再进行传统的测交试验（King *et al*, 1999; Tartarini *et al*, 1999）。桃树 *Mij* 基因使得根茎对根结线虫 *M. incognita* 和 *M. javanica* 产生抗性，可借助该基因的一个共显性 STS 标记选择纯合的抗性个体（Lu *et al*, 1999）。

分子标记也可提供特定栽培区域病菌种群毒力功能的信息，从而有助于确定病原菌征服现有 R 基因的可能性。例如，利用分子标记诊断已经获得了 *Meloidogyne* 属根结线虫（*M. incognita*、*M. javanica*、*M. arenaria*）征服番茄抗性基因 *Mi* 的能力（Xu *et al*, 2001）。与此类似，在害虫中已经鉴定出至少 3 个突变与高水平抗 Bt 毒素有关（Tabashnik, 2001）。当 Bt 毒素抗性等位基因为隐性或稀少（最常见的情形）时，经典的生物测定对确定它们是否存在是无效的。主要害虫中 Bt 抗性基因的发现可以建立一种基于 DNA 的对罕见的突变事件进行监测的策略，这在 Bt 作物的害虫抗性管理中将发挥作用。

第三节　耐逆性 MAS

一、对低温逆境耐性的 MAS

除了春化的需要，越冬作物也需要耐霜和耐冷性。耐冷性为复杂的数量遗传，这为利用 MAS 的途径增加耐性表型值增加了难度。不过，也有个别成功的例子利用 MAS 改良作物的耐冷性。在大麦的 5H 染色体上鉴定了 2 个紧密连锁的耐冷性 QTL（Francia *et al*，2004），这些 QTL 与调节 mRNA 水平的 QTL 以及 2 个寒冷调节（COR）基因的蛋白质积累是一致的（Vagujfalvi *et al*，2003；Francia *et al*，2004）。带有 CBF 转录因子信号的几个基因成簇定位于该区段。既然在其中一个 COR 基因的基因组调节序列中发现了一个 CRT/DRE 识别位点以及一个潜在的与 CBF 转录因子互作的位点，鉴定出的 CBF 基因则为该 QTL 的候选基因（Francia *et al*，2004）。因为 CBF1 的过量表达诱导 COR 基因并增强拟南芥的耐寒性（Jaglo-Ottosen *et al*，1998）。这些结果支持了 CBF 基因家族的成员可能在广泛的植物中调节逆境反应。在两套冬、春大麦基因型以及来自于高耐和敏感基因型组合的一个双单倍体群体中，PCR 标记（一个 RAPD 标记和一个来自小麦 5H 染色体上耐寒性 QTL 的 RFLP 序列的一个 STS）检测耐寒性水平的能力已得到确认（Tòth *et al*，2004），这 2 个标记可有效地区别耐寒和对寒冷敏感的基因型，在不同的育种材料中利用这 2 个标记可说明与逆境环境中进行的表型选择相比仅提供 MAS 获得了多少耐寒性的增加。

一些逆境基因与作物中的耐逆性 QTL 共分离，位于小麦族（*Triticeae*）的 5 号染色体群两个脱水蛋白位点（Dhn1/Dhn2 和 Dhn9）含有耐冷、耐盐和 ABA 积累的 QTL（Cattivelli *et al*，2002）。这些发现已经用于豇豆的研究中，该植物中 35kDa 脱水蛋白（dehydrin）的积累与苗期耐冷性有关，脱水蛋白结构基因编码区的等位变异定位于脱水蛋白有无这一性状相同的位置，这与苗期耐寒性/敏感性有关（Ismail *et al*，1999）。

水稻是在热带和亚热带地区进化的，在温带和高原地区的种植易受低温逆境的影响。孕穗期的花药易受低温影响，从而因小穗的不育性而产生延迟抽穗和成熟并减产。Abe *et al*（2002）报道在一个水稻的可变氧化酶基因（*OsAOX1a*）中的一个 SNP 与两个定位于 4 号染色体上的孕穗期花药耐低温的 2 个紧密连锁的 QTL（*Ctb*1 和 *Ctb*2）密切关联，他们发现品种间 AXO 异构体分子量的等位变异在低温下存在差异，耐性与 QTL 共分离。这些结果表明该 SNP 是对耐性 QTL 进行 MAS 的优良工具，*Ctb*1 位点已进行物理定位，并鉴定了该 QTL 的 7 个候选基因（Saito *et al*，2004）。

二、耐旱性 MAS

干旱是世界农业最主要的环境逆境，尽管植物处于许多类型的环境逆境中，无论干旱、盐分或低温，渗透逆境构成了植物生长、生产和分布的最主要的限制因素。

有关干旱抗性的许多研究检测到与非逆境植株相比逆境植株在生理和生化方面发生的变化，从这些研究得出的抗旱性机制主要包括（Zhang *et al*，1999）：①缩短生活周期、光周期敏感性和发育的可塑性——“逃”旱（drought escape）；②强化水分吸收减少水分散失——避旱（drought avoidance）；③渗透调节（OA）和抗氧化剂的能力——耐旱（drought tolerance）；④耐干燥而恢复（drought recovery）。由于遗传力低以及显著的 G×E 互作等原因在水分逆境下直接选择籽粒产量是很难的（Ceccarelli *et al*，1991），一种替代的策略是选择在干旱条件下与增加籽粒产量有关的一些形态－生理性状。即使很难鉴定出在不同的水分限制环境下对产量表现稳定影响的性状，不过仍提出了这样的一些性状（Turner，1997）。渗透调节（OA）对于在极端干燥下维持细胞（组织）水分避免分生组织伤害是极其重要的。

另外，其他的一些机制对耐旱性也可能是重要的，包括：①深根系吸收深层土壤水分以满足蒸发需要；②通过减少叶面积和缩短生育期而适度地利用水分；③限制非气孔性的水分散失。因此，增强对干旱的耐性中包含很多的性状，使得耐干旱的分子育种变得很复杂。这里介绍一些耐干旱逆境的一些性状的定位及其开发利用潜力。

（一）渗透调节

单细胞受缓慢的渗透逆境影响后，即积累溶质以便在一定的叶片水势下维持较高的膨压。据报道在许多植物种和品种中存在 OA 的遗传变异，并在积累的溶质类型（即氨基酸、糖、多羟基化合物、四胺、离子、有机酸）方面存在差异（Bohnert & Jensen，1996）。

小麦的 OA 受 7A 染色体上一个单一位点上可变的等位基因的影响，高度应答的是隐性基因（Morgan & Tan，1996）。7A 位点上 OA 的控制主要基于钾的积累，其次为氨基酸的积累。在水稻中，干旱条件下 OA 的一个 QTL 在多个群体中位于 8 号染色体（Lilley *et al*，1996；Robin *et al*，2003）。比较作图表明水稻 8 号染色体含有 OA QTL 的区段与 Morgan & Tan（1996）鉴定的小麦 7A 染色体含有 OA 位点的片断、大麦 1 号染色体上所鉴定的在逆境调节下相对水分含量的 QTL（Teulat *et al*，2003）所在的片断具有部分同源性。同样，水稻 3 号染色体的一个 OA QTL 所在的基因组区段与玉米 1 号染色体部分同源区段共线性，在玉米中该区段与影响耐旱性的几个生理和农艺性状有关（Zhang *et al*，2001）。这些结果表明在禾本科进化期间，水稻、小麦、大麦和玉米这些基因组区段中的基因对干旱条件的应答是保守的，含有禾谷类作物的抗旱性改良所需的有用基因。在水稻 3 号染色体上控制 OA 的 QTL 区段已进行了饱和作图，在该染色体区段增加了新的标记和逆境相关的 EST，根据作者的建议（Nguyen *et al*，2004）这些标记可用于对优良的 QTL 等位基因进行 MAS。

（二）根穿透和形态学

雨养低地条件下已将组成性和适应性根系生长包含在改良水稻表现的工作中，Babu *et al*（2003）的研究中已经发现干旱逆境下根系性状与产量表现的关系。该研究利用一个水稻 DH 群体进行了灌溉和干旱逆境条件下控制生产性状的 QTL 定位，在 4 号染色体上，鉴定了一个干旱逆境下控制籽粒产量组成的一个主要区段；同时利用同一个作图群体进行了根系性状（如根穿透指数、茎基部根粗、根拉力和根的形态学）的鉴定，结果表明逆境条件下在4号染色体区段这些性状与产量和产量组成呈正相关（Babu *et al*，2003）。

Shen *et al*（2001）报道利用标记辅助BC程序改良优良水稻品种IR64影响耐逆性的根系性状，在4个深根QTL处严格按照标记位点基因型对Azucena（一个热带旱粳稻品种）等位基因进行前景选择直到BC_3F_2，含目标QTL的NIL表现出改良了根长（比IR64增加12%～27%）或增加深根重（2个NIL均有最高的表型增益，比IR64增加达75%）。

在影响根系性状QTL的基因功能的鉴定方面进行了干旱逆境下根系性状候选基因的定位（Zheng *et al*，2003；Nguyen *et al*，2004）。在干旱条件下鉴定为差异表达的基因，以及/或推定与根生长/修饰有关的基因，定位在影响根系性状的染色体区段。候选基因与根系性状QTL间的紧密连锁并不能明确地证明其间存在因果关系，不过利用NIL进行某个特定QTL的精细定位可使其间的因果关系得到进一步证实。尽管如此，与抗旱性QTL紧密连锁的序列可用作选择优良QTL等位基因的标记。

（三）碳同位素甄别率

碳同位素甄别率（carbon isotope discrimination，CID）提供了一种综合测定C3作物蒸腾效率（transpiration efficiency，TE；生产的干物质与蒸腾水分之比）的方法（Ehdaie等，1991）。光合作用期间，植物更喜欢结合轻碳同位素（^{12}C）而标识重碳同位素（^{13}C），其结果CID与叶内/环境CO2浓度之比（Ci/Ca）正相关，而与TE为负相关（Ehdaie *et al*，1991）。这样较高的Ci/Ca产生较高的CID和较低的TE。选择中利用CID的主要优点是其遗传力高，在干旱地区G×E互作小（Merah *et al*，2001）。

Teulat *et al*（2002）首次报道在地中海大田条件下生长植株的成熟籽粒CID的QTL研究，鉴定出10个QTL与CID的变异有关，其中，8个CID的QTL与先前用同一群体鉴定出的影响植株水分状态、OA以及/或产量组成的QTL重叠，这些区段是植物育种感兴趣的，因为它们既控制了禾谷类的重要的干旱适应性状又控制了产量组成。

（四）物候性状

当玉米开花前或开花期间遇到干旱逆境时，延迟吐丝，开花－吐丝间隔（ASI）增加。雌、雄花的不同步性与干旱条件下的减产有关（Ribaut *et al*，1997）。在低产条件下，次级性状如ASI的选择可提高选择效率，ASI与籽粒产量高度相关，且具有较高的遗传力（Bolanos & Edmeades，1996）。在热带开放授粉品种中缩短ASI的选择与干旱条件下产量改良有关。分子标记鉴定了4个基因组区段与玉米的产量和ASI表达有关（Ribaut等，1997），其中，3个区段短的ASI等位基因对应于籽粒产量的增加，仅有一个区段短的ASI等位基因对应于籽粒产量的下降。在育种策略的设计中，与ASI有关的QTL的选择应与籽粒产量的选择相结合。

持绿性（stay-green）是高粱的一种重要形式的抗旱机制，表现为开花后土壤缺水逆境下抗未成熟衰老。RIL和NIL的QTL研究已经鉴定出几个基因组区段与抗花前和花后的干旱逆境有关（Haussman *et al*，2002；Sanchez *et al*，2002）。在Sanchez *et al*（2002）的工作中，3个持绿QTL *Stg*1、*Stg*2和*Stg*3分别可解释表型方差的20%、30%

和16%，至少作为最重要QTL *Stg*2，在几个不同的作图群体和环境下是一致的，对于该QTL已经通过标记辅助BC育种培育出NIL，并利用高粱BAC克隆获得该序列的物理重叠群。因为*Stg*1和*Stg*2的基因组区段的平均标记区间分别为1.3cM和1.7cM，从而可用这些信息改良高粱的抗旱性。另外，高粱可用作禾本科比较作图分析的桥梁物种（Paterson *et al*，2000），抗旱性育种也是其他作物如玉米或小麦的一个重要目标，这些作物的持绿现象也已报道，在高粱该QTL精细定位后，DNA标记可用于探明玉米或小麦中所对应的直系同源区段。

（五）种子萌发

最小化由干旱逆境所引起的农业损失的一种重要途径是通过遗传的手段培育能避开或忍受干旱期的植物品种。耐旱性的选育很困难，因为耐旱性是一种受发育调节的特定阶段的现象（Richards，1996）。大多数番茄的商业化品种在植物发育的所有阶段对干旱逆境敏感，种子萌发和幼苗生长期更为敏感。通过 *Lycopersicon esculentum* 的一个育种系与一个萌发期间耐逆性的 *Lycopersicon pimpinellifolium* 杂交获得了在逆境下种子萌发率分离的番茄群体（Foolad *et al*，2002），利用119个RFLP对分布极端的材料进行标记分析以检测快速萌发系与缓慢萌发系间标记等位基因频率的统计差异。检测到干旱逆境下4个萌发率QTL，位于1、9号染色体上的QTL来自亲本 *L. pimpinellifolium* 的优良等位基因效应值大，而8、12号染色体的QTL其优良等位基因来自轮回亲本 *L. esculentum*。总体结果表明番茄种子萌发期耐旱性受遗传控制，通过直接的表型选择或MAS即可得到改良。

三、耐盐性和耐铝毒 MAS

灌溉是农用地退化的常见原因，因为溶于灌溉水中的盐在蒸发之后留在土壤中。因为水稻偏爱灌溉、对盐分敏感以及相对小的基因组，在水稻中已对盐分进行了特别的研究。Lee *et al*（2003）发现几个生长参数的减少在籼稻（耐）品种比在粳稻品种中显著地低。耐盐的籼稻品种具有良好的 Na^+ 排出机制，吸收大量的 K^+，在茎中维持低的 Na^+/K^+ 比。而粳稻耐性品种吸收的 Na^+ 少，其排出 Na^+ 不如籼稻品种好。从总体上看这些结果表明对于所有测定的参数籼稻的耐性水平比粳稻高。这些结果通过与水稻耐盐性有关的生理性状的QTL定位而得到证实（Lin *et al*，2004）。该研究利用高耐盐性的籼稻品种与一个敏感的粳稻优良品种衍生的一个分离群体而进行QTL分析，2个主效QTL效应值大，茎 Na^+ 浓度QTL（*qSNC*-7）位于7号染色体，茎 K^+ 浓度QTL（*qSKC*-1）位于1号染色体，分别可解释总表型变异的48.5%和40.1%，耐盐性品种在 *qSNC*-7 和 *qSKC*-1 QTL处等位基因的加性效应分别引起茎 Na^+ 浓度的减少和 K^+ 浓度的增加。在分离群体的3个 F_3 家系中，聚集了来自耐盐品种与耐盐性有关的3～4个生理性状QTL（包括 *qSNC*-7 和 *qSKC*-1）的等位基因：这些系表现出在盐逆境下幼苗存活性能与抗性亲本相当或更好。以上结果表明利用MAS进行QTL聚集的育种方法可用于培育高耐盐的品种。

铝毒是热带和酸性农业土壤的一个主要限制因子。利用面包小麦（*T. aestivum*）重组自交系，在4D染色体的长臂上检测到耐铝毒的一个单一位点（Riede & Anderson，1996）。在大麦4H染色体上也发现了耐铝毒的一个单一基因（*Alp*；Tang 等，2000），现已鉴定出与该位点有关的微卫星标记（Raman 等，2003）。微卫星标记已在耐铝毒的 F_3 分离群体中得到确认，该标记预测耐铝毒表现的精度超过 95%。先前的研究表明在小麦（*AltBH*）、黑麦（*Alt*3）和大麦（*Alp*）中耐铝毒的 4 号部分同源染色体的长臂上存在一个保守的基因组区段（Miftahudin 等，2002）。基于共同的标记 *AltBH*、*Alt*3 和 *Alp* 基因为直系同源位点，因为 4DL、4RL 和 4HL 染色体具有高水平的同线性，它们可能拥有共同的功能。Triticeae 中耐铝毒的一个机制是排铝，该机制通过有机酸（苹果酸）介导 Al 的激活释放，根围螯合 Al^{3+} 而阻止 Al 进入根尖。水稻的一个主效耐铝 QTL 来自 *O. rufipogon* 定位于 3 号染色体上，根据比较作图分析该 QTL 与 Triticeae 的 4 号染色体群携带主效耐铝基因的基因组区段表现出直系同源（Nguyen *et al*，2003）。即使在水稻中尚缺乏耐铝毒的证据，共线性基因组的类似性状位于相同的染色体区段提出了如下猜想：这些位点由一个单一基因的不同等位基因编码。如果该假说正确，Triticeae 部分同源的 4 号染色体长臂上的耐铝毒位点将提供几个作物耐铝毒育种的有用种质资源。

第四节　品质性状 MAS

大多数品质性状表现出连续变异并受环境条件影响。尽管如此，对于一些品质性状 MAS 仍是一种可靠的选择方法，表 7－2 中列出了几种重要的作物如番茄、大麦、小麦、棉花和水稻的一些品质性状的例子。

表 7－2　植物中重要的品质性状分子标记举例

物种	性状	位点/基因	分子标记	文献
番茄	总可溶性固形物（糖和酸）	*Brix*9-2-5	RFLP，SCAR，CAPS	Fridman 等，2000
	总可溶性固形物（糖和酸）	*Brix*TA1150 QTL	RFLP，SCAR	Frary 等，2003
	水果伸长和颈部收缩	*ovate*	RFLP，SCAR，CAPS	Liu 等，2002
	果重	*fw*2. 2	RFLP，CAPS	Frary 等，2000
大麦	麦芽品质	QTL1（1H 染色体） QTL2（4H 染色体）	RFLP	Han 等，1997
	麦芽品质	3H，6H 和 7H 染色体上的 QTL	RFLP	Igartua 等，2000
小麦	面筋强度（HMW 麦谷蛋白）	*Glu*-1 等位基因	SCAR	Radovanovic 等，2003；Ma 等，2003
棉花	纤维强度	QTL_{FS1}	SSR，RAPD	Zhang 等，2003
水稻	食用和蒸煮品质	*Waxy*	SSR	Zhou 等，2003

一、番茄

可溶性固形物含量对于加工番茄是极其重要的，因为较高糖含量的品系在浓缩过程中仅需很少的能量投入（很少用于烹饪）。为揭示糖含量变异的分子基础，鉴定出一个总可溶性固形物（糖和酸）的 QTL *Brix*9-2-5，来自绿果番茄种 *Lycopersicon pennellii*（Fridman *et al*，2000）。该 QTL 的遗传基础已通过图位克隆进行了解析，为 *Lin*5 基因，编码一种水果特异性的非原质体转化酶（蔗糖酶），推测调节水果库强。*L. pennellii* 的 *Brix* 等位基因在栽培番茄不同的遗传背景和不同的环境中增加葡萄糖（28%）和果糖（18%），可溶性固形物含量增加 3 倍（达鲜重的 15%）。*Brix*9-2-5 表现为部分显性，与果重和产量独立遗传。增加可溶性固形物的另一个 QTL 已从 *L. chmielewskii* 1 号染色体渐渗到栽培番茄中，产生了一个渐渗 56cM 的 NIL。利用该 NIL 与栽培番茄杂交，产生 F_2 分离群体，通过渐渗两侧标记的 RFLP 分析进行重组体鉴定后，该群体所衍生的次级 NIL 中来自 *L. chmielewskii* 的渐渗片断减少。通过标记分析确定精确的重组位点使得鉴定的一个次级 NIL 仅含有 19cM 的渐渗片断，且含有可溶性固形物 QTL。

番茄中另一个重要的性状是果形。20 世纪遗传学家鉴定出的隐性的梨形番茄果形基因 *ovate* 定位于 2 号染色体上，而最近遗传分析则表明卵形为一种数量性状，控制番茄和茄子中果实的伸长和颈部的收缩。主要 QTL *ovate* 最近已从番茄中克隆，编码一种调节蛋白（Liu *et al*，2002）。通过野生型（圆果）和 *ovate* 基因型的 OVATE 基因的测序在卵形基因型中鉴定出一个早终止密码子产生了从梨形向卵形的转换。

果重是番茄的另一个重要的数量性状。近 20 年从几个 *Lycopersicon* 种中检测到大量的果重 QTL，其中的 28 个在独立的研究中得到确认（Grandillo *et al*，1999）。在一个番茄群体中，*fw*2. 2 可解释果重变异的 30%，现已克隆主效 QTL *fw*2. 2 的基因（Frary *et al*，2000）。该基因产物与人类的致癌基因 *c-H-rasp*21*m* 具有序列相似性，在花发育期间表达。

利用一种 MAS BC 体系（Bouchez *et al*，2002）将控制水果品质的 5 个 QTL 从 *L. esculentum* var. cerasiforme 渐渗到 3 个遗传背景不同的栽培番茄中（Lecomte *et al*，2004）。该研究仅需 3 次 BC 就足以回复大部分受体基因组，而检测不到任何 QTL 的效应。因为品质 QTL 没有精确定位，为减少丢失 QTL 的风险，对于携带品质性状 QTL 的染色体几乎都进行遗传背景的选择，从而转移了供体染色体的大区段产生了不良的连锁累赘。明智的做法是精确定位 QTL，以便在目标 QTL 所在的染色体区段施以一定的选择压。然而，在本研究中标记辅助 BC 足以改良所用遗传背景的品质性状。

二、啤酒大麦

确定大麦适合制麦芽的方法包括分析籽粒性状、微量制芽以及麦芽品质性状的实验室分析。大麦籽粒和麦芽品质性状通常表现为数量变异，受遗传、环境因素以及 G×E 互作的影响（Fox *et al*，2003）。因而在育种程序中适宜使用 MAS 以克服环境因素的影响并减少成本以及费时的实验室分析。

在 Steptoe×Morex 的六棱大麦群体中，控制麦芽浸出率、α-淀粉酶活性、淀粉糖化酶效能以及麦芽β-葡聚糖含量的主效 QTL 已定位在 1 号染色体（QTL1）和 4 号染色体（QTL2）上。这 2 个 QTL 效应值大且在不同环境下稳定表达，可用于 MAS。RFLP 标记 *Brz* 和 *Amy*2、WG622 和 BCD402B 分别位于 QTL1 和 QTL2 的两侧，可用于比较不同选择策略的研究中（Han *et al*，1997）。除了表型选择（P）外可用于独自选择基因型（G），一前一后的基因型和表型选择（先基因型 G 后表型 P 选择 G→P），以及联合的表型、基因型选择（G、P 一起选择 G + P）。对 QTL1 进行 MAS（G→P 和 G + P）比表型选择更有效，而对 QTL2 进行 MAS 就不如表型选择有效，因为在所用的遗传背景中缺少 QTL2 的效应。

在 Harrington（北美制芽大麦标准品种）×TR306 的二棱大麦群体中，所检测的籽粒和麦芽品质性状 QTL 位于 3（3H）、6（6H）和 7（5H）号染色体上。根据在 7（5H）号染色体已鉴定的 2 个 QTL 的标记基因型选择进行 QTL 定位的来自于同一杂交组合的大麦品系（Igartua *et al*，2000），所选品系具有表型优势，且其效应值接近作图群体的估值。因而，MAS 在该群体中是有效的，但无证据表明这些 QTL 在其他组合的群体也有效。

三、小麦

小麦中最重要的品质参数与面包制作过程中面团（dough）的物理（流变学）特性有关，如延展性（extensibility）和抗延展（resistance to extension）。这些特性与胚乳面筋蛋白有关，包括 2 个主要部分：麸朊（gliadin）和麦谷蛋白（glutenin）（Ma *et al*，2003）。对于面团流变特性而言，高分子量（HMW）的麦谷蛋白一般比麸朊和低分子量（LMW）的麦谷蛋白重要，面包制作品质尤其是面团强度依赖于 HMW 麦谷蛋白亚基的组成，尤其是 *Glu-A*1*b* 和 *Glu-D*1*d* 等位基因。

种子蛋白的 SDS-PAGE 用于筛选小麦品系的麦谷蛋白多肽谱，该方法是较为有效的，因为在一个单一的凝胶泳道中可检测到多个位点的等位变异。根据小麦 HMW 麦谷蛋白基因 *Glu*-1 位点的编码和启动子区的序列变异已开发出基于 PCR 的分子标记（Radovanovic & Cloutier，2003）。在面包制作品质存在分离的 DH 群体进行测试，根据所用的标记不同，DNA 和 SDS-PAGE 蛋白标记检测结果存在 2% ~8.5% 的差异。

在澳大利亚商业小麦品种中也已开发出了 *Glu-A*1 位点基于 PCR 的分子标记（Ma *et al*，2003），这些品种在每个 HMW 麦谷蛋白（*Glu*-1）部分同源位点仅有 1 个或 2 个超显性等位基因，在一个简单的检测中通过单一的多重 PCR 反应产物即可区别主要的 HMW 麦谷蛋白。这些标记目前已用于基于 DH 的小麦育种程序进行 HMW 麦谷蛋白的 MAS。

四、棉花

棉花是一种经济作物提供纺织工业的原料。根据目前的估算，棉花产量组成分和纤维品质的遗传力为中到高（为 40% ~80%）。然而，纤维品质的遗传控制受 G × E 互作的影响，尤其是在水分管理体系中的差异（Paterson *et al*，2003）。

利用来自 *Gossypium anomalum* 渐渗系（优质）与一个标准棉花品种的杂交所衍生

的分离群体已鉴定出与纤维强度连锁的分子标记（Zhang *et al*，2003），3 个 SSR 和 6 个 RAPD 标记与 2 个纤维强度 QTL 连锁，与 8 个标记有关的一个主效 QTL（QTL_{FS1}）可解释表型变异的 30% 以上。利用 2 个 RAPD 标记和 1 个 SSR 标记进行 MAS，在 4 个不同的遗传标记中辅助转移 QTL_{FS1}，主效 QTL 在不同的遗传标记中表现出遗传稳定性，引起改良系的纤维强度的实质性增加。结果表明，MAS 对于增加纤维品质是有效的，尤其是利用与主效 QTL 有关的 SSR 标记时更是如此，因为该标记可鉴定纯合基因型。

五、水稻

中国一直致力于改良籼型杂交稻品种的品质，广泛种植的珍籼 97 其母本品质差，直链淀粉含量（AC）高、胶稠度硬（hard gel consistency）、糊化温度（gelatinization temperature，GT）低和高的胚乳垩白率。蒸煮和食用品质的 3 个性状受含有 Waxy 位点的基因组区段控制，珍籼 97A（雄性不育）的食用和蒸煮品质通过渐渗明恢 63（恢复系）的 Waxy 基因区段已得到改良（Zhou *et al*，2003）。在回交的 3 个世代利用 MAS，代表 Waxy 基因一个 SSR 标记 waxy 用于选择是否存在明恢 Waxy 区段，2 个 RFLP 标记位于 Waxy 位点两侧，界定了 6.1cM 的区间，用于选择两侧标记与 Waxy 间的重组体（以确保渐渗区段比两个 RFLP 标记界定的区间小）。一共有 118 个 RFLP 片断用于进行背景选择以回复非连锁位点珍籼的遗传背景。获得的选系及其杂种与明恢 63、汕优 63 相比表现为 AC 降低，GC 和 GT 增加，同时降低了籽粒的不透明性。本研究的结果也证实了 Waxy 区段对蒸煮和食用品质的 3 个性状具有主效应。

第八章　标记辅助选择展望

传统的植物遗传改良实践中，研究人员一般通过植物种内的有性杂交进行农艺性状的转移。这类作物育种实践虽然对农业产业的发展起到了很大的推动作用，但在以下几个方面存在重要缺陷。一是农艺性状的转移很容易受到种间生殖隔离的限制，不利于利用近缘或远缘种的基因资源对选定的农作物进行遗传改良。二是通过有性杂交进行基因转移易受不良基因连锁的影响，如要摆脱不良基因连锁的影响则必须对多世代、大规模的遗传分离群体进行检测。三是利用有性杂交转移基因的成功与否一般需要依据表型变异或生物测定来判断，检出效率易受环境因素的影响。上述缺陷在很大程度上限制了传统植物遗传改良实践效率的提高。

在基因组学和功能基因组学研究获得重大理论和技术突破，基因挖掘、分子标记辅助转移以及转基因技术获得较大进步的基础上，各国科学家力图利用分子育种技术克服传统育种的缺点。比利时的 Peleman & van der Voort（2003）提出了品种设计育种的技术体系。他们认为分子设计育种应当分 3 步进行：定位相关农艺性状的 QTLs，评价这些位点的等位性变异，开展设计育种。虽然在他们当时提出的技术体系中，品种分子设计的元件主要是指基于 QTLs 而创制的经过分子标记辅助选择的 QTL 渗入系和近等基因系，但是基于关键基因功能而创制的等位变异系和转基因系也日益被国内外育种专家认为是品种分子设计的重要元件。

由于品种分子设计是基于对关键基因或 QTLs 功能的认识而进行的，并采用了高效的基因转移途径，它具有常规育种无可比拟的优点，如基因转移和表型鉴定精确、育种周期短等。尽管如此，分子育种无论从理论上还是关键技术方面尚有大量的工作要做，第一，分子设计育种理论尚未建立，尽管已在基因组学尤其是水稻基因组学方面取得一些进展，但尚未系统解析作物育种主要目标性状的遗传基础，品种预测模型和整体设计思路仍需深入研究。第二，作物分子育种的关键技术还有待突破，缺乏大规模基因挖掘的技术平台，目标性状基因的精细定位还很少，拥有自主知识产权的实用分子标记还不多，缺少重大利用价值的新基因，缺乏规模化高效安全的遗传转化体系等。

第一节　标记辅助选择影响低的原因

利用分子标记进行辅助选择育种和基因克隆在理论上是可行的，但在遗传育种实践中成功的实例并不多，Tanksley SD & Nelson JC（1996）认为，其原因可能有以下几个方面。

1. QTL 的定位分析与品种的培育相脱节

通常用于 QTL 定位的群体为 F_2、$F_{2:3}$家系、回交群体或重组自交系群体，直接利用这些群体中定位的 QTL 培育优良的推广品种，仍需经过多代回交或自交，这需要相当长的时间。此外，由于 QTL 自身性质的限制，QTL 导入待改良品种的成功率大大降低。

2. 大多数与育种有关的 QTL 研究都局限在优良种质内

利用分子标记辅助选择在理论上可以大大加快有利基因的聚合，而实际工作中却仍存在一些问题。一方面，在优良品种中，尤其是白花授粉作物，遗传变异的水平已大大降低，从而导致检测 QTL 的能力降低。另一方面，用分子标记辅助选择的方法导入优良品种已定位的 QTL，会使培育品种的应用潜力减小。因为这些 QTL 在常规育种中已被反复多次利用，对其进行分子标记辅助选择，已无多大实际意义。此外，利用分子标记辅助选择所需费用比较昂贵，一般育种单位目前还无条件开展此项工作。

3. 数量性状基因定位的准确性依赖于对田间数量性状考察的准确性

数量性状极易受环境条件的影响，要完全消除环境带来的误差是不可能的。Lu C *et al*（1996）利用水稻 DH 群体在北京、杭州和海南三地种植，分别考查其株高等农艺性状，进行 QTL 定位。结果在三地共定位到 22 个 QTL，其中只有 7 个 QTL 是在三个环境中共同检测到的。Paterson A H（1991）在番茄上的研究得到类似的结论。这说明环境在数量性状的表达中起到重要的作用。

在一篇综述论文中，Bertrand C. Y Collard & David J Mackill（2008）从十个方面更为详细阐述了标记辅助选择这种技术目前对作物育种影响不大的原因。

一、DNA 标记技术开发尚处于早期

尽管 DNA 标记在 20 世纪 80 年代后期就已开发，对使用者更为友好地基于 PCR 的标记，如 SSR 直到 20 世纪 90 年代中后期才研制出来。主要谷类作物可用的 SSR 标记数量很大，而在开始时可用的标记却很少。近 10 年这些标记才得到广泛使用，实际结果尚未产生。在下一个 10 年及以后有关 MAS 的论文数量应有一个显著的增加。

二、标记辅助选择的结果不发表

尽管 QTL 定位有许多潜在的实际结果，其研究被认为是一种基础研究，结果常常发表于科学期刊。不过对于植物育种而言最终产品是新品种，尽管这些品种已经登记，在育种过程中有关利用 DNA 标记的详细资料则可以不提供。报道有限的另一个原因是私营种子公司出于竞争的考虑不愿说出技术细节。一般而言，报道的难题还延伸至 QTL 的确认和 QTL 定位。新发现的 QTL 常常在科学杂志上报道，但是这些 QTL 在其他种质中的再确认，以及更为适用标记的鉴定常常不认为是新发现而不能报道，这显然是不合适的，因为这类信息恰恰是 MAS 所需的。

三、QTL 定位研究的可靠性和精确性

QTL 定位研究的精确性对 MAS 至关重要，对复杂性状进行 QTL 定位时尤其如此，像产量这样的性状与简单性状相比受许多效应小的 QTL 控制。有许多因素影响 QTL 定位的精确性，如产生表型数据的重复水平以及群体大小（Kearsey & Farquhar，1998；

Young，1999）。模拟和实验研究表明利用典型群体（少于200）检测QTL的功效低（Beavis，1998；Kearsey & Farquhar，1998）。所定位QTL的置信区间可能很大，即使效应值大的QTL也是如此。此外，取样偏差也导致QTL效应估值的偏离，尤其在相对较小的群体中（Melchinger *et al*，1998）。这些因素对于MAS而言很重要，因为标记的选择依赖于QTL位置和效应的精确估计。

四、标记与基因/QTL连锁不充分

有时由于连锁不紧密，标记与基因/QTL间发生重组（Sharp *et al*，2001；Thomas，2003），即使根据QTL初步定位的遗传距离显示出紧密连锁这种情形也可能发生，因为一次QTL定位得到的数据可能不精确（Sharp *et al*，2001）。由此需要进行标记的确认以确定标记预测表型的可靠性，同时也说明了利用侧翼标记的优势。

五、有限的标记以及育种材料中标记的多态性有限

理想的情形是标记应在广泛的育种材料中“诊断”性状，即标记能够明确区别品种表达或不表达某个性状。遗憾的是DNA标记并不总是能够诊断。例如，小麦的一个SSR标记可诊断*Sr2*基因（抗茎锈病），但有三个澳大利亚感病品种例外，同样的标记等位基因也将这些品种诊断为抗源（Spielmeyer *et al*，2003），从而不能用该SSR标记在这些感病品种中导入抗性，必须开发另外的标记。在一些作物中即使有大量的可用标记，但在含有重要基因或QTL的特定染色体区段很难发现多态性标记。

六、遗传背景的影响

在某个特定群体鉴定出的QTL在其他遗传背景中可能没有效应，例如，Concibido *et al*（2003）定位到一个来自*G. soja*的QTL等位基因，在多个测试环境中使产量增加12%，随后通过标记辅助回交将该QTL等位基因渐渗到6个遗传背景中，以评价*G. soja*产量QTL在不同遗传背景中的适应性。该产量QTL的功效仅限于6个遗传背景中的2个，表明利用外源种质（此处为野生大豆）改良大豆产量仅在部分遗传背景上有潜力。在4个亲本自交系间杂交所构建的6个相互联系的F_2玉米群体中，显著的QTL×遗传背景互作的百分率籽粒含水量为8%，吐丝期为9%，籽粒产量为42%（Blanc *et al*，2006），假如这3个中籽粒产量是最复杂的，则这些结果暗示QTL×遗传背景互作对于大量的小效应值QTL控制的性状而言是最重要的。Stuber *et al*（1999）提出了籽粒产量这类性状，其QTL的表达常常与所在的遗传背景有关，而对于少数复杂性状如抗病虫性QTL的表达常常不受遗传背景的影响。不过也有例外，在苏麦3中发现的赤霉病抗性基因*Fhb*1（Waldron *et al*，1999；Anderson *et al*，2001；Pumphrey *et al*，2007）导入到13个遗传背景后，该等位基因在12个遗传背景中表现为正效应，在1个遗传背景中则为负效应（Pumphrey *et al*，2007）。这种负效应可能是由于*Fhb*1与受体自交种未知的背景基因间所产生的不利的互作。

七、QTL×环境效应

在玉米一个大规模的定位研究中，群体大小 $N=344$，共检测到籽粒产量、籽粒含水量、粒重、蛋白质含量和株高的 107 个 QTL（Melchinger *et al*，1998），其中 1/3 的 QTL 存在显著的 QTL×环境互作。显著的 QTL×环境互作，或者在一些环境中检测出 QTL 而在另一些环境中则检测不到该 QTL，在其他一些作物中也有报道，如大麦（Zhu，1999）、棉花（Paterson *et al*，2003）、燕麦（Zhu & Kaeppler，2003）、水稻（Zhuang *et al*，1997）、大豆（Reyna & Sneller，2001）、向日葵（Leon *et al*，2001）、番茄（Paterson *et al*，1991）和小麦（Campbell *et al*，2003）。

对于许多微效 QTL 控制的复杂性状而言，所估测的 QTL 效应不稳定性对于植物育种者有三个重要的含义：①性状如籽粒产量或株高的 QTL 估值在不同群体的可迁移性有限，这些性状的 QTL 定位必须在每个群体中重复进行，这种群体的特异性在 MARS 中得到说明，对每个群体重复进行基因分型、必须鉴定和构建选择指数的工作（Koebner，2003）；②因为许多 QTL 控制的复杂性状可能存在基因型×环境互作，同一群体必须在每个目标环境中进行定位；③因为取样误差大，如果目标是由许多位点控制的高度复杂性状的 QTL 定位，则推荐的群体大小为 $N=500\sim1\ 000$（Beavis，1994），不过每个群体鉴定 500~1 000个后代在育种计划中无疑是不可行的。

八、MAS 费用高

与常规的表型选择相比 MAS 的费用可能有很大的变化，这方面的研究还较少。Dreher *et al*（2003）和 Morris *et al*（2003）的研究表明 MAS 的费用－效率比决定于几个因素：性状的遗传、表型鉴定的方法、大田温室试验的费用以及人工成本等。值得注意的是购买设备投资很大，以及维护所需的日常开支。知识产权如专利的许可费用也影响 MAS 的成本（Jorasch，2004；Brennan *et al*，2005）。

九、研究实验室与植物育种机构间的“应用缺口”

在许多情形下，QTL 定位研究在大学进行，而育种一般在不同的场所如研究机构和私营公司进行。由于两大机构不在一起工作，向育种家转移标记及相关信息就显得很困难。更为重要正如 Van Sanford *et al*（2001）指出的转移问题与科学团体的修养有关。假如强调进行创新研究并在学术机构内发表研究结果，科学家并无动机确保研制出育种家可用的标记，并在育种计划中使用转移的标记。在不鼓励发表研究结果的私营机构更是如此。

十、分子生物学家、植物育种家以及其他学科中的“知识缺口”

DNA 标记技术、QTL 分析的原理及统计方法在过去的 20 多年中发展很快，分子生物学家所用的这些概念和术语可能不为植物育种家以及其他植物科学家理解（Collard *et al*，2005）。除此之外，许多专业化的设备基于分子水平的基因分型所用的尖端技术。同样，分子生物学家也不能很好地理解植物育种中的基本概念。这限制了常规育种与分子育种整合的水平，并最终影响新的育种系的培育。

尽管到目前为止 MAS 对品种培育的影响尚小，但研究者对其在育种中的应用潜力却寄予厚望。有人预测（Bertrand C. Y Collard & David J Mackill，2008）由于 6 个方面的因素导致在 21 世纪初 MAS 会在育种计划中得到高水平的应用。

第一，DNA 标记技术的范围已经延伸到植物育种机构，以及先前 QTL 定位所获得的大量数据，MAS 研究将导致 MAS 的大量应用。现在许多研究机构已经拥有标记基因分型所需的必要设备和专业技能。当然应用的频率依赖于可用的资助。

第二，“高代回交 QTL 分析方法”通过 QTL 定位与随后的品种培育相结合直接将 QTL 定位与植物育种整合在一起（Tanksley & Nelson，1996），已有几个例子将植物育种与分子育种进行了有效的合并，Toojinda *et al*（1998）和 Castro *et al*（2003）已将 QTL 定位与 MAS 育种结合，还有一些报道将 QTL 确认与品系培育结合（Flint-Garcia *et al*，2003），回交与近等基因系的培育特别有优势（Stuber *et al*，1999；van Berloo *et al*，2001）。理想的情况是 QTL 定位与标记辅助品系培育在育种计划中应一起考虑。

第三，遗传转化技术的应用意味着可通过 MAS 进行目标基因的选择而直接选择含转基因的后代，农艺性状差的特异基因型常常用于转化，因此 MAS 可用于优异品系培育中追踪转基因。

第四，近十年基因组学研究取得了快速发展，从功能基因组学研究所获得的数据中已鉴定出许多性状的候选基因，候选基因内的 SNP 对于关联作图以及最终的 MAS 非常有用（Rafalski，2002；Flint-Garcia *et al*，2003；Gupta *et al*，2005；Breseghello & Sorrells，2006）。这种方法避免了构建连锁图以及先前没有定位的新基因型进行 QTL 分析，不过还需对分离群体（F_2 或 F_3）进行基因分型和表型鉴定以便进行标记确认（Breseghello & Sorrells，2006）。此外，水稻以及其他作物种的基因组测序计划将提供巨量的数据用于其他禾谷类作物的 QTL 定位以及标记开发（Gale & Devos，1998；Yuan *et al*，2001；Varshney *et al*，2005）。不过与基因组研究有关的费用很高，如果投资远离实际的育种工作则对育种而言则是不利的（Brummer，2004）。

第五，已经开发出了许多高通量的 DNA 提取方法以及高通量的标记分型平台（Syvanen，2001，2005）。在一些作物中采用 SSR 和 SNP 标记的高通量分型设备，尽管这些新平台的费用比标准的分型方法高（Brennan *et al*，2005）。一些标记分型平台采用荧光标记引物进行高水平的多重 PCR（Coburn 等，2002），一些研究者认为，SNP 标记由于其丰度高以及高水平的多态性，SNP 分型平台的研制将对 MAS 的未来产生很大的影响（Rafalski，2002；Koebner & Summers，2003）。现在已经开发出许多常常用于医学的 SNP 分型平台，不过目前尚未有优良的平台得到广泛的应用（Syvanen，2001），基于阵列的方法如多样性阵列技术（Diversity Array Technology，DArT；Jaccoud *et al*，2001）以及单一功能多态性（single feature polymorphism，SFP；Hazen & Kay，2003；Rostoks *et al*，2005）检测提供了可用于全基因组扫描的低成本标记技术。

第六，大量可用的标记以及界面友好的标记和 QTL 数据的数据库的平行开发无疑会促进 MAS 的普遍应用。在禾谷类作物中有两个大规模的可用数据库“Gramene”和“GrainGenes”（Ware *et al*，2002；Matthews *et al*，2003）。为跟上数据不断的增长而对这些数据库进行的开发和管理对未来高效地利用标记是至关重要的（Lehmensiek *et al*, 2005）。

第二节　功能性分子标记的开发与应用

自20世纪70年代Grodzicker创立限制性酶切片段多态性（RFLP）标记技术以来，众多基于Southern杂交或PCR扩增技术的DNA分子标记陆续建立起来并应用于高等植物遗传分析中，如RAPD、SSR、AFLP、SNP等，另外还有在上述标记基础上开发出来AP-PCR、ISSR、STS、CAPS、SCAR等分子标记。此类DNA分子标记所检测的多态性在基因组的位置大多为随机分布，因此可以通称为随机DNA分子标记（random DNA markers，RDMs）。RDMs的发展大大提高了人们对基因组多样性、遗传作图等方面的研究效率，然而，因遗传重组引起的RDMs与目的等位基因位点之间的遗传连锁问题限制了RDMs作为诊断性分子标记的应用（Rafalski JA & Tingey SV，1993）。以生物多样性、QTL作图/基因定位的研究结果为基础的后续研究和应用仍然存在困难。例如，基于分子标记的生物多样性研究结果，在育种初始阶段进行亲本选择并未获得预期的结果；很多基于基因定位/QTL作图的标记辅助选择并未获得理想的结果，图位克隆也未获得相应的基因；分子标记辅助选择和分子设计育种在实践上的成功例子也极少。这说明以前的标记开发思路过于简单，今后必须针对基因序列或者基因序列的特定区域，首先进行表型效应的识别和验证，然后结合该序列碱基组成的多样性信息，开发出能鉴别不同表型的、简便易行的分子标记，即功能标记，如功能性的SNP标记、功能性的SSR标记等。通过功能标记的开发，识别功能基因及其各种等位基因的标签，可以更准确地检测和跟踪优良等位基因，最终推动标记辅助选择和分子设计育种在育种实践中的应用，实现快速、准确改良生物的终极目标。

一、功能性分子标记的概念与特点

（一）功能性分子标记的概念

随机DNA分子标记（RDMs）基于基因组中随机多态性位点开发而成，目的基因标记（Gene targeted markers，GTMs）基于基因与基因之间的多态性开发而成，而功能性分子标记（functional markers，FMs）基于功能基因基序（motif）中功能性单核苷酸多态性（SNP）位点开发而成。RDMs与GTMs的开发可以不依赖于表型，而基于功能基因基序中单核苷酸多态性位点开发而来的FMs则需要与表型直接相关。其实在功能性分子标记提出前，来源于功能基因的分子标记在植物育种（Eujayl I *et al*，2002；Hackauf B & Wehling P，2002；Thiel T *et al*，2003）、生物多样性（van Tienderen PH *et al*，2002）等研究中已经开始应用，例如，“功能标记”“目的基因标记”及“诊断标记”等名词出现，只是还没有明确提出“功能性分子标记”的概念。

Andersen & Lübberstedt（2003）定义了功能性分子标记的概念，即与表型相关的功能基因基序中功能性单核苷酸多态性位点开发而成的新型分子标记，功能性分子标记又可以分为直接类型功能性分子标记（direct functional maker，DFM）和间接类型功能性分子标记（indirect functional marker，IFM）。表 8 – 1 中比较了不同类型分子标记的DNA 来源、多态性位点的功能、功能序列的分析方法、标记开发的费用及标记的有效性等特点，从表中可以看出功能性分子标记由于其完全关联功能性基序，在应用上比RDMs 和 GTMs 更具有优越性。相对于 RDMs 和 GTMs，FMs 可以不用先对世代群体作图而直接利用，因此，也避免了由于重组引起的遗传信息的丢失，可以更好地表现自然群体或者育种群体的遗传变异。

表 8 – 1　不同类型分子标记的比较（Andersen JR. & Lübberstedt T，2003）

标记类型	DNA 序列来源	多态性位点功能	分析方法	标记开发费用	标记的有效性
RDM	未知	未知	—	低	低
GTM	基因	未知	—	低	中
IFM	基因	功能基序	关联分析	中	高
DFM	基因	功能基序	近等基因	高	高

（二）功能标记的特点

随机标记（RDMs）来源于全基因组 DNA 序列中某个任意位点的多态性，并不考虑该位点是否存在于基因中，即随机标记可能来源于基因序列（包括外显子和内含子）的多态性，也可能来源于基因间隔区序列的多态性；基因标记（GTMs）来源于基因序列内部的多态性，主要是外显子区域的多态性。RDMs 与 GTMs 的开发均不考虑标记位点的多态性与表型变异之间是否存在关联，因此属于匿名性标记。相反，功能标记（FMs）来源于基因序列内部的多态性，并且还要求该基因的多态性必须与表型变异相关联，即 FMs 标记来源于功能已经明确的且具有多态性的 DNA 序列。由于功能标记与功能性序列模体完全连锁（不存在交换重组），因此功能标记主要应用于以下方面：①在群体中有效跟踪目标等位基因；②控制性平衡选择（Controlled balancing selection）；③在自然群体或育种群体中，筛选有利基因；④在育种群体中，对影响相同或不同性状的 FMs 有利等位基因进行组合，实施“分子设计育种”；⑤构建连锁的 FMs 单倍型，消除连锁累赘。

与 GTMs 和 RDMs 相比，FMs 具有以下优点：

1. 功能标记的遗传效应值具有普适性，且可靠性高

RDMs 和 GTMs 遗传效应值的估计，依赖于该标记与目标等位基因的连锁相（Lübberstedt T *et al*，1998）及连锁的紧密程度。在以 RDMs 为基础的 QTL 作图中，即使 2 个作图群体的亲本完全一样，能在 2 个群体中同时检测出的 QTL 只有 60%；若 2 个作图群体只有 1 个共同亲本，则能在 2 个群体中同时检测出的 QTL 只有 38%；若 2 个作图群体无共同亲本，能在 2 个群体中同时检测出的 QTL 仅有 30%（Lübberstedt T *et al*，1998）。在 A × B 的后代群体中，经检测为具有正效应的 RDMs 基因，在 C × D 的后代群体中可能具有负效应。以 RDMs 为基础的 QTL 作图，对每个新构建的群体而言都

是必要的（RDMs 的遗传效应值在其他群体中缺乏可推广性和可演绎性）（Lübberstedt T *et al*，1998），因为不同群体具有不同的多态性 QTL_S 组合，即使作图群体的亲本关系很近，RDMs 与 QTL 的连锁相及连锁紧密程度也可能不一致，减数分裂过程中人工不可控制的交换重组会打破这种连锁，导致 RDMs 和 GTMs 的遗传效应值需要重新估计。

对于 FMs 标记，若某个序列模体在表型上的遗传效应得以确定，则由这个序列模体开发的 FMs，就可用来在广泛的遗传背景中跟踪目标等位基因，无需对该标记的功能效应值进行重新检测和验证。特别是在植物育种中，构建分离群体即杂交前的亲本选择以及随后的纯系或自交系的选择，功能标记均具有极大的辅助作用。利用功能标记的上述优点，在进行杂交育种、聚合育种时，可以用 FMs 进行有目的的等位基因组合（分子设计育种）；在群体改良和轮回选择时，FMs 可以避免目标位点的遗传漂变；在品种检测鉴定时，可根据 FMs 特征带的有无区分品种。

2. 功能标记可准确地检测、跟踪功能位点的目标基因

QTL 作图群体中所检测出的与目标位点等位基因连锁的 RDMs/GTMs，其在该群体后续世代的有效性，取决于 RDMs/GTMs 标记与目标位点基因连锁的持续性（连锁不平衡的程度）。这种持续性与 RDMs - 基因间的遗传距离、所跟踪的基因数目以及自 QTL 作图后群体所经历的世代数 3 个因素有关。因此，在 RDMs、GTMs 辅助选择过程中，至少需要 1 次表型考查以确认目标基因的存在。而在回交进程中利用 FMs 进行前景选择时，无须表型考查。

由于遗传重组较少，较长的染色体片段向下一世代传递，不利基因可能与目标基因连锁，特别是用不合适的材料作供体亲本时，更易出现连锁累赘。而 FMs 源于控制表型的序列模体，与目标基因紧密连锁，因此，可以高效地用来在较大的群体和广泛的世代中跟踪基因（Lübbersted T *et al*，2005），或者监测与表型变异相关的多态性。所以，在进行前景选择时，FMs 比 RDMs 更为有效。

3. 功能标记的多态性信息含量（Polymorphism information content，PIC）能反映功能性等位基因的遗传变异

一个基因位点的等位基因数目，同与之连锁的 RDMs 位点等位基因数目可能不同。例如，二等位的 AFLP 在读带时被记作有或无，而等位基因的数目可能多于 2 个。用 AFLP 标记来研究生物多样性时，通常认为具有相同分子量带的个体在该标记位点的核酸序列相同。事实上，该标记位点的核酸序列组成并不一定相同。尽管（复）等位性的 RDMs（如 SSR）也能描述等位序列多样性，但并不能证明其紧邻的基因序列也具有同等程度的多样性。然而，功能标记来源于具有多态性的、控制生态/农艺性状的序列模体内部，因此在植物育种与多样性研究中，FMs 能更准确地描述基因的多样性；在育种群体和自然群体中，更能准确地筛选和追踪已知基因。此外，在 FMs 开发过程中，积累了大量关于控制表型的序列模体特征和位置信息，这有助于在种质资源中发掘有利基因。

即使功能性标记被称为“完美的标记”，在一些方面仍带有局限性。首先，明确了农艺性状意义上的功能的基因仍十分有限。在模式植物拟南芥中也只有 10% 的基因被明确注释了功能，在作物中则更低，从而制约了 FMs 的大规模开发。目前被注释了功

能的基因也大多是生物学意义的功能，远远不能满足农艺性状意义的功能。在生物学上功能明确的基因并不一定具有农艺学意义上的功能。近十年来已经分离出一些控制农艺性状的数量性状位点或基因，如玉米株高 *tbl*（Thornsberry *et al*，2001）、番茄果重 *fw*2.2（Thornsberry *et al*，2001）、水稻株高 *Hd*6（Peng *et al*，1999）和食味品质 GBSS（Gupta PK & Rustgi S，2004）、小麦春化作用基因 *VRN*1（Yan *et al*，2003）和抗叶锈基因 *Lr*10/*Lr*21（Timmerman *et al*，1994；Feuillet *et al*，2003），这些数量性状位点或基因都可用于开发功能标记。FMs 的开发需要更多具有农艺性状意义的功能基因的分离和验证，另外，是否所有生态和农艺性状相关的基因都能检测到有用的等位基因对于 FMs 的开发至关重要，此外，即使目的基因的功能被注释和验证，合适试验材料的选择和通过表型特点来区分表型遗传效果等因素对于 FMs 的开发同样重要。

利用一个大群体进行关联分析所开发的间接功能标记，其遗传效应具有普适性，可以直接应用于育种。利用等基因系的比较开发的直接功能标记，其开发成本较高，且相关研究结果仅在特定的遗传背景中是可靠的。为了降低开发成本，首先可以通过关联分析来筛选序列模体，然后通过等基因系比较，最终开发出 DFMs。DFMs 需要在不同的遗传背景中进行广泛评价，从而更准确地估算其遗传效应。而 FMs 在表型效应上的稳定性尚需作充分研究，并要与植物材料的性状稳定性一致。因此，需要应用试验、统计和生物信息学等多种手段，积累不同来源的数据并进行综合评价，从而确证 FMs 遗传效应的估算值。

用不同的测验种进行多个测交，通过关联分析和纯合的等基因系比较，从而确定序列模体的加性和显性遗传效应。但加性和显性效应值的估计是相对的（如在一个特定的研究中，遗传效应值的估计不仅与基因有关，而且与基因的遗传背景有关）。因此，不同研究应当使用一个公用的参照材料，以便对不同来源的研究结果（数据）进行整合。生物材料的自交能力，是进行等基因系创建和关联研究的限制条件。对于自交不亲和或自交衰退严重的物种，需要对含有不同 FMs 等位基因的杂合基因型群体进行研究，其中遗传效应小的 FMs 检测会受检测对象内其他遗传成分的影响。因此，FMs 的开发，对于自花授粉物种、自交亲和物种及可自交的异交物种可行性更高。然而，自花授粉物种通常有较长的单倍型。对于这些物种，需要比较等基因系以确定序列模体的功能，并需构建（积累了多代的遗传重组的）群体以进行关联分析。分子标记辅助选择有助于提高选择效率，特别是在性状遗传率较低时。但是，在对大量遗传效应较小的基因进行选择时，标记选择的效率会有所降低。因此，在对某个数量性状进行 FMs 开发时，应该考虑最佳的基因数目，这是十分重要的。利用“关键基因”可以确保对目标性状进行理想控制，避免一因多效的负面影响。然而，仅使用较少的 FMs 将有助于降低开发成本，减少不利基因的连锁累赘。QTL 作图表明，QTL 的遗传效应是偏分布的，大效应的 QTL 极少，多数 QTL 具有适中或很小的效应。鉴于 FMs 开发的特性和限制因素（费力），初始的 FMs 开发应着眼于对表型变异有根本性影响的基因。因此，“关键基因”的选择，是 FMs 开发的最重要限制步骤。

二、功能性分子标记的开发

功能性分子标记的开发首先需要鉴定出群体中与表型相关的功能基因的功能性基序的序列，功能已经明确的基因的分离是功能性分子标记开发的前提。尽管目前在基因数据库（GenBank + EBI + DDJB）登录的基因序列已经有相当大的数量，但是，已明确具体基因功能的基因仍然不多，在模式植物拟南芥中（约 25 000 个基因），仅有 10% 的基因明确了具体的功能，在其他物种中，明确具体功能的基因相对更少。然而，基于同源序列功能推测的方法，在其他物种中推定的功能基因为 30% ~50%。采用这种同源推测方法及植物基因组的线性关系，已成功鉴定了大量与农艺性状相关的基因（Barnes S，2002；Ware DH *et al*，2002；Collins *et al*，1998；Quint M *et al*，2002）。另外，利用 RNA 干扰（Denli AM，2003）、T-DNA 和转座子基因标签（Walden R，2002；May BP & Martienssen RA，2003）及基因表达 QTL 作图（Jansen RC & Nap JP，2001）等方法也鉴定出了许多功能基因。总之，随着分子遗传学、分子生物学与功能基因组学等不断取得进展，越来越多的功能基因将被分离及验证。

研究人员不断地尝试多种方法使分子标记与编码序列联系起来，以缩短标记位点与目标性状基因间的距离。真核生物中大多数基因都是由外显子和内含子组成，外显子进化较慢，比较保守；内含子进化较快，变异大。基因转录时剪接掉内含子序列，加工产生成熟的 mRNA，即编码序列。利用真核生物中基因序列的特点，研究者先后开发了多种与编码序列相联系的分子标记，如 EST 分子标记、SRAP（Sequence related amplified polymorphism）标记、TRAP（Target region amplification polymorphism）标记、IFLP（Intron fragment length polymorphisms）标记和 SSCP（single-strand conformational polymorphism）- SNP 标记等。目前，基于 EST 开发的分子标记包括 EST-PCR、EST-SSR、EST-SNP、EST-RFLP 和 EST- AFLP。以 EST 为基础的分子标记具有开发简便、信息量高和通用性好等特点，已经被广泛地应用于比较作图、基因定位及寻找基因等，但开发成本较高。芸薹属植物中开发出来的 SRAP 标记利用独特的引物设计对 ORFs 进行扩增，上游引物长 17bp，对外显子进行特异扩增，下游引物长 18bp，对内含子区域、启动子区域进行特异扩增，因个体不同以及物种的内含子、启动子与间隔长度不等而产生多态性。TRAP 是利用生物信息工具和 EST 数据库信息，产生目标候选基因区多态性标记。TRAP 技术采用两个 18 核甘酸引物产生标记，一个为固定引物，依据 EST 序列设计；另一个为随机引物，针对外显子和内含子的特点，设计为分别富含 GC 或 AT 核心区的任意序列。但 SRAP 仅能触及 60% 的表达序列，而 TRAP 更少。IFLP 和 SSCP-SNP 则是针对特定的基因在内含子两侧设计引物扩增目标内含子，以达到特定基因定位的目的（图 8 - 1）。

（一）间接类型功能性分子标记

多态性的等位序列是功能性分子标记开发的必要条件，然而，迄今为止，大规模基因组序列或表达序列标签主要集中在一个物种中的一个基因型或少数几个基因型中（The Arabidopsis Genome Initiative，2000；Yu *et al*，2002），因此，仅有少数基因可以比较其等位基因的序列多态性（*Dwarf8*，Thornsberry JM *et al*，2001；*COL1*，Osterberg MK *et al*，2002）。由两个个体同一位点上平均序列分歧决定的核苷酸多样性在物种及种间存在相当大的变异（Small RL *et al*，1999；Filatov DA *et al*，1999；Shepard KA *et al*，2003；Tenaillon *et al*，2001；Hagenblad J *et al*，2002；Zhu *et al*，2003），其中，自花授粉物种的变异远低于异花授粉物种（Pollak E，1987；Baudry E *et al*，2001）。

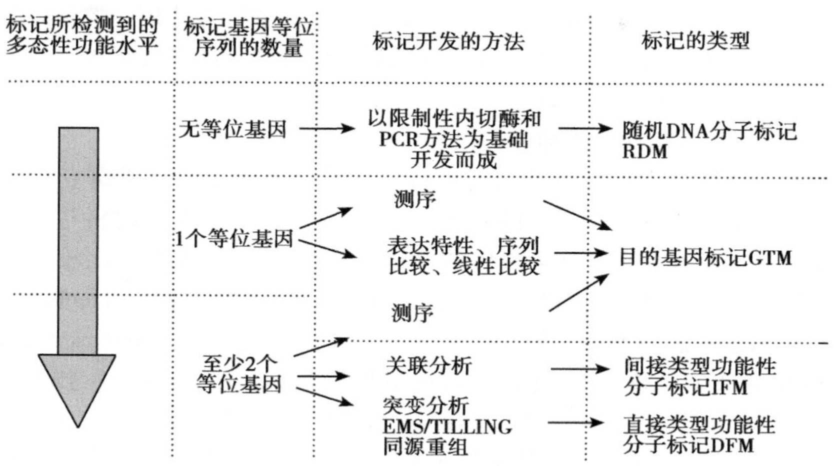

图　不同类型分子标记描述

（Andersen JR & Lübberstedt T，2003；杨景华等，2008）

关联分析方法依赖于基因组中等位基因单倍型的非随机性为基础的连锁不平衡，该方法可以用来鉴定表型相关的基因和基因内部的功能基序。以一些相互间无亲缘关系的种质资源、纯系品种或自交系为材料（不需要人工杂交自交构建作图群体），针对候选基因区段进行序列多样性分析，结合生物材料的表型数据，采用统计学的方法，从而检测表型变异与候选基因序列多样性之间的关联，也是一种验证候选基因表型功能的途径（Whitt SR & Buckler ES，2003；Wilson LM，2004）。若二者之间存在显著关联，则来源于该位点的可检测该序列多样性的分子标记，即成为相应的功能标记。此方法充分利用自然进化和人工进化过程中所积累的遗传重组，从而可高分辨率地检测现存物种中候选基因的遗传多型性与表型变异之间的关系（Simko I，2007），最终识别功能性的多态性及互作（Bao JS *et al*，2006），进而获得功能标记。起始于人类遗传学的关联分析，通过 htSNPs 进行基因分型，然后结合表型数据鉴别或确认控制表型的基因或其内部的序列模体。关联分析不仅需要对等位基因进行广泛测序，而且还需要具有代表性的群体以便进行表型研究。由基因内多样性所导致的表型差异，其区分与剖析需要高的遗传分辨率（即低水平的连锁不平衡）。在 QTL/基因作图时，应用 htSNPs 进行基因型分型，可以降低 SNPs 分析的工作量。如 Thornsberry *et al*（2001）应用控制开花期的位点 *FRI* 的分子标记，对 92 个玉米自交系进行关联分析发现，开花时间与株高之间存在高度的相关性，这推动了株高基因 *Dwarf*8 的测序，从而发现了 41 个与不同开花期紧密关联的单倍型。

通过关联分析开发功能标记时，需要首先研究清楚基因中的 LD 方式。在拟南芥中，LD 区域达 10kb 以上，而玉米中 LD 区域不到 1kb 。因此，在 LD 水平低的物种（如玉米）中，关联分析有助于鉴别控制表型的序列模体（一些核苷酸或核苷酸插入/缺失），还能确定这些序列模体、基因的遗传效应。但对于 LD 水平高、单倍型序列/结构较长的物种，若要鉴别多态性是否与表型变异相关，由于遗传背景可能影响关联分析的结果，因此仅依靠关联分析是不够的，需要采用一些统计方法用于控制未知的群体结构。在鉴别序列模体的功能时，关联分析仅能提供统计学上的间接证据，故 Andersen *et al*（2003）将其称为间接类型的功能标记。

（二）直接类型功能性分子标记

利用乙基甲磺酸（EMS）对基因组进行局部的定向诱变或随机诱变，可产生较大的突变群体（该群体中含有一系列的错义突变）。利用获得的突变材料与原始野生型回交获得等基因系（仅存在单个序列模体的差异），然后筛查点突变，比较等基因系的表型差异，获知差异序列模体的功能（提供关于其功能的直接证据）（Henikoff S & Comai L，2003），再从这些经功能鉴定的序列模体中开发出功能标记。Andersen *et al*（2003）将通过 EMS 诱变或 TILLING（targeting-induced local lesions in genomes）技术开发的功能标记称为“直接功能标记”。如 Colbert *et al*（2001）利用高通量的 TILLING 技术对 *Sir2B* 基因进行点突变检测，发现其中的 5 个 G/C 向 A/T 的转换，并获得了这些点突变（SNPs）位点的功能标记；Till *et al*（2003）在 100 多个基因序列中检测出了 >1 000个 EMS 诱导的可引起表型变异的点突变。

此外，通过遗传转化将等位点转化至近等基因系中可以直接验证基序中多态性位点突变后的功能。但是由于高等植物遗传转化过程中，T-DNA 在基因组中大多为随机插入整合，位点效应及多点插入等原因可能会影响到覆盖等位基因间的数量表型效应，这些问题可以通过基因位点目的性同源重组来解决（Hanin M & Paszkowski J，2003）。

建立在化学诱变基础上，通过 TILLING 技术来开发功能标记，存在两个明显的不足，一是点突变很难被检测出来，二是化学诱变引入了大量的点突变，使得表型分析变得相对困难。因此，通过诱导突变，每次只能开发极少基因的功能标记，效率较低。

（三）相关序列扩增多态性

相关序列扩增多态性（sequence-related amplified polymorphism，SRAP）又称为基于序列扩增多态性（sequence-based amplified polymorphism，SBAP）。由美国加州大学 Li & Quiros 于 2001 年提出。引物设计是 SRAP 分析的核心。SRAP 标记分析共有两套引物。在一组正向 SRAP 引物中使用“CCGG”序列，其目的是使之特异结合 ORFs 区域中的外显子；当然，由于外显子序列在不同个体中通常是保守的，这种低水平多态性限制了将它们作为标记的来源。反向引物的 3′端含有核心 AATT，其目的是为了提高多态性。研究表明外显子一般处于富含 GC 区域，如拟南芥 2 和 4 号染色体的全序列中，外显子 CG 比例分别为 46.5% 和 44.08%，而内含子中则为 32.1% 和 33.08%（Lin *et al*，1999）。由于内含子、启动子和间隔序列在不同物种甚至不同个体间变异很大，富含 AT 的区域序列通常见于启动子和内含子（Li & Quiros，2001），这就使得有可能扩增出基于内含子与外显子的 SRAP 多态性标记。

Li & Quiros（2001）用同一引物组合，从甘蓝类不同作物中（包括花椰菜、白花菜等）可获得多个 SRAP 标记，且在不同实验中多态性条带重复性极好；同时，在花椰菜 DH 植株与青花菜杂交产生的 F_2 群体 cDNA 中检测到 281 个多态性 SRAP 标记，构建了由 cDNA. SRAP 标记组成的转录图谱。

SRAP 标记的特点是：操作简便。它使用核心序列为 CCGG 的正向引物（F-primer）和 AATT 的反向引物（R-primer）以及变化的退火温度，保证了扩增结果的稳定性。通过改变正向与反向引物 3′端 3 个选择性碱基可得到更多的引物。同时由于正向和反向引物可以自由组配，因此用少量的引物可进行多种组合，不仅可以节约成本，同时也提高了引物的使用率。由于在设计引物时正反引物分别是针对序列相对保守的外显子与变异大的内含子、启动子与间隔序列，因此，多数 SRAP 标记在基因组中分布是均匀的且具有高频率的共显性。与此同时，由于 SRAP 标记主要是对基因组的开放阅读框区域进行扩增，提高了扩增结果与表现型的相关性，能更多地反映材料表型差异。其不足之处在于由于它是对 ORFs 进行扩增，因而对基因相对较少的着丝粒附近以及端粒的扩增会较少，可能使得所构建的连锁图谱缩短或出现连锁群断开的现象。如果结合可扩增这些区域的 SSR 标记，那将可获得覆盖整个基因组的连锁图。

（四）靶位区域扩增多态性

靶位区域扩增多态性（target region amplifiedpolymorphism，TRAP）标记由美国农业部北方作物科学实验室的 Hu & Vick 于 2003 年提出。TRAP 标记技术是基于 SRAP 发展而来的，但与 SRAP、RAPD 和 AFLP 等标记技术无须任何序列信息即可直接 PCR 扩增不同，它是基于已知的 cDNA 或 EST 序列信息。TRAP 是使用长度为 16～20 核苷的固定引物（fixed primer）与任意引物（arbitrary primer），固定引物以公用数据库中的靶 EST 序列设计而来；任意引物与 SRAP 所用的一样，为一段以富含 AT 或 GC 为核心、可与内含子或外显子区配对的随机序列。

Hu & Vick（2003）设计了与向日葵 EST 数据库中编码富含亮氨酸重复（LRR）类似蛋白序列配对的固定引物，利用 TRAP 标记分析，对向日葵属 16 个野生种及 2 个杂交种的遗传变异性进行评估。结果表明 TRAP 标记可用于评估向日葵的遗传多样性分析，聚类结果与经典分类相一致；其中一个 TRAP 引物结合到与抗病性有关的基因序列。张丽等（2008）用 24 对 TRAP 引物对 16 个玉米自交系进行了遗传多样性分析，共扩增出 475 条具多态性的谱带，平均多态性信息量为 0.904，平均多态性比率为 84.8%。对 16 个自交系类群划分结果与系谱分析结果基本一致。表明 TRAP 技术在遗传多样性分析和重要目的农艺性状的基因定位方面存在广泛的应用前景。

TRAP 技术的优势在于：首先，操作简单。TRAP 标记技术是一个基于 PCR 的标记技术，引物的设计易于操作，固定引物的设计依据已有的 EST 数据库；而随机引物只需考虑具有富含 GC 或 AT 的核心区，其余均为随机序列，所以它具有 RAPD 技术一样的操作简单、易于建立的特点。其次，重复性好。由于使用了比 RAPD 更长的引物，从理论上讲 TRAP 应该具有较好的重复性。经在多种作物上的实验，TRAP 标记技术在大多数情况下，可在一个 PCR 反应中扩增出多达 50 个以上的可统计片段，片段大小在 50～900bp 之间，产生出与 AFLP 技术相媲美的图谱。而且，由于 TRAP 技术是基于已知的 cDNA 或 EST 序列信息，极易将性状与标记相联系，在种质资源的基因鉴定和作物优良农艺性状基因标记上很有帮助。

三、功能性分子标记的应用

随着越来越多的功能基因及其等位基因的分离和注解，功能性分子标记已成为继RDMs和GTMs之后的又一类新型分子标记，可以大大提高标记的效率。由于FMs完全与功能基因的功能性基序相关，因此，它比RDMs和GTMs更具有优越性。

首先，来自基因组表达区的功能标记，对于作物改良具有重要的价值。用这种标记进行多样性研究，可以对遗传多样性和遗传距离进行更准确的估计，从而指导杂交前的亲本选择工作，这对整个育种进程具有很重要的意义。由于重组的相对缺乏，许多大的染色体片段在不同世代间传递，导致许多目的基因与一些不理想的基因一直保持连锁，尤其是一些性状不太理想（具有1个或少数几个好的性状）材料作为回交的供体时(Stam P & Zeven AC，1981)。而FMs直接来源于功能基因的功能基序，因此是与目标基因座完全连锁的，采用FMs的前景选择比采用RDMs的前景选择具有更高的选择效率。

采用RDMs标记出的等位基因的数量可能与该基因真正等位基因的数量不一致，例如，采用AFLP标记进行生物多样性研究中，一般将相同标记的基因型归为同一类群基因型，然而，通常与AFLP标记连锁的染色体区域中等位组分存在很大的分歧，因此，此类AFLP标记就不能精确反映等位基因的真实数量，而FMs可以精确地反映出等位基因真实的多样性（van Tienderen PH *et al*，2002）。充分利用SNPs，对一些重要基因进行单倍型分析（Haplotyping），从而鉴别出该位点的所有等位基因（每个基因具有一些特征性的SNPs），有助于对控制农艺性状位点上的所有等位基因进行挖掘和了解，从而为“设计育种”提供信息（Peleman JD & van der Voort JR，2003）。

其次，功能标记的开发有助于推动育种中的分子标记辅助选择的应用，并“以基因为媒介的育种途径（Gene-mediated breeding）”代替一般意义上的标记辅助选择方法(Lang C & Whittaker JC，2001)。

FMs可以不用事先构建作图群体和遗传图谱而直接应用，这在构建分离群体亲本材料的选择、系谱选择及近交选择等育种工作中非常方便；同时，在杂交育种及复合育种中FMs可以将功能等位基因整合到一起，从而防止群体选择和循环选择中有益基因位点的遗传漂移；此外，FMs还可以通过在不同变种中选择等位基因与表型相关的功能性位点的存在和缺失情况来评价和区分种质。在水稻中，抗稻瘟病基因*xa*-5为隐性遗传，因此在表型选择抗稻瘟病时候速度就非常慢，常规的分子标记辅助选择存在标记与*xa*-5基因不直接连锁和重组后分离的问题，Iyer-Pascuzzi & McCouch（2007）通过将*xa*-5等位基因中功能性SNP位点转化成CAPS标记，从而开发成功能性分子标记，可以快速直接筛选带有*xa*-5功能性位点的材料和变种，并且具有100%的可靠性，大大提高水稻抗稻瘟病育种进程。尽管目前全球的气候呈现变暖的趋势，但是，在很多情况下，植物的生长发育仍旧会遇到低温胁迫的影响，造成生长发育受阻或者减产。高等植物线粒体中存在一条特殊的呼吸途径，即线粒体交替氧化酶途径，线粒体交替氧化酶基因在很多情况下被认为与低温胁迫相关，近年来，众多研究发现在植物受到环境胁迫时，线粒体交替氧化酶基因及交替氧化酶的活性明显提高（Abea F *et al*，2002；Moore AL *et al*，2003；Fiorani F *et al*，2005；Amholdt-Schmitt B *et al*，2006）。Abea 等研究发现 *OsAOX1a* 基因在不同水稻变种中有一个 SNP 使得该位点编码的氨基酸从赖氨酸（Lys）变成天冬氨酸（Asn），结果 *OsAOX1a* 基因所编码的蛋白质也从 32kD 变成 34kD，该位点突变与水稻低温胁迫能力相关（Lys 位点耐低温胁迫，Asn 位点不耐低温胁迫）（Abea F *et al*，2002），因此，认为 *AOX* 基因可用于低温胁迫的功能性分子标记的开发（Amholdt-Schmitt B *et al*，2006；Amholdt-Schmitt B，2005）。另外，Bang *et al*（2007）在西瓜瓤色的研究中发现，*LCYB* 基因单核苷酸多态性位点，在黄瓤西瓜中为 T 位点，而红瓤西瓜中为 G 位点，其杂合 F_1 中 T/G 都存在，并将这个位点转化成 CAPS 标记，可以明显区分不同瓤色的西瓜变种。

最后，功能标记的开发将推动种质资源的挖掘与研究。在丰富多样的种质资源中，控制表型的基因位点，在进化（包括自然进化和人工进化）和驯化过程中，积累了丰富的序列变异，来自该区段的功能标记，将有助于在该物种内充分地挖掘该位点的各种等位基因，并且结合表型考查识别出（复）等位基因中的优势等位基因及相应的种质材料，为杂交育种中亲本的选择、优异性状的转育奠定基础（表 8－2）。

表 8－2 几种分子标记方法比较（陆才瑞等，2008）

	RFLP	RAPD	SSR	AFLP	SRAP	ISAP
遗传特性	共显性	显性	共显性	共显性/显性	共显性/显性	显性
检测技术	分子杂交	随机扩增	特异扩增	选择性扩增	选择性特异扩增	选择性特异扩增
检测基因组部位	单/低拷贝区	全基因组	重复序列	全基因组	全基因组	全基因组
单次检测位点数	1～4	1～10	1	100～200	20～100	20～100
重复性	高	低	高	高	高	高
DNA 质量要求	高	低	低	高	低	低
同位素使用	必需	不需要	不需要	非必需	非必需	非必需
技术难度	难	易	易	中等	易	易
费用	高	低	低	高	低	低
时间消耗	多	少	少	多	少	少
与基因联系程度	不紧密	不紧密	不紧密	不紧密	略紧密	很紧密

第三节 从高代回交 QTL 分析到分子设计育种

将标记技术与品种（系）培育整合在一起的探索已经近 20 年，Stuber 等提出了“近等基因系（NILs）作为一种育种工具”的育种与 QTL 检测相结合的整合策略，该策略无需任何先一步的 QTL 检测，实际上 QTL 鉴定是育种过程的额外收获，该方法可用来从其他优良的育种系、外源的种质或不适应的种质中引进新的等位基因。Furbeck（1993）利用该方法将优良等位基因从外源玉米群体引入到优良自交系 Mo17 中。

Tanksley & Nelson（1996）提出了高代回交 QTL（Advanced Backcross QTL，AB－QTL）分析法，该方法将 QTL 的分析与育种直接联系起来。AB－QTL 方法将 QTL 的鉴定延迟到2～3 代进行，然后利用标记的信息进行 MAS，育成一系列近等基因系（Tanksley & Nelson，1996；Tanksley *et al*，1996）。近等基因系一方面可以验证所定位 QTL 的真实性；另一方面又可以作为改良品系直接用于生产。该方法将 QTL 分析与育种直接联系起来，在完成 QTL 定位后的 1～2 年即可得到直接用于生产的优良品系。通过 QTL－NIL 之间的相互杂交，还可培育出更优良的品系。此方法尤其适用于对野生种质资源中有利基因的研究和利用。

高代回交－QTL 分析方法（AB－QTL）与 NIL 方法有些类似，但两者还是有些区别：AB－QTL 方法利用回交到 BC_2 或 BC_3 代，通过表型选择去除可见的有害因子，NIL 方法的目标是培育一系列的 NILs，每个 NIL 含有来自供体亲本的一个不同的染色体片段，所有的 NILs 包含来自供体的所有遗传物质。因为 AB－QTL 体系使用传统的回交，所育系包含供体所有遗传物质的概率很低，除非产生并鉴定数千个系。另外，如果目标是改良一个性状如产量，表型选择可能产生相反的结果。有益的产量基因可能与所选择性状有关的基因相连锁，进而在回交过程中被去除。

当然，NIL 体系也需要改进以减少标记分析中的费用，例如，育种材料可分成一些亚组，每个亚组仅用标记分析 1 个或 2 个染色体。

一、AB－QTL 分析法

（一）AB－QTL 分析法的定义

要利用野生种质资源中的有利基因，首先要对其进行遗传分析和基因定位的研究，这是高效改良作物的前提。虽然平衡群体非常适合用于 QTL 定位，但利用平衡群体来检测野生种质资源中的 QTL，并将其转入待改良的品种时，却存在一些问题（孙传清，1996）：

首先，平衡群体的不利基因频率高。野生种质资源中的不利基因的频率较高，这会严重干扰对产量和其他农艺性状的考察与利用。比如在远缘或亚远缘杂交的后代中经常会出现育性很低的个体，这就很难在群体中考察其产量等性状。

其次，平衡群体等位基因的上位性互作干扰。当供体亲本的等位基因在平衡群体中以很高的频率出现时，上位性互作在统计上很难检测，却又经常发生。育种家希望利用一些不会发生互作的供体基因，而在平衡群体中很难得到这样的 QTL。

最后，平衡群体的微效基因和负向的多效应难以检测。在平衡群体中，由于供体基因出现的频率较高，在群体中较大的遗传和表型变异导致供体微效基因和负向的多效应难以被检测。只有当群体的遗传变异水平降低时，这些效应才会变得较为明显。

鉴于以上原因，Tanksley 提出了高代回交 QTL 分析法，AB－QTL 分析法是在 BC_1 代，可以根据表型，如不育性、落粒性和生长习性等进行选择，剔除一些具有明显不良性状的单株。将 QTL 分析推迟到 BC_2 和 BC_3 等高代群体，这样既可以检测到供体亲本的显性基因，又可以检测到隐性基因。在 BC_2 或 BC_3 中检测到的 QTL 可以再通过 1～2 次回交得到 QTL 近等基因系，

（二）AB－QTL 分析的优越性

在利用远缘或亚远缘种质的有利基因时，与常规 QTL 分析方法相比，AB－QTL 分析法具有如下优点（Septiningsih *et al*，2003；Tanksley & Nelson，1996；Thomson *et al*，2003）：①高代回交群体（BC_2 和 BC_3）中，一般个体的基因型和表型性状偏向于轮回亲本栽培种，便于对产量和其他农艺性状的考察和研究利用。②在较晚世代（BC_2 和 BC_3）进行选择时，可以根据表型性状的选择减少来源于供体中的不利和不合需要的等位基因频率。比如，在平衡群体远缘杂交中的不育性、落粒性等不利性状应该去除。③因为高代回交群体（BC_2 和 BC_3）的基因组比率偏向于轮回亲本，是一个偏斜的群体，所以在这类群体中检测到具上位性互作效应的 QTL 的概率会降低。相反，会大大增加检测到具有加性效应 QTL 的概率，这些具有加性效应的 QTL 转到以轮回亲本为背景的近等基因系中时会继续表达。④高代回交群体（BC_2 和 BC_3）有更多的机会产生有益的减数分裂重组，所以，与有害效应关联的连锁累赘出现的比率减少。⑤由于高代回交群体（BC_2 和 BC_3）性状的平均表现偏向于优良亲本，一些微弱的多效性 QTL 会很容易地被检测到。⑥在 QTL 检测完后，一般只需 1～2 代即可获得 QTL 的近等基因系，通过田间试验进行比较，如果这些近等基因系确实在需改良的性状上要优于轮回亲本，那么即可直接代替优良亲本用于生产。而用常规的 QTL 分析法来培育 QTL-NIL 则需 5 年以上的时间。

（三）AB－QTL 分析实例

自从 Tanksley *et al*（1996）提出 AB－QTL 分析法以来，已有一些 AB－QTL 分析法应用的成功报道。Tanksley *et al*（1996）用一个加工番茄的近缘野生种 LA1589（*L. pimpinellipoliurn*）作为供体亲本与番茄自交系 E6203 杂交，获得高代回交群体。通过对 21 个农艺性状的考察，共定位了 88 个 QTL。为了验证这些 QTL 的真实性，进一步构建了影响果实特征的 QTL（*fs*8. 1、*fs*1. 2 和 *fs*9. 1）近等基因系。结果表明：这些 QTL－NIL 在分析性状上都优于轮回亲本，从而证实了 QTL 存在的真实性。Bernacchi *et al*（1998）又用另一个野生种（*L. hirsutum*）做了同样的试验，考察了 19 个性状，定位了 121 个 QTL，并对上述两个群体中定位的 QTL 构建了近等基因系。进一步证实了利用 AB－QTL 分析法定位到的 QTL 存在的真实性。Tanksley 研究小组用该方法对番茄 5 个野生种基因组进行了筛选，在分子标记辅助下，育成了一系列含有野生种不同 QTL 位点的近等基因系，一些品系的产量、可溶性固形物含量、颜色、果重等指标分别比轮回亲本均得到明显的改良。这些材料的突出表现在全球不同的生长条件下都得到了证实（Fulmn，2000；Monforte，2000；Tanksely，1997）。

近十多年利用 BC 群体对来自野生稻 *Oryza rufipogon* 产量组成性状的 QTL 等位基因进行了广泛的研究（AB-QTL；Tanksley & Nelson，1996）。在这些研究中，不管其表现多差，来自 *O. rufipogon* 的 53%（Thomson *et al*，2003）和 33%（Septiningsih *et al*，2003）的 QTL 等位基因在受体水稻优良品种的产量和产量构成因素中产生了有益的效应。在第二个研究中所报道的较低的比例可解释为优良品系与 *O. rufipogon* 间在产量

QTL 等位基因上具有较高的遗传相似性，或者在该组合中在大多数鉴定的位点上带有更多的优良等位基因。所鉴定的一些 *O. rufipogon* 产量 QTL 与任何有害的负向 QTL 不存在连锁，可直接用于培育育种材料。在不同情形下，*O. rufipogon* 等位基因在不同的遗传背景和环境下表现出相同的效应，表明这些 QTL 具有稳定性。

Xiao J *et al*（1996）利用 AB－QTL 分析法成功地检测了水稻野生种中的高产 QTL，利用一个马来西亚材料（IRGC105491）与 V20A 杂交，所得 F_1 用 V20B 回交构建高代回交群体，对其产量和产量构成因素进行 QTL 分析。结果表明：在水稻的第 1 和第 2 染色体上各检测到一个 QTL，其加性效应分别为 18% 和 17%。

但是，也有一些数量性状的 MAS 并没有取得预期的结果。如 Kandemir *et al*（2000）利用一套 Steptoe/Morex 群体，将已鉴定的来自 Steptoe 的高产基因 QTL－3 和 QTL－5L 转入 Morex 背景中，另一 QTL－2S 从 Morex 转入 Steptoe 背景中，分别育成近等基因系。结果发现，转入含有 Steptoe 高产 QTL 片段的近等基因系并没有增加 Morex 的产量，然而这些近等基因系获得了株高变矮、倒伏性和散粒性减弱的 Steptoe 特点。转入 Steptoe QTL－5L 的近等基因系同样没有显著改变 Morex 的产量，可能由于染色体 5L 上存在短日照 QTL，影响了分蘖的一致性，从而影响了产量。

二、分子设计育种

Peleman J D & van der Voort JR（2003）首先提出分子设计育种的概念，其策略是在基因定位的基础上，构建近等基因系，利用分子标记聚合有利等位基因，实现育种目标。其后，我国的程式华等（2004）、Wang YH *et al*（2005）、万建民（2006）等也结合我国育种的实际，提出了我国分子（设计）育种的策略，丰富了分子（设计）育种的理论。品种分子设计的核心是基于对关键基因或 QTLs 功能的认识，利用分子标记辅助选择技术、TILLING 技术和转基因技术创制优异种质资源（设计元件），根据预先设定的育种目标，选择合适的设计元件，实现多基因组装育种（薛勇彪等，2007）。

（一）分子设计育种三大步

第一步：定位有关农艺性状的所有位点。

为阐述主要的农艺性状的遗传基础，作图群体中的这些性状处于分离状态，为定位作物育种中所有的相关性状，人们更喜欢使用渐渗系（introgression line，IL）文库，近十年在构建几种不同作物的渐渗系文库方面已经取得了相当多的进展（Zamir D，2001），渐渗系文库在定位所有主要农艺性状的位点方面是一种特别有用的工具，主要优势在于可将复杂性状分成一组单基因位点从而降低其复杂性。

在利用染色体单倍型鉴定感兴趣的每个位点的等位变异时，重要的要确定那些位点的精确位置，IL 文库也提供了理想的起始材料：含有一个位点的各个系可与轮回亲本回交（如有必要可自交）以构建大的分离群体，借助该群体利用侧翼标记可鉴定渐渗片段内的重组体，通过鉴定这些重组体的表型可高精度定位这些位点。

另一个精细定位的方法是借助模式植物种大量的序列信息，并与快速扩展的基因功能知识相结合，该知识通过利用植物种间的同线性（synteny）而与经济植物种联系起来，并进而可能开创出候选基因作图方法以及功能 SNP 标记（Fulton TM *et al*，2002；

Oh K *et al*, 2002），候选基因途径可为利用 IL 文库初定位的位点进行精细定位或图位克隆提供捷径。

连锁不平衡（LD）作图可对目的位点进行精细定位但风险较大，LD 作图依赖于表型与位于性状位点附近中性多样性间的关联（Weir BS，1996）。因为该方法的复杂性以及存在一些风险，研究者更偏爱使用“靶标 LD 作图”，一旦知道了每个位点的近似位置，LD 作图即可利用该位点所在区域的标记，鉴定与所研究表型存在强烈关联的标记或单倍型，从而对目标位点进行精细定位（Thornsberry JM，2001）。

第二步：目标位点等位变异的鉴定、评价。

目前，已有几种基于不同群体结构的策略揭示复杂性状的遗传基础，不过因为这些位点存在等位变异，至今仍未能预测种质中这些基因所产生的表型。一般而言在一个分离群体中（F_2、BC、RIL、DH 和 IL 文库）每个位点仅有 2 个等位基因产生分离。所等位的理想表型的基因仅能预测同一群体内或该位点分离出同样等位基因的群体内的表型，为获得更为广泛的预测功效，人们应鉴别出目标位点所有的等位基因，并将表型值与不同的等位基因相关联。

关联分析方法是同时定位基因与等位基因的捷径，不过确定目标位点等位变异更好的方法是利用标记单倍型。利用某个位点内的一组紧密连锁的标记，所有标记的组合理论上可以区别一套材料该位点上所有不同的等位基因。例如，莴苣的抗性表型与最大抗性基因簇的标记单倍型间存在高度相关（Sicard D *et al*，1999）。

该方法推广至全基因组即可能产生完整的“染色体单倍型”。假如可利用标记对基因组进行高水平的饱和，则这些染色体单倍型可确定基因组中任何位置的等位变异。例如，在利用 IL 文库结合靶标 LD 作图对重要农艺性状基因进行精细等位后，这些染色体单倍型可用于确定那些位点的等位变异。

一旦鉴定出了目标位点的等位变异，就有必要将表型值归因于不同的等位基因。为达此目的，在该位点携带不同等位基因的自交系需要进行完全的表型鉴定。对于多基因性状，可预先选择携带不同位点等位基因组合的品系用于进行表型鉴定。

简单作图群体的位点作图与利用家系的染色体单倍型确定等位基因、表型鉴定相结合提供了最优开发利用种质的最有效的途径。

第三步：设计育种。

最后，目标农艺性状所有位点的图谱位置、位点等位变异及其对表型的贡献等方面的知识使得育种家有可能设计在所有位点均含有利等位基因组合的优异基因型。因为所有重要的位点都已精确定位，利用侧翼标记可精确地选择重组事件，以校对不同的有利等位基因。借助软件工具即可确定通过品系杂交并利用标记选择特定重组体并最终结合全部有利等位基因的组合基因型的最优途径。因为这是一个精确定义的过程，可省略表型鉴定过程，只需对最终获得的优异品种进行大田表现的鉴定。

（二）分子设计育种应具备的基本条件

顾铭洪等（2009）认为开展作物分子设计育种，必须具备 5 个方面的基本条件：

1. 高密度的分子遗传图谱和高效的分子标记检测技术

近年来通过基于 PCR 的 SSR 以及 SNP 的不断开发，主要作物的遗传图谱不断得到加密，建立快速的PCR检测技术，检测显性SCAR标记时，可将琼脂糖凝胶电泳检测步骤省去，直接在PCR反应管中加入EB染色，在紫外灯下观测扩增产物的有无或者测定PCR产物浓度，鉴定是否有大量DNA存在，从而确定样品中是否含有目标基因（王新望等，2000）。改造染色系统，利用甲烯蓝染琼脂糖凝胶，可直接在可见光下检测产物的有无。

减少PCR反应体积，可从20μl减少到15μl甚至10μl，可大大地降低费用。当同时筛选到2个或以上的分子标记与目标性状连锁时，扩增产物具有不同长度但引物复性温度相匹配，则可以在同一PCR条件下同时反应，这种多重PCR法的应用可显著地降低选择成本和筛选时间（王孝宣等，2003）。

2. 对重要基因/QTLs的定位与功能有足够的了解

近十余年来，我国利用分子标记，在水稻、小麦、玉米等主要作物中已经开展了大量的基因/QTL定位研究，积累了大量的遗传信息。不过这些信息还处于零散的状态，缺乏归纳和总结；对不同遗传背景和环境条件下QTL效应、QTL的复等位性以及不同QTL之间的互作研究不够系统全面，不利于QTL定位的成果转化为实际的育种效益；重要农艺性状的遗传基础、形成机制和代谢网络研究还很欠缺，而这些正是分子设计育种的重要信息基础。

3. 建立并完善可供分子设计育种利用的遗传信息数据库

我国虽然已全面启动了水稻等主要作物主要经济性状的功能基因组研究，但现有的生物信息数据库中，已明确功能和表达调控机制的基因信息比较匮乏；种质资源信息系统中，能被分子设计育种直接应用的信息还很有限。同时，缺乏拥有自主知识产权的计算机软件，限制了将已有的生物信息应用到实际育种中去。

4. 开发并完善进行作物设计育种模拟研究的统计分析方法及相关软件，用于开展作物新品种创制的模拟研究。

目前，国内对作物分子设计育种研究大多尚停留在概念上，分子设计育种的理论建模和软件开发工作尚处于起始阶段，缺乏拥有自主知识产权的计算机软件。

5. 掌握可用于设计育种的种质资源与育种中间材料，包括具有目标性状的重要核心种质或骨干亲本及其衍生的重组自交系、近等基因系、加倍单倍体群体、染色体片段导入/替换系等。

目前开展分子设计育种最具条件的首推水稻，开展水稻分子设计育种研究具有以下优势：①水稻是二倍体物种，基因组较小，性状的遗传相对比较简单；②水稻的籼稻（9311）和粳稻（日本晴）亚种均已完成测序工作，为分子标记的设计和基因型提供了得天独厚的条件；③籼、粳亚种性状差异明显，等位变异普遍存在，通过亚种间基因的交流已经预示出很高的价值；④高密度的水稻遗传图谱已经建立；⑤我国在水稻遗传育种研究方面具有很好的基础，多个实验室比较系统地选育和积累了丰富的重组自交系、近等基因系、染色体单片段代换系等遗传材料，可直接用作设计育种的基础材料。

主要参考文献

[1] Andersen JR, Lübberstedt T. 2003. Functional markers in plants. *Trends in Plant Science*, 8 (11): 554 -560.

[2] Asins MJ. 2002. Present and future of quantitative trait locus analysis in plant breeding. *Plant Breeding*, 121: 281 -291.

[3] Babu R, Nair Sudha K, Prasanna BM, and Gupta HS. 2004. Intergrating markerassisted selection in crop breeding-Prospects and challenges. *Current Science*, 87 (5): 607 -619.

[4] Benjamin Stich. 2009. Comparison of mating designs for establishing nested association mapping populations in maize and Arabidopsis thaliana. Genetics.

[5] Berloo RV, Stam P. 1998. Marker-assisted selection in autoamous RIL population, a simulation study. *Theoretical and Applied Genetics*, 96: 147 -154.

[6] Berrnardo R. 2008. Molecular Markers and Selection for Complex Traits in Plants: Learning from the Last 20 Years. *Crop Science*, 48: 1 649 -1 664.

[7] Bertrand C. Y. Collard and David J. Mackill. 2008. Marker-assisted selection: an approach for precision plant breeding in the twenty-first century. *Phil. Trans. R. Soc.* B 363, 557 -572.

[8] Borevitz JO and Chory J. 2004. Genomics tools for QTL analysis and gene discovery. Current Opinion in Plant Biology, 7: 132 -136.

[9] Buntjer Jaap B., Anker P. Sørensen and Johan D. Peleman. 2005. Haplotype diversity: the link between statistical and biological association. *TRENDS in Plant Science*, 10 (10): 466 -471.

[10] Chen S, Lin XH, Xu CG, Zhang QF. 2000. Improvement of bacterial blight resistance of Minghui63, an elite restorer line of hybrid rice, by molecular marker-assisted selection. *Crop Science*, 40: 239 -244.

[11] Collard BCY, MZZ Jahufer, JB Brouwer & ECK Pang. 2005. An introduction to markers, quantitative trait loci (QTL) mapping and marker-assisted selection for crop improvement: The basic concepts. *Euphytica*, 142: 169 -196.

[12] Dekkers JCM. 2004. Commercial application of marker- and gene-assisted selection in livestock: strategies and lessons. *J. Anim. Sci.* 82: E313 -E328.

[13] Dudley JW. 1993. Molecular markers in plant improvement Manipulation of genes affecting quantitative traits. *Crop Science*, 3: 660 -668.

[14] Edward S. Buckler, *et al.* 2009. The Genetic architecture of maize flowering

time. *Science*, 325, 714 -718.

[15] Francia E, G Tacconi, C Crosatti, D Barabaschi, D Bulgarelli, E Dall'Aglio & G Valè. 2005. Marker assisted selection in crop plants. *Plant Cell, Tissue and Organ Culture*, 82: 317 -342.

[16] Gimelfarb A, Lande R. 1994. Simulation of marker as sisted selection in hybrid population. *Genetical Research*, 63: 39 -47.

[17] Hospital F, Moreau L, Lacoudre F, Charcosset A, Gallais A. 1997a. More on the efficiency of marker · assisted selection. *Theoretical and Applied Genetics*, 95: 1 181 -1 189.

[18] Hu J, Vick BA. 2003. Target region amplification polymorphism: a novel marker technique for plant genotyping. Plant Mol Biol Rep, 21: 289 -294.

[19] Ibrokhim Y. Abdurakhmonov & Abdusattor Abdukarimov. 2008. Application of association mapping to understanding the genetic diversity of plant germplasm resources. *International Journal of Plant Genomics*.

[20] Ishii, T., and K. Yonezawa. 2007a. Optimization of the marker-based procedures for pyramiding genes from multiple donor lines: I. Schedule of crossing between the donor lines. *Crop Sci.* 47: 537 -546.

[21] Ishii, T., and K. Yonezawa. 2007b. Optimization of the marker-based procedures for pyramiding genes from multiple donor lines: II. Strategies for selecting the objective homozygous plant. *Crop Sci.* 47: 1 878 -1 886.

[22] Ishii T., T. Hayashi, and K. Yonezawa. 2008. Optimization of the Marker-based Procedures for Pyramiding Genes from Multiple Donor Lines: Ⅲ. Multiple-Gene Assemblage Using Background Marker Selection. *Crop Sci.* 48: 2 123 -2 131.

[23] Li G, Quiros CF. 2001. Sequence-related amplified polymorphism (SRAP), a new marker system based on a simple PCR reaction: its application to mapping and gene tagging in Brassica. Theor Appl Genet, 103: 455 -461.

[24] Luo ZW. 1998. Detecting linkage disequilibrium between a polymorphic marker locus and a trait locus in natural population. *Heredity*, 80: 198 -208.

[25] Mackay I, Wayne Powell. 2007. Methods for linkage disequilibrium mapping in crops. *Trends in Plant Science*, 12 (2): 57 -63.

[26] Masahiro Yano, Yasunori Nonoue, Tsuyu Ando, Ayahiko Shomura, Takehiko Shimizu, Izumi Kono, Saeko Konishi, Utako Yamanouchi, Tadamasa Ueda, Shin-ichi Yamamoto, and Takeshi Izawa. 2005. Exploitation and use of naturally occurring allelic variations in rice. Rice is life: scientific perspectives for the 21st century (eds. K. Toriyama, K. L. Heong, and B. Hardy), 69 -72.

[27] Michael D. McMullen, *et al.* 2009. Genetic properties of the maize nested association mapping population. *Science*, 325, 737 -740.

[28] Peleman J D, van der Voort J R. 2003. Breeding by design. Trends in Plant Science, 8:

330 -334.

[29] Pushpendra K Gupta, Sachin Rustgi and Pawan L Kulwal. 2005. Linkage disequilibrium and association studies in higher plants: Present status and future prospects. *Plant Mp-lecular Biology*, 57: 461 -485.

[30] Ribaut JM, David Hoisington. 1998. Marker-assisted selection: new tools and strategies. *Trends in plant science*, 3 (6): 236 -239.

[31] Stuber CW, M Polacco, ML Senior. 1999. Synergy of empirical breeding, markerassisted selection, and genomics to increase crop yield potential. *Crop Science*, 39: 1 571 - 1 583.

[32] Tanksley SD and Nelson JC. 1996. Advanced backcross QTL analysis: a method for the simultaneous discovery and transfer of valuable QTLs from unadapted germplasm into elite breeding lines. Theor. Appl. Genet. 92: 191 -203.

[33] Wang YH, Xue YB, Li JY. 2005. Towards molecular breeding and improvement of rice in China. TRENDS in Plant Science, 10 (12): 610 -614.

[34] Tanksley SD and Nelson JC. 1996. Advanced backcross QTL analysis: a method for the simultaneous discovery and transfer of valuable QTLs from unadapted germplasm into elite breeding lines. *Theoretical and Applied Genetics*, 92 (2): 191 -203.

[35] Xu Y and JH Crouch. 2008. Marker-assisted selection in plant breeding: from publications to practice. *Crop Sci.* 48: 391 -407.

[36] Yu, JM., J. B. Holland, M. D. McMullen et al. 2008. Power analysis of an integrated mapping strategy: nested association mapping. Genetics 138: 539 -551.

[37] Zhu Chengsong, Michael Gore, Edward S. Buckler et al. 2008. Status and Prospects of Association Mapping in Plants. *The Plant Genome*, 1: 5 -20.

[38] 程式华，庄杰云，曹立勇等.2004. 超级杂交稻分子育种研究. 中国水稻科学，18 (5): 377 -383.

[39] 杜春芳，刘惠民，李润植等.2003. 单核苷酸多态性在作物遗传及改良中的应用. 遗传，25 (6): 735 -739.

[40] 段秋秒，王得元，李乃坚等.1999. DNA 分子标记检测种子纯度法的实验设计和统计评价. 湖北农学院学报，19 (2): 116 -118.

[41] 方宣钧，吴为人，李维明.2001. 作物 DNA 标记辅助育种. 北京：科学出版社.

[42] 龚秋林，肖平，陈勇等.2009. 高代回交 QTL 分析与渗入系在育种中的应用. 江西农业学报，21 (1): 20 -22, 25.

[43] 顾铭洪，刘巧泉.2009. 作物分子设计育种及其发展前景分析. 扬州大学学报(农业与生命科学版)，30 (1): 64 -67.

[44] 贺道华，雷忠萍，邢宏宜.2009. 功能标记的开发、特点和应用研究进展. 西北农林科技大学学报（自然科学版)，37 (1): 110 -117.

[45] 井赵斌，潘大建，曲延英等.2008. AB - QTL 分析法及在水稻优异基因资源发掘和利用中的应用. 分子植物育种，6 (4): 637 -64.

[46] 黎志康.2005. 我国水稻分子育种计划的策略. 分子植物育种，3 (5)：603－608.

[47] 廖毅，孙保娟，孙光闻等.2009. 集群分离分析法在作物分子标记研究中的应用及问题分析. 分子植物育种，7 (1)：162－168.

[48] 刘志文，傅廷栋，刘雪平等.2005. 作物分子标记辅助选择的研究进展、影响因素及其发展策略. 植物学通报，22 (增刊)：82－90.

[49] 陆才瑞，喻树迅，于霁雯等.2008. 功能型分子标记 (ISAP) 的开发及评价. 遗传，30 (9)：1 207－1 216.

[50] 马玉银，左示敏，张在金等.2008. 水稻近等基因系构建及其应用. 安徽农业科学，36 (17)：7 167－7 168.

[51] 莫惠栋.2003. 数量性状遗传基础研究的回顾与思考——后基因组时代数量遗传领域的挑战. 扬州大学学报 (农业与生命科学版)，24 (2)：24－31.

[52] 乔婷婷，姚明哲，周炎花等.2009. 植物关联分析的研究进展及其在茶树分子标记辅助育种上的应用前景. 中国农学通报，25 (6)：165－170.

[53] 万建民.2006. 作物分子设计育种. 作物学报，32：455－46.

[54] 万建民.2007. 中国水稻分子育种现状与展望. 中国农业科技导报，9 (2)：1－9.

[55] 王玉民，席章营，尚爱兰等.2008. 作物单片段代换系的构建及应用. 中国农学通报，24 (3)：67－71.

[56] 吴为人，周元昌，李维明.2002. 数量性状基因型选择与基因型值选择潜力的比较. 科学通报，47：2 080－2 083.

[57] 席章营，吴建宇.2006. 作物次级群体的研究进展. 农业生物技术学报 14 (1)：128－134.

[58] 薛勇彪，王道文，段子渊.2007. 分子设计育种研究进展. 中国科学院院刊，22 (6)：486－490.

[59] 杨小红，严建兵，郑艳萍等.2007. 植物数量性状关联分析研究进展. 作物学报，33 (4)：523－530.

[60] 杨景华，王士伟，刘训言等.2008. 高等植物功能性分子标记的开发与利用. 中国农业科学，41 (11)：3 429－3 436.

[61] 杨泽茂，李骏智，李爱国等.2009. 利用高代回交和分子标记辅助选择构建棉花染色体片段代换系. 分子植物育种，7 (2)：233－241.

[62] 于海霞，肖静，田纪春等.2009. 关联分析及其在植物中的应用. 基因组学和应用生物学，28 (1)：187－194.

[63] 张鹏，李金泉.2009. 利用连锁不平衡法发掘作物种质资源中优异基因的研究进展. 中国农学通报，25 (08)：34－37.

[64] 张征锋，肖本泽.2009. 基于生物信息学与生物技术开发植物分子标记的研究进展. 分子植物育种，7 (1)：130－136.

[65] 赵雪，谢华，马荣才.2007. 植物功能基因组研究中出现的新型分子标记. 中国生物工程杂志，27 (8)：104－110.